普通高等教育"十四五"系列教材

水利水电工程建筑物

主 编 柴启辉

中国水利水电出版社
www.waterpub.com.cn
·北京·

内 容 提 要

　　本书内容易于理解，适用于水利水电工程专业（专升本、函授、电大成人教育等）水工建筑物课程的教学。全书分 6 章。第 1 章简要介绍了水利水电工程的作用、特点、建设程序和水利枢纽分等及水工建筑物分级的基本概念。其余各章对各类水工建筑物的工作原理、特点、设计基本理论、计算分析方法、构造特点与枢纽布置等予以详细叙述。本书内容采用标准均以国家最新颁布的规范为依据，并力求引入水利工程建设新技术、新成果，使学生能够运用所学知识解决基层水利单位的工程实际问题。

　　本书可作为水利水电工程专业的教材，还可作为其他相关专业的教学参考书和有关工程技术人员的参考用书。

图书在版编目（CIP）数据

水利水电工程建筑物 / 柴启辉主编． -- 北京 ：中国水利水电出版社，2024.8
普通高等教育"十四五"系列教材
ISBN 978-7-5226-2049-7

Ⅰ．①水… Ⅱ．①柴… Ⅲ．①水工建筑物－高等学校－教材 Ⅳ．①TV6

中国国家版本馆CIP数据核字(2024)第008091号

书　　名	普通高等教育"十四五"系列教材 **水利水电工程建筑物** SHUILI SHUIDIAN GONGCHENG JIANZHUWU
作　　者	主编　柴启辉
出版发行	中国水利水电出版社 （北京市海淀区玉渊潭南路 1 号 D 座　100038） 网址：www.waterpub.com.cn E-mail：sales@mwr.gov.cn 电话：(010) 68545888（营销中心）
经　　售	北京科水图书销售有限公司 电话：(010) 68545874、63202643 全国各地新华书店和相关出版物销售网点
排　　版	中国水利水电出版社微机排版中心
印　　刷	天津嘉恒印务有限公司
规　　格	184mm×260mm　16 开本　15.5 印张　377 千字
版　　次	2024 年 8 月第 1 版　2024 年 8 月第 1 次印刷
印　　数	0001—2000 册
定　　价	**47.00 元**

前　言

本书主要介绍水工建筑物的各个种类及各个种类的不同形式，简明介绍了各个种类及各个种类的不同形式的功能和特点，内容相对易于理解，全书总分6章。第1章简要介绍了水利水电工程的作用、特点、建设程序和水利枢纽分等及水工建筑物分级的基本概念。其余各章都盖含了对各类水工建筑物的工作原理、特点、设计基本理论、计算分析方法、构造特点与枢纽布置等予以详细叙述，而第2章则主要介绍了挡水建筑物分类和作用，第3章主要介绍了泄水建筑物的分类和作用，第4章主要介绍了取水输水建筑物，第5章主要介绍了水电站建筑物，第6章主要介绍了河道整治与防洪工程，教材内容采用标准均以国家最新颁布的规范为依据，并力求引入水利工程建设新技术、新成果，使学生能够运用所学知识解决基层水利单位的工程实际问题。

本书可作为水利水电工程专业的教材，还可作为其他相关专业的教学参考书和有关工程技术人员的参考用书。

本书由华北水利水电大学柴启辉担任主编，万芳担任副主编，具体分工如下：第1章、第2章由柴启辉编写，第3章由杨世锋编写，第4章由田青青编写，第5章由万芳编写、第6章由仵峰编写。

在本书编订过程中，华北水利水电大学孙明权教授、郑州大学李宗坤教授提出了许多指导性建议和具体的修改意见，在此谨向两位老师表示衷心的感谢。

限于编者水平有限，书中难免存在不足之处，敬请广大读者批评指正。

编者

2023 年 8 月

目　录

第1章 绪 论

1.1 水利水电工程的作用与水利枢纽的概念

1.1.1 水利水电工程的作用

　　水是人类赖以生存和社会生产不可缺少而又无法替代的物质资源。自然界的水能够循环，并逐年得到补充和恢复，因此水资源是一种不仅可以再生而且可以重复利用的资源，是大自然赋予人类的宝贵财富。然而水资源在时间和空间上分布很不均匀，根据国民经济各用水部门的需要，合理地开发、利用和保护水资源，保证水资源的可持续利用是水利工作者的历史责任。

　　解决水在时间上和空间上的分配不均匀，以及来水和用水不相适应的矛盾，最根本的措施就是兴建水利工程。水利工程是指对自然界的地表水和地下水进行控制和调配，以达到除害兴利目的而修建的工程。水利工程的根本任务是除水害和兴水利，前者主要是防止洪水泛滥和渍涝成灾；后者则是从多方面利用水资源为人民造福，包括灌溉、发电、供水、排水、航运、养殖、旅游、改善环境等。

　　水利工程按其承担的任务可分为防洪工程、农田水利工程、水力发电工程、供水与排水工程、航运及港口工程、环境水利工程等，一项工程同时兼有几种任务时称为综合利用水利工程。水利工程也可按其对水的作用分类，如蓄水工程、排水工程、取水工程、输水工程、提水（扬水）工程、水质净化和污水处理工程等。

　　水利工程建设涉及面十分广泛，在同一流域内重新分配径流，调节洪水、枯水流量的主要手段就是兴建水库，把部分洪水或多余的水存蓄起来，一则控制了下泄流量，减轻了洪水对下游的威胁；再则可以做到蓄洪补枯，以丰补缺，为发展灌溉和水力发电等兴利事业创造必要的条件。当然，从丰水地区向干旱缺水地区引水的跨流域调水工程，是一种更艰巨、更宏伟的工程措施。

1.1.2 水利水电建筑物的分类

　　为了综合利用水资源，最大限度地满足各用水部门的需要，实现除水害兴水利的目标，必须对整个河流和河段进行全面综合开发、利用和治理规划，并根据国民经济发展的需要分阶段、分步骤地建设实施。为了达到防洪、灌溉、发电、供水等目的，需要修建各种不同类型的建筑物，用来控制和支配水流。这些建筑物统称为水工建筑物。集中建造的几种水工建筑物配合使用，形成一个有机的综合体，称为水利枢纽。

　　一个水利枢纽的功能可以是单一的，如防洪、灌溉、发电、引水等，但多数是兼有几种功能的，称为综合利用水利枢纽。水利枢纽按其所在地区的地貌形态可分为平原地区水利枢纽和山区（包括丘陵区）水利枢纽；也可按承受水头大小分为高水头、中水头、低水头水利枢纽。

按建筑物的组成,可分为蓄水枢纽和取水枢纽。有些水利枢纽常以其主体工程(坝或水电站)或者是形成水库的名称来命名,如丹江口水库水利枢纽、葛洲坝水电站水利枢纽等。

　　一个水利枢纽究竟要包括哪些组成建筑物,应由河流综合利用规划中对该枢纽提出的任务来确定。例如,为了满足防洪、发电及灌溉的要求,需要在河流适宜地点修建拦河坝,用以抬高水位形成水库,调节河道的天然流量,把河道丰水期的水储蓄在水库中,供枯水期引用,称为蓄水枢纽。图1.1为湖北丹江口水库水利枢纽布置图。

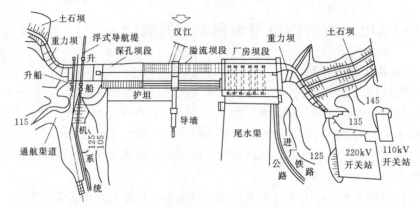

图 1.1　湖北丹江口水利枢纽工程布置图

　　为了满足农田灌溉、发电引水、工业及生活用水的需要,在河道的适宜地点建造由几个建筑物组成且以取水为目的的水利枢纽,称为取水枢纽或引水枢纽,图1.2为四川都江堰工程布置示意图。

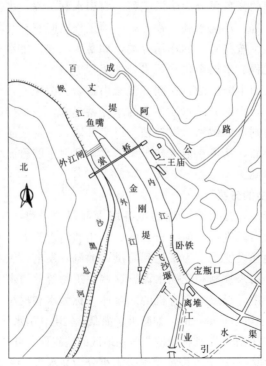

图 1.2　四川都江堰工程布置示意图

1.2 水利水电建筑物的分类与特点

1.2.1 水利水电建筑物的分类

水利水电建筑物的种类繁多，形式各异，按其在枢纽中所起的作用可分为以下几种类型。

（1）挡水建筑物：用以拦截江河，形成水库或壅高水位，如各种材料和类型的坝和水闸，以及为防御洪水或阻挡海潮，沿江河海岸修建的堤防、海塘等。

（2）泄水建筑物：用以宣泄多余水量，排放泥沙和冰凌，或为人防、检修而放空水库等，以保证坝和其他建筑物的安全。水库枢纽中的泄水建筑物可以与坝体结合在一起，如各种溢流坝、坝身泄水孔；也可设在坝体以外，如各式岸边溢洪道和泄水隧洞等。

（3）输水建筑物：为满足灌溉、发电和供水的需要，从上游向下游输水用的建筑物，如引水隧洞、引水涵管、渠道、渡槽、倒虹吸等。

（4）取（引）水建筑物：是输水建筑物的首部建筑，如引水隧洞的进口段、灌溉渠首和供水用的进水闸、扬水站等。

（5）整治建筑物：用以改善河流的水流条件，调整水流对河床及河岸的作用，防护水库、湖泊中的波浪和水流对岸坡的冲刷，如丁坝、顺坝、导流堤、护底和护岸等。

（6）专门建筑物：为灌溉、发电、过坝需要而兴建的建筑物，如专为发电用的压力前池、调压室、电站厂房，专为渠道或航道设置的沉沙池、冲沙闸，以及专为过坝用的船闸、升船机、鱼道、过木道等。

应当指出的是，有些水工建筑物的功能并非单一，难以严格区分其类型，如各种溢流坝，既是挡水建筑物，又是泄水建筑物；水闸既可挡水，又能泄水，有时还作为灌溉渠首或供水工程的取水建筑物，等等。

1.2.2 水利水电建筑物的特点

水利工程的水利水电建筑物与一般的工业与民用建筑物相比，除了工程量大、投资多、工期长之外，还具有以下特点。

1. 工作条件的复杂性

由于水的作用和影响，水利水电建筑物的工作条件比一般工业与民用建筑物复杂得多。首先，天然来水量的大小是由水文分析确定的，水文条件对工程规划、枢纽布置、建筑物设计和施工都有重要影响，要在有代表性、一致性和可靠性资料的基础上，进行合理的分析与计算，做出正确的估计；其次，水对建筑物产生作用力，包括静水压力、动水压力、扬压力、浪压力、冰压力及地震动力水压力等。为此，建筑物需要有足够的强度和抗滑稳定能力，以保证工程安全运行。

水利水电建筑物上、下游存在水位差时，将在建筑物内部及地基中产生渗透水流，不利于建筑物的稳定，并可能引起渗透变形破坏；过大的渗流还会造成水库严重漏水，影响工程效益和正常运行。为此，水工建筑物一般要认真解决防渗问题。

泄水建筑物的过水部分，水流的流速往往比较高，高速水流可能对建筑物产生空蚀、振动以及对河床产生冲刷。为此，在进行泄水建筑物设计时需要选择合理的体型并妥善解

3

决消能防冲等问题。

水流往往夹带泥沙。其影响是：造成水库淤积，减少有效库容；产生泥沙压力，加大建筑物荷载；闸门淤堵，影响正常启闭；河道淤积，影响行洪、航运；渠道淤积，减小输水能力。含有泥沙的高速水流，还会使过水建筑物和水力机械产生磨损并造成破坏。因此水利水电建筑物的设计必须认真研究泥沙问题。

除了上述水的机械作用外，还要注意水的其他物理化学作用。例如水对建筑物钢结构部分具有腐蚀（氧化、生锈）作用；渗透水可能对混凝土或浆砌石结构中的石灰质起溶滤作用；混凝土中孔隙水的周期性冻融循环会产生破坏作用等。

2. 设计选型的独特性

水工建筑物的形式、构造和尺寸，与建筑物所在地的地形、地质、水文、建筑材料储量等条件密切相关。两个工程地形条件不同，地质条件更是不尽相同。在岩石地基中经常遇到节理、裂隙、断层、破碎带、软弱夹层等地质构造；在土基中也可能遇到压缩性大、强度低的土层或流动性强的细砂层。为此，必须周密勘测、正确判断，提出合理、可靠的处理措施。由于水工建筑物工程量大，当地建筑材料储备情况对建筑物的形式选择有重大影响，主要建筑材料应就地取材，以降低工程造价。由于自然条件千差万别，每一个工程都有其自身的特定条件，除小型工程的建筑物外，一般不能采用定型设计。当然，水工建筑物中某些结构部件的标准化，则是可能而且必要的。

3. 施工建造的艰巨性

在河道中建造水工建筑物，比陆地上的土木工程施工难度大得多，主要体现在：

（1）要解决复杂的施工导流问题，也就是要迫使原河道水流按特定通道下泄，以创造并维持工程建设的施工空间。

（2）工程进度紧迫，截流、度汛需要抢时间、争进度、与洪水"赛跑"，有时需要在特定的时间内完成巨大的工程量，否则就要拖延工期，甚至造成损失。

（3）施工技术复杂，如大体积混凝土的温控措施和复杂地基的处理等。

（4）地下、水下工程多，施工难度大。

（5）机械设备部件大，建筑材料用量大，交通运输比较困难，特别是高山峡谷地区更为突出。

（6）大中型水利工程的施工场面大，工种多，因而场地布置、组织管理工作也十分复杂。

4. 工程效益的显著性

水工建筑物，特别是大型水利枢纽的兴建，将会带来显著的经济效益和社会效益。例如，丹江口水利枢纽建成后，防洪、发电、灌溉航运和养殖等效益十分显著。在防洪方面，大大减轻了汉江中、下游的洪水灾害；在发电方面，从1968年10月到1983年年底就发电524亿kW·h，经济效益达34亿元，截至2020年年底，累计发电量达1766亿kW·h；此外，还为河南、湖北两省提供灌溉农田用水，常年灌溉耕地360多万亩❶；为南水北调创造了水源条件。同时，丹江口水利枢纽作为国家南水北调中线工程水源地，

---

❶　1 亩 $\approx 666.67\text{m}^2$。

2014 年 12 月 12 日 14 时 32 分开始向南水北调中线工程沿线地区的北京、天津、河南、河北 4 个省（直辖市）的 20 多座大中城市提供生产和生活用水。小浪底工程建成后，在防洪、防凌、减淤、供水、发电等方面发挥了重要作用，产生了重大的社会效益和经济效益。举世瞩目的三峡工程建成后，在防洪、发电、航运、旅游等各方面产生了巨大效益，并对我国的国民经济发展产生深远的影响。

5. 环境影响的多面性

大型水利枢纽工程的建设，对人类社会产生较大影响，同时也由于改变河流的自然条件，对生态环境、自然景观、区域气候等方面可能产生较大影响。这种影响既有有利的一面，例如绿化环境、改良土壤、形成旅游和疗养场所，甚至发展成为新兴城市等；也有不利的一面，例如：由于水库水位抬高，需要移民和迁建；库区周围地下水位升高，对矿井、房屋、铁路、农田等产生不良的影响，甚至由于水质、水温等因素使库区附近的生态平衡发生变化；在地震多发区建造大型水库有可能诱发地震；库尾的泥沙淤积可能使航道恶化；清水下泄可能使下游河道遭受冲刷等。因此，在进行水利工程建设时必须研究其对环境的影响，扬其长，避其短，真正使工程为人类造福。

6. 失事后果的严重性

作为蓄水工程主体的坝或江河的堤防，一旦失事决口，将会给下游人民的生命财产和国家建设带来巨大的损失。据统计，全世界每年的垮坝率虽较过去有所降低，但仍在 0.2% 左右。1975 年 8 月我国河南省遭遇特大洪水，加之板桥、石漫滩两座水库垮坝，使下游农田受淹，京广铁路中断，死亡人数达 2.6 万人，损失十分惨重。应当指出，有些水工建筑物的失事与某些难以预见的自然因素或人们当时认识能力和技术水平限制有关，也有些是对勘测、试验、研究工作重视不够或施工质量欠缺所致，后者必须加以杜绝。

水利工程和水工建筑物的失事会给下游人民的生命财产和工农业生产带来巨大损失，因此，从事勘测、规划、设计、施工、管理等方面的工程技术人员，必须要有强烈的责任感，既要解放思想敢于创新，又要实事求是，按科学规律办事，从而确保工程安全，充分发挥工程效益。

1.3 水利枢纽分等和水工建筑物分级

水利工程是改造自然、开发利用水资源的重要举措，水利枢纽工程的建设是否成功，将对国民经济和人民生活产生直接影响。水利枢纽工程成功能为社会带来巨大的经济效益和社会效益。一旦失败，轻者影响经济效益，重者给社会带来巨大的财产损失，甚至造成人员伤亡。水利工程建设应高度重视工程安全问题。由于工程规模不同，不同的水利工程对国民经济和人民生活的影响程度也不同。过分地强调工程的安全，势必加大工程投资，造成不必要的经济损失。因此，必须妥善解决工程安全和经济之间的矛盾。为使工程的安全可靠性与其造价的经济合理性恰当地统一起来，水利枢纽及其组成的建筑物要进行分等分级。首先按水利枢纽工程的规模、效益及其在国民经济中的作用进行分等，然后再对各组成建筑物按其所属枢纽的等别、建筑物在枢纽中所起的作用和重要性进行分级。水利枢纽及水工建筑物的等级不同，对其规划、设计、施工、运行管理等的要求也不同，等级越高者要求也就越高。这种分等分级区别对待的方法，也是国家经济政策和技术要求相统一的重要体现。

根据我国水利部颁发的现行规范《水利水电工程等级划分及洪水标准》（SL 252—2017），水利水电枢纽工程按其规模、效益和在国民经济中的重要性分为五等，枢纽分等指标见表 1.1。

表 1.1   水利枢纽工程分等指标表

工程等别	工程规模	水库总库容/亿 m³	防洪		排涝	灌溉	供水	水电站
			保护城镇及工矿区	保护农田面积/万亩	治涝面积/万亩	灌溉面积/万亩	供给对象重要性	装机容量/万 kW
Ⅰ	大（1）型	≥10	特别重要	≥500	≥200	≥150	特别重要	≥120
Ⅱ	大（2）型	1.0～10	重要	100～500	60～200	50～150	重要	30～120
Ⅲ	中 型	0.1～1.0	中等	30～100	15～60	5～50	中等	5～30
Ⅳ	小（1）型	0.01～0.1	一般	5～30	3～15	0.5～5	一般	1～5
Ⅴ	小（2）型	0.001～0.01		<5	<3	<0.5		<1

表 1.1 中总库容是指最高洪水位以下的水库库容，治涝面积和灌溉面积等均指设计面积。对于综合利用的工程，如按表中指标分属几个不同等别时，整个枢纽的等别应以其中的最高等别为准。挡潮工程的等别可参照防洪工程的规定，在潮灾特别严重地区，其工程等别可适当提高。供水工程的重要性，应根据城市及工矿区和生活区供水规模、经济效益和社会效益分析决定。分等指标中有关防洪、灌溉两项，是指防洪或灌溉工程系统中的重要骨干工程。

枢纽中的水工建筑物按其所属枢纽工程的等别及其在工程中的作用和重要性分为五级，见表 1.2。

表 1.2   水工建筑物级别的划分

工程等别	永久性建筑物级别		临时性建筑级别
	主要建筑物	次要建筑物	
Ⅰ	1	3	4
Ⅱ	2	3	4
Ⅲ	3	4	5
Ⅳ	4	5	5
Ⅴ	5	5	

表中永久性建筑物是指枢纽工程运行期间使用的建筑物，根据其重要性程度，又可分为主要建筑物和次要建筑物。

主要建筑物是指失事后将造成下游灾害或严重影响工程效益的建筑物，例如坝、泄水建筑物、输水建筑物及电站厂房等。次要建筑物是指失事后不致造成下游灾害，或对工程效益影响不大，易于恢复的建筑物，例如失事后不影响主要建筑物和设备运行的挡土墙、导流墙、工作桥及护岸等。

临时性建筑物是指枢纽工程施工期间使用的建筑物，例如导流建筑物等。

按表 1.2 确定水工建筑物级别时，如该建筑物同时具有几种用途，应按最高级考虑，仅有一种用途时，则按该项用途所属级别考虑。

对于Ⅱ等至Ⅴ等工程，在下述情况下经过论证，可提高其主要建筑物级别：一是水库大坝高度超过表 1.3 数值者提高一级，但洪水标准不予提高；二是建筑物的工程地质条件特别复杂，或采用缺少实践经验的新坝型、新结构时提高一级；三是综合利用工程如按库容和不同用途的分等指标有两项接近同一等别的上限时，其共用的主要建筑物提高一级。对于临时性水工建筑物，如其失事后将使下游城镇、工矿区或其他国民经济部门造成严重灾害或严重影响工程施工时，视其重要性或影响程度，应提高一级或两级。对于低水头工程或失事后损失不大的工程，其水工建筑物级别经论证可适当降低。

表 1.3 需要提高级别的坝高界限

坝 的 原 级 别		2	3	4	5
坝高/m	土石坝	90	70	50	30
	混凝土坝、浆砌石坝	130	100	70	40

对不同级别的水工建筑物，在设计过程中应有不同要求。主要体现在以下方面。

（1）抵御洪水能力。如洪水标准、坝顶安全超高等。

（2）强度和稳定性。如建筑物的强度和抗滑稳定安全度，防止裂缝发生或限制裂缝开展的要求及限制变形要求等。

（3）建筑材料。如选用材料的品种、质量、标号及耐久性等。

（4）运行可靠性。如建筑物各部分尺寸裕度和是否设置专门设备等。

第2章 挡水建筑物

挡水建筑物的作用是拦截江河、提高水位或形成水库。包括各种材料和类型的坝、各种用途和结构形式的水闸，以及沿江河海岸修建的堤防、海塘等。

在水利水电工程中，挡水建筑物的种类繁多，本章主要介绍混凝土重力坝、拱坝和土石坝。

2.1 岩基上的重力坝

重力坝是一种古老而且应用广泛的坝型，因主要依靠坝体自重产生的抗滑力维持稳定而得名。根据历史记载，早在公元前 2900 年，古埃及便在尼罗河上修建了高 15m，顶长240m 的挡水坝。19 世纪以前，重力坝基本上都采用浆砌毛石修建，19 世纪后期逐渐采用混凝土筑坝。进入 20 世纪，由于混凝土工艺和施工机械的迅速发展，逐渐形成了现代的混凝土重力坝。目前，世界上最高的重力坝是瑞士的大狄克桑斯坝，坝高 285m。由于重力坝的结构简单、施工方便、抗御洪水能力强，抵抗战争破坏等意外事故的能力也较强，工作安全可靠，至今仍被广泛采用。其中，浆砌石重力坝的设计计算方法与混凝土重力坝基本相同，所以本节仅介绍混凝土重力坝。

2.1.1 重力坝的工作原理及特点

重力坝的工作原理是在水压力及其他荷载的作用下，主要依靠坝体自身重量在滑动面上产生的抗滑力来抵消坝前水压力，以满足稳定的要求；同时也依靠坝体自重在水平截面上产生的压应力来抵消由水压力引起的拉应力以满足强度的要求。其基本剖面为上游面近于垂直的三角形剖面，且沿垂直轴线方向常设有永久伸缩缝，将坝体分成若干独立工作的坝段（图 2.1），坝体剖面较大。与其他坝型比较具有以下主要特点。

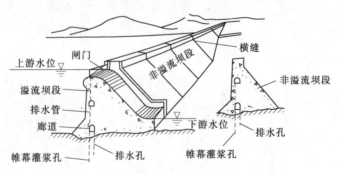

图 2.1　混凝土重力坝示意图

1. 泄洪和施工导流比较容易解决

由于重力坝的断面大，筑坝材料抗冲刷能力强，故可在坝顶溢流和坝身设置泄水孔。在施工期可以利用坝体或底孔导流。一般不需要另设河岸溢洪道或泄洪隧洞。在偶然的情况下，即使从坝顶少量过水，一般也不会导致坝体失事。这是重力坝的最大优点之一。

2. 安全可靠，结构简单，施工技术比较容易掌握

坝体放样、立模和混凝土浇筑和振捣都比较方便，有利于机械化施工。而且由于剖面尺寸大，筑坝材料强度高，耐久性好，抵抗水的渗透、冲刷，以及地震和战争破坏能力都比较强，安全性较高。据统计，重力坝在各种坝型中失事率是较低的。

3. 对地形、地质条件适应性强

地形条件对重力坝的影响不大，几乎任何形状的河谷均可修建重力坝。因为坝体作用于地基面上的压应力不高，对地质条件的要求也较低。另外，重力坝沿坝轴线方向被横缝分成若干个独立的坝段，适应不均匀沉陷能力强，因此能较好地适应各种非均质地基。

4. 受扬压力影响较大

由于坝体和坝基接触面较大，受扬压力影响也大。扬压力的作用方向与坝体自重的方向相反，会抵消部分坝体的有效重量，对坝体的稳定和应力情况不利。

5. 坝体体积大，水泥用量多，温度控制要求严格

由于混凝土重力坝体积大，水泥用量大，施工期混凝土的水化热和硬化收缩，将产生不利的温度应力和收缩应力。一般均需采取温控散热措施。

2.1.2 重力坝的类型

（1）按坝的高度分类：高坝、中坝、低坝三类。坝高大于 70m 的为高坝；坝高在 30～70m 之间的为中坝；坝高小于 30m 的为低坝。坝高指的是坝体最低面（不包括局部深槽或井、洞）至坝顶路面的高度。

（2）按照筑坝材料分类：混凝土重力坝和浆砌石重力坝。一般情况下，较高的坝和重要的工程经常采用混凝土重力坝；中、低坝则可以采用浆砌石重力坝。

（3）按照坝体是否过水分类：溢流坝和非溢流坝。坝体内设有泄水底孔的坝段和溢流坝段统称为泄水坝段。非溢流坝段也可称作挡水坝段。见图 2.1。

（4）按照施工方法分类：浇筑式混凝土重力坝和碾压式混凝土重力坝。

（5）按照坝体的结构型式分类：实体重力坝［图 2.2（a）］、宽缝重力坝［图 2.2（b）］、空腹重力坝［图 2.2（c）］。

2.1.3 重力坝的设计内容

重力坝设计包括以下几方面的内容。

（1）总体布置。首先选择坝址、坝轴线和坝的结构型式。确定坝体与两岸及交叉建筑物连接方式。最终确定坝体在枢纽中的布置。

（2）剖面设计。可参照已建的类似工程，初拟剖面尺寸。

（3）稳定分析。核算坝体沿坝基面或沿地基深层软弱结构面抗滑稳定安全性能。

（4）应力分析。对坝体材料进行强度校核。

（5）构造设计。根据施工和运行要求，确定坝体细部构造（廊道、排水、坝体分缝、止水等）。

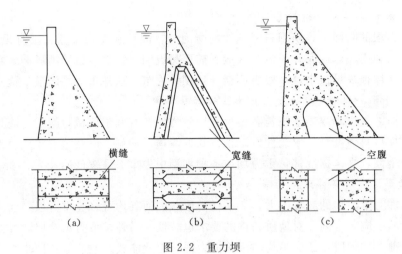

图 2.2 重力坝

(a) 实体重力坝；(b) 宽缝重力坝；(c) 空腹重力坝

（6）地基处理。地基的防渗（帷幕灌浆）、排水、断层、破碎带处理等。

（7）溢流重力坝和泄水孔的孔口设计。

（8）监测设计。包括坝体内部和外部的观测设计，制定大坝的运行、维护和监测条例。

2.1.4　重力坝的作用及其组合

2.1.4.1　重力坝的作用

重力坝的荷载也称作用，作用是指外界环境对水工建筑物的影响。正确计算重力坝的荷载并进行合理的荷载组合是重力坝设计的基础，通过本节学习应掌握重力坝有哪些荷载、各种荷载如何计算及荷载组合方法。

重力坝上的主要荷载有：坝体自重、上下游坝面上的水压力、浪压力或冰压力、泥沙压力及坝体内部的扬压力、地震荷载、温度荷载等。设计重力坝时应根据具体的运用条件确定各种荷载及其数值，并选择不同的荷载组合，用以验算坝体的稳定和强度。

（1）自重。坝体自重是维持大坝稳定的主要荷载，包括建筑物及其永久设备的重量。计算自重时，一些永久性的固定设备（如闸门、固定式启闭机等）的重量也应计算在内。计算坝的稳定时，活荷载不计算在内，坝内较大的孔洞应予扣除。

（2）水压力。包括静水压力，可按水力学的原理计算，溢流坝段坝顶闸门关闭挡水时，静水压力计算与挡水坝段完全相同；溢流坝泄水时，水压力还包括作用在反弧段上的动水压力。浪压力和扬压力计算可参照荷载规范。

（3）扬压力。包括渗透压力和浮托压力，具体计算见《混凝土重力坝设计规范》（SL 319—2018）。

（4）浪压力。主要计算坝体上游面的风浪压力。具体波浪要素及浪压力计算见《混凝土重力坝设计规范》（SL 319—2018）。

（5）冰压力。包括静冰压力和动冰压力。

（6）土压力。包括主动土压力、被动土压力以及淤积在坝前的泥沙压力。

（7）地震力。在地震区筑坝，必须考虑地震的影响。地震对建筑物的影响程度常用地震烈度表示。地震烈度划分为 12 度。烈度越大，对建筑物的影响越大。在抗震设计中常用到基本烈度和设计烈度两个概念。基本烈度是指该地区今后 50 年期限内可能遭遇的超越概率为 0.10 的地震烈度；设计烈度是指设计时实际采用的地震烈度。一般采用基本烈度作为设计烈度，但对 1 级建筑物可根据工程重要性和遭受震害的危险性，在基本烈度的基础上提高一度作为设计烈度。设计烈度为 7 度和 7 度以上的地震区应考虑地震力，设计烈度超过 9 度时，应进行专门研究。设计烈度为 6 度或 6 度以下时，一般不考虑地震力。

地震力包括由建筑物重量引起的地震惯性力、地震动水压力和动土压力。地震对扬压力、坝前泥沙压力和浪压力的影响可不考虑。

（8）温度荷载。由于混凝土温度应力比较复杂，且重力坝各坝段独立工作，故设计中一般不予考虑。各种荷载的计算可参阅《混凝土重力坝设计规范》（SL 319—2018）。

2.1.4.2 荷载组合

作用在重力坝上的各种荷载，除坝体自重外，都有一定的变化范围。例如，正常运行、放空水库、设计或校核洪水等不同情况对应的上下游水位不同。当水位发生变化时，相应的水压力、扬压力亦随之变化。又如，在短期宣泄最大洪水时，不一定会同时发生强烈地震。再如当水库水面封冻，坝面受静冰压力作用时，波浪压力就不存在。因此，在进行坝的设计时，应该把各种荷载根据它们同时出现的概率，合理地组合成不同的设计情况，根据组合出现的概率大小，用不同的安全系数进行核算，以妥善解决安全性和经济性的矛盾。

作用在坝上的荷载，按其出现的概率和性质，可分为基本荷载和特殊荷载两种；按其随时间的变异性可分为永久作用、可变作用和偶然作用。

1. 基本荷载

（1）建筑物的自重（包括永久机械设备、闸门、起重设备及其他自重）。

（2）正常蓄水位或设计洪水位时，大坝上、下游面的静水压力（选取一种控制情况）。

（3）扬压力。

（4）大坝上游淤沙压力。

（5）正常蓄水位或设计洪水位时的浪压力。

（6）冰压力。

（7）土压力。

（8）设计洪水位时的动水压力。

（9）其他出现机会较多的荷载。

2. 特殊荷载

（1）校核洪水位时大坝上、下游面的静水压力。

（2）校核洪水位时的扬压力。

（3）校核洪水位时的浪压力。

（4）校核洪水位时的动水压力。

（5）排水失效时的扬压力。

（6）地震荷载。

（7）其他出现机会很少的荷载。

荷载组合情况分为两大类：一类是基本组合，指水库处于正常运用情况下或在施工期间较长一段时间内可能发生的荷载组合，又称设计情况，由基本荷载组成；另一类是特殊组合，指水库处于非常运用情况下的荷载组合，又称校核情况，由基本荷载和一种或几种特殊荷载所组成。

进行荷载组合时，应根据各种荷载同时作用的实际可能性，按表 2.1 选用（表中数字即荷载的序号），必要时还可考虑其他的不利组合。

表 2.1   荷 载 组 合

设计状况	荷载组合	主要考虑情况	荷载									备 注
			自重	静水压力	扬压力	泥沙压力	浪压力	冰压力	地震荷载	动水压力	土压力	
持久状况	基本组合	正常蓄水位情况	(1)	(2)	(2)	(3)	(6)a)	—	—	(4)	—	土压力根据坝体外是否有填土而定（下同）；以发电为主的水库
		防洪高水位情况	(1)	(5)	(5)	(3)	(6)a)	—	(5)	(4)	—	以防洪为主的水库，正常蓄水位较低
		冰冻情况	(1)	(2)	(2)	(3)	—	(7)	—	(4)	—	静水压力及扬压力按相应冬季库水位计算
短暂状况	基本组合	施工期临时挡水情况	(1)	(2)	(2)	—	—	—	—	(4)	—	
偶然状况	偶然组合	校核洪水情况	(1)	(9)	(9)	(3)	(6)b)	—	(9)	—	—	
		地震情况	(1)	(2)	(2)	(3)	(6)a)	—	(4)	(10)	静水压力、扬压力和浪压力按正常蓄水位计算，有论证时可另作规定

注　1．应根据各种作用时发生的概率，选择计算中最不利的组合。
　　2．根据地质和其他条件，如考虑运用时排水设备易于堵塞，需经常维修时应考虑排水失效的情况，作为偶然组合。

2.1.5　重力坝的稳定分析

抗滑稳定分析是重力坝设计中的一项重要内容，其目的是核算坝体沿坝基面或沿地基深层软弱结构面抗滑稳定的安全性能。因为重力坝沿坝轴线方向用横缝分隔成若干个独立的坝段，假设横缝不传力，稳定分析可以按平面问题进行，取一个坝段或单位宽度作为计算单元。但对于地基中存在多条互相切割交错的软弱面而构成空间滑动体或位于地形陡峻的岸坡段，应按空间问题进行分析。

岩基上的重力坝常见的失稳形式有两种。一种是沿坝体抗剪能力不足的软弱结构面产生滑动，软弱结构面包括坝体与坝基的接触面和坝基岩体内连续的断层破碎带结构面。另一种是在各种荷载作用下，上游坝踵出现拉应力，使之裂缝；或下游坝趾压应力过大，超过坝基岩体或坝体混凝土的允许强度而压碎，从而产生倾覆破坏。当重力坝满足抗滑稳定和应力要求时，通常不必校核抗倾覆的安全性。

核算沿坝基面的抗滑稳定性时，应按抗剪强度公式或抗剪断强度公式计算坝基面的抗滑稳定安全系数。

1. 抗剪强度公式（摩擦公式）

抗剪强度分析法把坝体与基岩间看成是一个接触面，而不是胶结面，其抗滑稳定安全系数 K 为

$$K = \frac{f \sum W}{\sum P}$$
（2.1）

式中 $\sum W$——作用于坝体上全部荷载（包括扬压力，下同）对滑动平面的法向分值，kN；

$\sum P$——作用于坝体上全部荷载对滑动平面的切向分值，kN；

f——坝体混凝土与坝基接触面间的抗剪摩擦系数；

K——按抗剪强度公式计算的抗滑稳定安全系数。

式中的 f 值可参考表 2.2、表 2.3 选用。抗剪摩擦系数的选定直接关系到大坝的造价与安全，f 值愈小，为维持稳定所需的 $\sum W$ 愈大，即坝体剖面愈大。

抗剪强度公式未考虑坝体混凝土与基岩间的胶结作用，将其作为了安全储备，因此不能完全反映坝的实际工作状态，只是一个抗滑稳定的安全指标，《混凝土重力坝设计规范》（SL 319—2018）给出的控制值也较小。具体见表 2.4。

2. 抗剪断强度公式

抗剪断强度公式计算坝基面的抗滑稳定安全系数，认为坝体与基岩胶结良好，滑动面上的阻滑力包括抗剪断摩擦力和抗剪断凝聚力，其抗滑稳定安全系数由式（2.2）计算

$$K'_s = \frac{f' \sum W + C'A}{\sum P}$$
（2.2）

式中 f'——坝体混凝土与坝基接触面的抗剪断摩擦系数，可参考表 2.2 和表 2.3 选用；

C'——坝体混凝土与坝基接触面的抗剪断凝聚力，kPa；

A——坝体与坝基接触面的面积，m^2；

K'_s——按抗剪断公式计算的抗滑稳定安全系数。

式（2.2）考虑了坝体的胶结作用，计入了摩擦力和凝聚力，是比较符合坝的实际工作状态，物理概念也比较明确。f' 及 C' 值选取，以野外现场试验测定峰值的小值平均值为基础，考虑室内试验成果，结合现场实际情况，参照地质条件类似的工程经验，且考虑地基处理的效果，进行分析研究加以适当调整确定，无实验资料时可参考表 2.2、表 2.3 选用。

表 2.2   坝 基 岩 体 力 学 参 数

岩体分类	混凝土与坝基接触面			岩 体		变形模量 E_0/GPa
	f'	C'/MPa	f	f'	C'/MPa	
I	1.50~1.30	1.50~1.30	0.85~0.75	1.60~1.40	2.50~2.00	40.0~20.0
II	1.30~1.10	1.30~1.10	0.75~0.65	1.40~1.20	2.00~1.50	20.0~10.0

续表

岩体分类	混凝土与坝基接触面			岩　体		变形模量
	f'	C'/MPa	f	f'	C'/MPa	E_0/GPa
Ⅲ	1.10～0.90	1.10～0.70	0.65～0.55	1.20～0.80	1.50～0.70	10.0～5.0
Ⅳ	0.90～0.70	0.70～0.30	0.55～0.40	0.80～0.55	0.70～0.30	5.0～2.0
Ⅴ	0.70～0.40	0.30～0.05	—	0.55～0.40	0.30～0.05	2.0～0.2

注　1. f'、C'为抗剪断参数，f为抗剪参数。

2. 表中参数限于硬质岩，软质岩应根据软化系数进行折减。

表 2.3 　　　　　　　　　　**结构面、软弱层和断层力学参数**

类　　型	f'	C'/MPa	f
胶结的结构面	0.80～0.60	0.250～0.100	0.70～0.55
无充填的结构面	0.70～0.45	0.150～0.050	0.65～0.40
岩块岩屑型岩	0.55～0.45	0.250～0.100	0.50～0.40
岩屑夹泥型	0.45～0.35	0.100～0.050	0.40～0.30
泥夹岩屑型	0.35～0.25	0.050～0.020	0.30～0.23
泥	0.25～0.18	0.005～0.002	0.23～0.18

注　1. f'、C'为抗剪断参数，f为抗剪参数。

2. 表中参数限于硬质岩中的结构面。

3. 软质岩中的结构面应进行折减。

4. 胶结或无充填的结构面抗剪断强度，应根据结构面的粗糙程度选取大值或小值。

表 2.4 　　　　　　　　　　**抗滑稳定安全系数 K、K'**

荷载组合　　＼　　坝的级别	抗剪强度公式安全系数 K			抗剪断强度公式安全系数 K'
	1	2	3	1、2、3
基本组合	1.10	1.05	1.05	3.0
特殊组合（1）	1.05	1.00	1.00	2.5
特殊组合（2）	1.00	1.00	1.00	2.3

3. 提高坝体抗滑稳定性的工程措施

当校核坝体的稳定安全系数不能满足要求时，除改变坝体的剖面尺寸外，还可以采取以下的工程措施，以提高坝体的稳定性，如图 2.3 所示。

（1）利用水重。将坝体的上游面做成倾向上游的斜面或折坡面，利用坝面上的水重增加坝的抗滑力，达到提高坝体稳定的目的。但应注意，上游坝面的坡度不宜过缓，一般 $n=0～0.2$，否则在上游坝踵处容易产生拉应力，对强度不利。

（2）将坝基面开挖成倾向上游的斜面，借以增加抗滑力，以提高稳定性。当基岩为水平层状构造时，此措施对增强坝的抗滑稳定更为有效。有意将坝踵高程降低，使坝基面倾向上游，这种做法将加大上游水压力、增加开挖量和混凝土浇筑量，故较少采用。当基岩比较坚固时，可以开挖成锯齿状，形成局部的倾向上游的斜面，提高坝基面的抗剪能力。

（3）设置齿墙。根据地质条件，当坝基内有倾向下游的软弱面时，可在坝踵部位设置深入基岩的齿墙，以切断较浅的软弱面，迫使可能滑动面沿齿墙底部或连同部分基岩一起

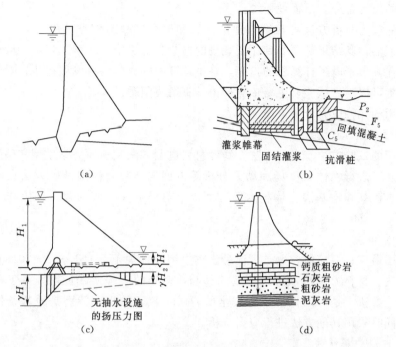

图 2.3 提高抗滑稳定的几种工程措施
(a)、(b) 设置齿墙；(c) 抽水设施；(d) 预应力锚固措施

滑动，因而增加了滑动体的重量，同时也增大抗滑体的抗力。有的工程采用大型的混凝土抗滑桩。见图 2.3 (a)、(b)。

（4）抽水措施。当下游水位较高，坝体承受的浮托力较大时，可考虑在坝基面设置排水系统，定时抽水以减少坝底扬压力。如我国的四川龚嘴工程，下游水深达 30m，采取抽水措施后，浮托力只按 10m 水深计算，节省了许多坝体混凝土浇筑量。但下游尾水位不高时，效果不显著。见图 2.3 (c)。

（5）加固地基。提高坝基面的抗剪断参数 f'、C'。设计和施工时，应保证混凝土与基岩结合良好，不沿接触面滑动，这样可以采用混凝土或岩块的 f'、C' 值。对于坝基岩石完整性比较差时，则应采用固结灌浆加固地基，并做好帷幕灌浆和断层、破碎带及软弱夹层的处理等。

（6）横缝灌浆。岸坡坝段或坝基岩石有破碎带夹层时，将部分坝段或整个坝体的横缝进行局部或全部灌浆，以增强坝体的整体性和稳定性。

（7）预应力锚固措施。在靠近坝体上游面，采用深孔锚固高强度钢索，并施加预应力，既可增加坝体的抗滑稳定性能，又可消除坝踵处的拉应力。见图 2.3 (d)。

2.1.6 重力坝的应力分析

2.1.6.1 重力坝应力分析的目的与方法

应力分析的目的是检验大坝在施工期和运用期是否满足强度要求；根据应力分布情况进行坝体混凝土标号分区；为研究坝体某些部位的应力集中和配筋等提供依据。应力分析的过程是：首先进行荷载计算和荷载组合，然后选择适宜的方法进行应力计算，最后检验坝体各部位的应力是否满足强度要求。

重力坝的应力分析方法可归结为理论计算和模型试验两大类，这两类方法是彼此补充、互相验证的，其结果都要受到原型观测的检验。对于中、小型工程，一般可只进行理论计算。近代，由于电子计算机的出现，理论计算中的数值解法发展很快，对于一般的平面问题，常常可以不做试验，主要依靠理论计算解决问题。

目前常用的几种应力分析方法如下。

1. 模型试验法

目前常用的试验方法有光测方法、脆性材料电测方法、地质力学模型实验方法等。利用模型试验还可进行坝体温度场和动力分析等方面的研究。模型试验方法在模拟材料特性、施加自重荷载和地基渗流体积力等方面，目前仍存在一些问题，有待进一步研究和改进。

2. 材料力学法

这是应用最广、最简便，也是《混凝土重力坝设计规范》（SL 319—2018）中规定采用的计算方法。材料力学法不考虑地基的影响，多年的工程实践证明，对于中等高度的坝，应用这一方法，是可以保证工程安全的。对于较高的坝，特别是地基条件比较复杂时，还应该同时采用其他方法进行应力分析。

3. 弹性理论的解析法

这种方法在力学模型和数学解法上都是严格的，但目前只有少数边界条件简单的典型结构才有解答，所以在工程设计中应用较少。通过对典型构件的计算，可以检验其他方法的精确性。因此，弹性理论的解析方法仍是一种很有价值的分析方法。

4. 弹性理论的有限元法

有限元法在力学模型上是近似的，在数学解法上是严格的，是 20 世纪 50 年代中期随着电子计算机的出现而产生的一种计算方法。有限元法可以处理复杂的边界，包括几何形状、材料特性和静力条件。60 年代以后，有限元法的应用从求解应力场扩大到求解磁场、温度场和渗流场等。它不仅能解决弹性问题，还能解决弹塑性问题；不仅能解决静力问题，也能解决动力问题；不仅能计算单一结构，还能计算复杂的组合结构。有限元已成为一种综合能力很强的计算方法，随着计算机附属设备和软件工程的发展，有限元法近年来在前处理和后处理功能方面也有很大进步，如网格自动剖分、计算成果的整理和绘图等，使设计人员从过去繁琐的计算和成果整理工作中解脱出来，实现设计工作的自动化。

重力坝的应力状态非常复杂，与很多因素有关，如坝体剖面尺寸、静力荷载、地质条件、施工过程、温度变化以及地震特性等。在应力分析中，还不能确切考虑各种因素。因此，无论采用哪种方法得出的成果，都不同程度地有一定的近似性。

2.1.6.2 材料力学法

混凝土重力坝以材料力学法和刚体极限平衡法计算成果作为确定坝体断面的依据，有限元法作为辅助方法。这里主要介绍材料力学法。

1. 材料力学法的基本假定

（1）坝体混凝土为均质、连续、各向同性的弹性材料。

（2）视坝段为固接于地基上的悬臂梁，不考虑地基变形对坝体应力的影响，并认为各坝段独立工作，横缝不传力。

（3）假定坝体水平截面上的正应力 σ_y 按直线分布，不考虑廊道等对坝体应力的影响。

2. 边缘应力计算

（1）上游、下游坝面垂直正应力。

上游面垂直正应力（参见图 2.4）

$$\sigma_y^u = \frac{\sum W}{T} + \frac{6\sum M}{T^2} \qquad (2.3)$$

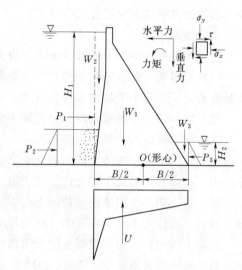

式中　T——坝体计算截面上游、下游方向的宽度；

　　$\sum W$——计算截面上全部垂直力之和，（包括扬压力，下同），以向下为正，对于实体重力坝，计算时切取单位长度坝体（下同）；

　　$\sum M$——计算截面上全部垂直力及水平力对计算截面形心的力矩之和，以使上游面产生压应力者为正。

下游面垂直正应力（参见图 2.4）

$$\sigma_y^d = \frac{\sum W}{T} - \frac{6\sum M}{T^2} \qquad (2.4)$$

图 2.4　实体重力坝坝面应力计算示意图

（2）上游、下游面剪应力。

上游面剪应力

$$\tau^u = (P - P_u^u - \sigma_y^u)m_1 \qquad (2.5)$$

式中　m_1——上游坝坡；

　　P——计算截面在上游坝面所承受的水压力强度（如有泥沙压力时，应计入在内）；

　　P_u^u——计算截面在上游坝面处的扬压力强度。

下游面剪应力

$$\tau^d = (\sigma_y^d - P' + P_u^d)m_2 \qquad (2.6)$$

式中　m_2——下游坝坡；

　　P'——计算截面在下游坝面所承受的水压强度（如有泥沙压力时，应计入在内）；

　　P_u^d——计算截面在下游坝面处的扬压力强度。

（3）上游、下游面水平正应力。

上游面水平正应力

$$\sigma_x^u = (P - P_u^u) - (P - P_u^u - \sigma_y^u)m_1^2 \qquad (2.7)$$

下游面水平正应力

$$\sigma_x^d = (P' - P_u^d) + (\sigma_y^d - P' + P_u^d)m_2^2 \qquad (2.8)$$

（4）上游、下游面主应力。

上游面主应力

$$\sigma_1^u = (1 + m_1^2)\sigma_y^u - m_1^2(P - P_u^u) \qquad (2.9)$$

$$\sigma_2^u = P - P_u^u \tag{2.10}$$

下游面主应力

$$\sigma_1^d = (1 + m_2^2)\sigma_y^d - m_2^2(P' - P_u^d) \tag{2.11}$$

$$\sigma_2^d = P' - P_u^d \tag{2.12}$$

以上各式适用于考虑扬压力的情况。如需计算不计截面上扬压力的作用时，则上游面和下游面的各种应力计算公式中将 P_u^u、P_u^d 取值为零。

3. 强度校核

重力坝坝基面坝踵、坝趾的垂直正应力应符合下列要求。

（1）运用期：在各种荷载组合下（地震荷载除外），坝踵垂直正应力不应出现拉应力，坝趾垂直正应力应小于坝基容许压应力。

（2）施工期：坝趾垂直应力允许有小于 0.1MPa 的拉应力。

重力坝坝体应力应符合下列要求。

（1）运用期。①坝体上游面的垂正直应力不出现拉应力（计扬压力）。②坝体最大主压应力，不应大于混凝土的允许压应力值。

（2）施工期。①坝体任何截面上的主压应力不应大于混凝土的允许压应力。②在坝体的下游面，允许有不大于 0.2MPa 的主拉应力。

混凝土的允许应力按混凝土的极限强度除以相应的安全系数确定。坝体混凝土抗压安全系数，基本组合不应小于 4.0；特殊组合（不含地震情况）不应小于 3.5。当局部混凝土有抗拉要求时，混凝土抗拉安全系数不应小于 4.0。混凝土极限抗压强度，指 90d 龄期的 15cm 立方体强度，强度保证率应达 80% 以上。

地震荷载是一种机遇较少的荷载，在动荷载的作用下混凝土材料的允许应力可适当提高，并允许产生一定的瞬时拉应力。

2.1.7 影响坝体应力的各种因素

用材料力学方法计算坝体应力是在一系列假定的基础上进行的，有许多影响坝体应力分布的因素未加考虑，坝体实际应力分布情况比较复杂。

以下仅就一些主要因素及影响作简要介绍。

1. 地基变形对坝体应力的影响

材料力学法假定任何水平截面的 σ_y 呈直线分布，即任何水平截面变形后仍保持平面，但是由于地基、坝体材料及刚度不同，坝底附近的应力必然会受到地基的约束。有限元计算证明，地基刚度过大，容易在坝体边缘产生拉应力，见图 2.5，因此地基与坝体刚度不宜相差过大。另外，地基不均匀也会影响坝体应力分布。试验结果表明，当坝踵附近地基变形模量较高时，有可能在坝踵产生拉应力，应予以注意。由于地基变形的影响，对坝底面以上 1/4～1/3 坝高范围内应力分布与材料力学法计算结果有较大的差别，其中坝底面的差别最大。

2. 混凝土标号分区对坝体应力的影响

重力坝内部混凝土要求较低，因此为节省工程造价往往采用较低标号的混凝土，造成坝体内部和外部的混凝土弹性模量不一致。

坝体外部弹性模量越高越容易引起应力集中，在坝踵处容易产生拉应力。

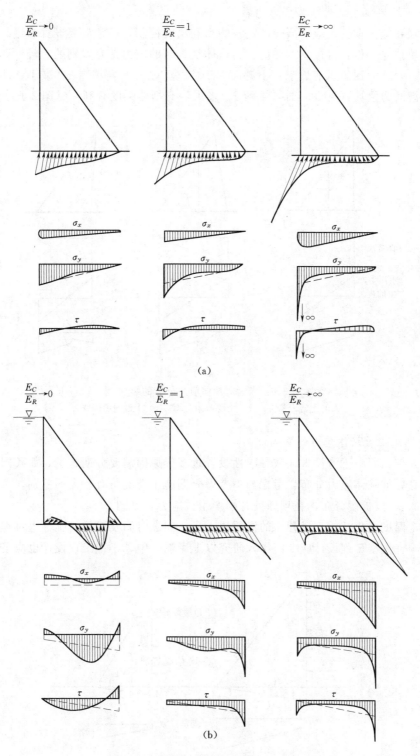

图 2.5 坝底应力随变形模量比的变化

E_C—坝体材料弹性模量；E_R—地基变形模量

3. 施工期坝体纵缝对坝体应力的影响

重力坝在施工期为适应混凝土的浇筑能力和温度控制，经常需要设置纵缝。纵缝灌浆前，各坝块独立工作，自重产生的应力与整体浇筑时的应力是有差别的。经计算可见：上游面铅直（$n=0$）时，没有影响；上游面为正坡（$n>0$）时，坝踵 σ_{yu} 减小，甚至产生拉应力；上游面为倒坡（$n<0$）时，坝踵 σ_{yu} 增大，对坝体强度有利，见图 2.6。

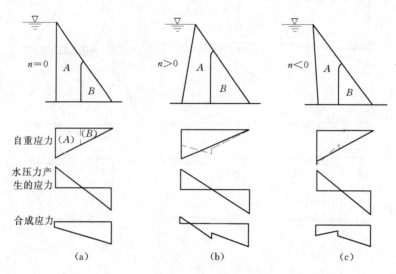

图 2.6　纵缝对坝体应力分布的影响
（a）上游面铅直；（b）上游面为正坡；（c）上游面为倒坡

4. 分期施工对坝体应力的影响

一些大型工程由于淹没太大或一次性投资过多等原因需要分期施工，如我国的丹江口水库。加高后的坝体应力分布，考虑与不考虑分期施工情况将有较大的差别。考虑分期施工后计算的 σ_y 成折线分布，在坝踵处容易产生拉应力，见图 2.7。

另外，温度变化及施工过程中的浇筑块大小、间歇时间及温控措施等也对坝体应力有较大的影响。大型工程设计应专门深入研究以上影响，中、小型工程设计也应了解并在设

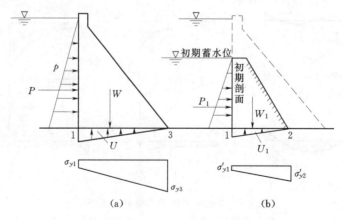

图 2.7（一）　分期施工对坝体应力分布的影响

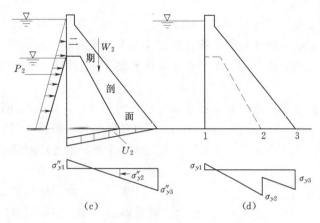

图 2.7（二） 分期施工对坝体应力分布的影响

(a) 按整体计算的正应力 σ_y；(b) 初期正应力 σ'_y；(c) 二期正应力 σ''_y；(d) 合成正应力 $\sigma'_y + \sigma''_y$

计中予以重视。

2.1.8 重力坝的剖面优化设计

剖面设计是重力坝设计的重要环节，主要任务是选择一个既能满足稳定和强度要求，又能使坝体工程量最小，外形轮廓简单、施工方便、运行可靠的剖面。影响剖面设计的因素很多，如荷载、地形、地质、运用要求、筑坝材料、施工条件等。本节首先考虑坝体的主要荷载，按照安全和经济的要求拟定基本剖面，并将问题简化。再根据其他要求，将基本剖面修改成实用剖面，然后根据剖面的设计原则，进行承载能力极限状态和正常使用极限状态计算，校核坝体强度和抗滑稳定性能，反复修改，最后确定经济合理的坝体剖面。

1. 拟定重力坝剖面的主要原则

（1）保证大坝安全运用，满足稳定和强度要求。

（2）尽可能节省工程量，力求获得最小剖面尺寸、造价最低。

（3）坝体的外形轮廓简单，便于施工。

（4）运行方便。

2. 重力坝剖面设计包括的主要工作内容

（1）拟定剖面尺寸：参照已建成的条件相近的工程，根据所设计工程的具体要求或通过简化计算，初步拟定剖面尺寸。

（2）稳定分析：采用抗剪强度公式或抗剪断强度公式，在各种荷载组合情况下进行抗滑稳定计算，保证坝体不致沿坝基面或地基中的软弱结构面产生滑动。

（3）应力分析：使坝体及坝基应力在施工期和各种荷载组合情况下的运用期满足设计要求，保证坝体和地基不产生强度破坏。

（4）确定设计剖面：得出满足设计原则条件下的经济剖面。

（5）构造设计：根据施工和运用要求确定坝体的构造，如廊道系统、排水系统、分缝、止水等。

（6）地基处理：包括地基防渗、排水、断层破碎带的处理等。

3. 剖面设计方法

根据《混凝土重力坝设计规范》(SL 319—2018),坝体断面设计的原则,混凝土重力坝一般以材料力学法和刚体极限平衡计算成果作为确定坝断面的依据。一般采用数学规划和优化设计方法求得最优剖面。本节以非线性规划方法为例,介绍优化步骤。

4. 剖面尺寸

重力坝承受的主要作用荷载是静水压、扬压力和自重,控制剖面尺寸的主要指标是稳定和强度要求。因为作用于上游面的水压力呈三角形分布,重力坝的基本剖面是三角形,见图 2.8。

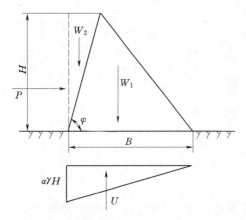

实际上,由于运用和交通的需要,坝顶应有足够的宽度。坝顶宽度应根据设备布置、运行、检修、施工和交通等需要确定,并满足抗震、特大洪水时抢护等要求。无特殊要求时,常态混凝土坝坝顶最小宽度为 3m,碾压混凝土坝为 5m,一般取坝高的 1/10~1/8。

实用剖面必须有安全超高。坝顶高于水库静水位的高度 Δh 按下式计算

$$\Delta h = h_{1\%} + h_z + h_c \qquad (2.13)$$

图 2.8 重力坝设计基本剖面

式中 $h_{1\%}$——累积频率为 1% 时的波浪高度,m;

h_z——波浪中心线至静水位的高度,m;

h_c——安全超高,按表 2.5 选用,m。

表 2.5 安 全 超 高 h_c 单位:m

运用情况	坝 的 安 全 级 别		
	Ⅰ	Ⅱ	Ⅲ
	1 级	2 级、3 级	4 级、5 级
正常蓄水位	0.7	0.5	0.4
校核洪水位	0.5	0.4	0.3

必须注意,在计算 $h_{1\%}$ 和 h_z 时,正常蓄水位和校核洪水采用不同的计算风速值。正常蓄水位时,采用重现期为 50 年的年最大风速;校核洪水位时,采用多年平均最大风速。坝顶高程或坝顶上游防浪墙顶高程按式 (2.14) 和式 (2.15) 计算:

$$坝顶高程 = 正常蓄水位 + \Delta h_{正} \qquad (2.14)$$

$$坝顶高程 = 校核洪水位 + \Delta h_{校} \qquad (2.15)$$

式中 $\Delta h_{正}$、$\Delta h_{校}$ 分别为计算的坝顶(或防浪墙顶)距正常蓄水位和校核洪水位的高度。由于正常蓄水位和校核洪水位在计算坝顶超出静水位的高度 Δh 时,所采用的风速计算值及安全超高值不一样,在决定坝顶高程时,应按正常蓄水位情况和校核洪水情况分别求出坝顶高程,然后选用大值。当坝顶设置有与坝体连成整体的防浪墙时,可降低坝顶高程,但坝顶高程应高于校核洪水位。

有时为了同时满足稳定和强度的要求，重力坝的上游面布置成倾斜面或折面（图2.9）。这样可利用部分水重以满足坝体抗滑稳定要求，同时避免施工期下游面产生拉应力。折坡起点高度应结合引水管、泄水孔的进口布置等因素，通过优化设计确定，一般为坝前最大水头的 $1/3 \sim 1/2$。

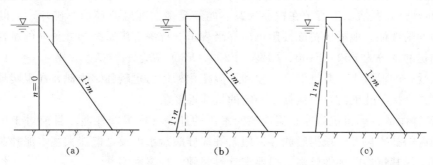

图 2.9　挡水坝剖面形态示意图
(a) 上游铅直坝面；(b) 上部铅直而下部倾斜坝面；(c) 上游倾斜坝面

设计时应综合考虑地形、地质及坝体形式（如溢流坝和非溢流坝），将整个大坝沿坝轴线分成若干个典型坝段，先求得各典型坝型段的既安全又经济的剖面，然后再统一考虑，适当调整，尽可能使整个坝体在外观上协调一致。

5. 优化设计

前面介绍的是由基本三角形剖面反复修改成为实用剖面，是工程设计中常用的坝体经济剖面选择方法，虽然可以做出较经济合理的设计，但由于此方法有局限性，且试算工作繁重，较难求得最优剖面。近些年来，大、中型工程设计一般都要进行优化设计。采用非线性规划方法进行坝体剖面优化。

从结构优化设计的角度来看，传统的结构设计中，所有参与计算的量必须以常量出现。用优化设计的术语来说，这种设计是"可行的"而未必是"最优的"，优化设计是设计者根据设计要求，在全部可行的设计方案中，利用数学手段，按设计者预定的要求，从中选择出一个最好方案。因而优化设计所得的结果，不仅是"可行的"而且是"最优的"。

2.1.9　重力坝的构造及地基处理

2.1.9.1　重力坝的构造

重力坝的构造设计包括坝体材料分区、坝顶构造、坝体分缝与止水、坝体排水、廊道系统等内容，这些构造的科学合理选型和布置，可以改善重力坝的工作状态，提高坝体的稳定性，减小坝体应力，满足运用和施工要求。

1. 坝体材料分区

重力坝建筑材料主要是混凝土和浆砌石。重力坝除要求材料有足够的强度外，还要有一定的抗渗性、抗冻性、抗侵蚀性、抗冲耐磨性以及低热性等。

（1）强度。混凝土的强度等级应由用标准方法制作养护的边长为 150mm 的立方体试件，在 28d 龄期用标准试验方法测得的具有 95% 保证率的抗压强度标准值确定，用符号 C 表示。各等级强度的标准值由《混凝土强度检验评定标准》（GB/T 50107—2010）给出，常采用强度等级为 C10、C15、C20、C25、C30 等。

（2）混凝土的耐久性。混凝土的耐久性包括抗渗性、抗冻性、抗冲耐磨性、抗侵蚀性等。

1）抗渗性，是指混凝土抵抗水压力渗透作用的能力。抗渗性可用抗渗等级表示，抗渗等级系按 28d 龄期的标准试件所测定的。分为 W2、W4、W6、W8、W10 等。

2）抗冻性，是表示混凝土在饱和状态下能经受多次冻融循环而不破坏，同时也不严重降低强度的性能。混凝土抗冻性用抗冻等级表示。抗冻等级系按 28d 龄期的试件采用快冻试验测定的，分为 F50、F100、F150、F200、F300 等。

抗冻性好的混凝土，其抗温度变化和干湿变化的能力也较强。因此，在温暖地区为了使混凝土具有抗风化能力，也应提出一定的抗冻性要求。

3）抗冲耐磨性。指抗高速水流或挟沙水流的冲刷、磨损的性能。目前对于抗磨尚未制定出明确的技术标准。根据经验，使用高等级硅酸盐水泥或硅酸盐大坝水泥拌制成的高等级混凝土，其抗冲耐磨性较强。但要求骨料坚硬、振捣密实。

4）抗侵蚀性。是指混凝土抵抗环境侵蚀的性能。当环境水有侵蚀的情况时，应选择抗侵蚀性能较好的水泥，外部水位变化区及水下混凝土的水灰比，可比常态混凝土的水灰比减少 0.05。

为了降低水泥用量并提高混凝土的性能，坝体混凝土内可适量掺加粉煤灰掺和料及引气剂、塑化剂等外加剂。

（3）坝体混凝土分区。混凝土重力坝坝体各部位的工作条件及受力条件不同，对上述混凝土材料性能指标的要求也不同。为了满足坝体各部位的不同要求，节省水泥用量及工程费用，把安全性与经济性统一起来，通常将坝体混凝土按不同工作条件进行分区，选用不同的强度等级和性能指标。一般可分为 6 个区，见图 2.10。

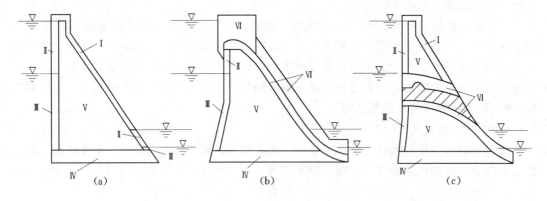

图 2.10　坝体混凝土分区图

Ⅰ区—上、下游水位以上坝体表层混凝土，其特点是受大气影响；Ⅱ区—上、下游水位变化区坝体表层混凝土，既受水的作用，也受大气影响；Ⅲ区—上、下游最低水位以下坝体表层混凝土；Ⅳ区—坝体基础混凝土；Ⅴ区—坝体内部混凝土；Ⅵ区—抗冲刷部位的混凝土（如溢流面、泄水孔、导墙和闸墩等）

为了便于施工，选定各区混凝土等级时，等级的类别应尽量少，相邻区的强度等级相差应不超过两级，以免由于性能差别太大而引起应力集中或产生裂缝。分区的厚度一般不得小于 2m，以便浇筑施工。

2. 坝体分缝与止水

由于地基不均匀沉降和温度变化、施工时期的温度应力以及施工浇筑能力等原因，一般要对坝体进行分缝。有一些缝是永久性的，它们的存在不影响坝体的整体性，不影响坝的正常运行；有些缝是临时性的，只在施工时设置，它们的存在将影响坝的整体性，使坝的正常工作受到影响，因而要对这种缝加以处理，使各个块体结合成整体。

按缝的作用可把缝分为沉降缝、伸缩缝及工作缝。沉降缝是将坝体沿长度分段，以适应地基的不均匀沉降，避免由此而引起坝体裂缝。伸缩缝的作用是将坝体分块，以减少坝体伸缩时地基对坝体的约束，避免因新旧混凝土之间的约束造成的裂缝。工作缝主要是便于分期浇筑、装拆模板以及混凝土散热而设的临时缝。按缝的位置可分为横缝、纵缝及水平缝。

（1）横缝。横缝垂直坝轴线，将坝体分为若干坝段。其作用是减小温度应力、适应地基不均匀变形并满足施工要求。横缝可兼作伸缩缝和沉降缝，横缝间距（即坝段宽度）一般为12～20m，在特殊情况下也有达24m左右的，主要取决于地基特性、河谷地形、温度变化、结构布置和浇筑能力等。横缝一般情况下为永久性的，特殊情况也可以设置成临时性的。

1）永久性横缝。永久性横缝常做成平面，不设键槽，不进行灌浆，使各坝段独立工作。根据地基和温度变化情况，可不留缝宽；当不均匀沉陷较大时，缝宽需留1～2cm，缝间用沥青油毛毡隔开。

横缝内需设止水。止水材料有金属片、橡胶、塑料及沥青等。对于高坝，应采用两道止水片，中间设沥青井；对中、低坝可适当简化。金属止水一般采用1.0～1.6mm厚的紫铜片，第一道止水至上游面的距离应有利于改善坝体头部应力，一般为0.5～2.0m，每侧埋入混凝土的长度为20～25cm，见图2.11。

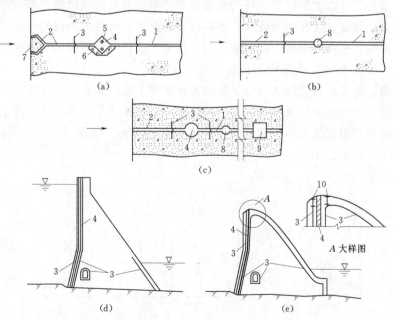

图 2.11　横缝止水构造
1—第一道止水铜片；2—沥青井；3—第二道止水片；4—廊道止水；
5—横缝；6—沥青油毡；7—加热电极；8—预制块

沥青井为方形或圆形,在井底设置沥青排出管,以便排出老化的沥青,重填新料。管径可为 15～20cm。止水片及沥青井需伸入岩基一定深度,30～50cm,井内填满沥青砂。止水片必须延伸到最高水位以上,沥青井需延伸到坝顶。见图 2.12。

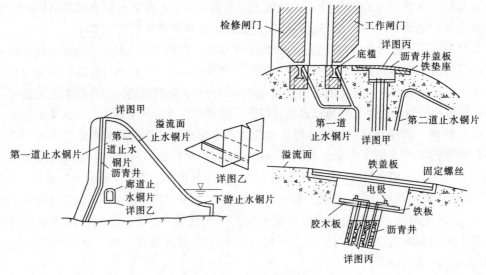

图 2.12 溢流坝段止水布置图

2) 临时性横缝。当遇到下述情况时,可将横缝做成临时性横缝:①河谷狭窄时,做成整体式重力坝,可适当发挥两岸的支撑作用,有利于坝体的强度和稳定;②岸坡较陡,将各坝段连成整体,以改善岸坡坝段的稳定性;③坐落在软弱破碎带上的各坝段,连成整体,可增加坝体刚度;④在强地震区,各坝段连成整体,可提高坝段的抗震性能。临时性横缝的灌浆高度,视坝高和传力的需要而定。例如,大狄克桑斯坝的横缝全部灌浆。新安江大坝在坝的底部 10～18m 范围内进行了局部灌浆。

(2) 纵缝。为了适应混凝土的浇筑能力和减少施工期的温度应力,常在平行坝轴线方向设纵缝,将一个坝段分成几个坝块,待坝体降到稳定温度后再进行接缝灌浆。纵缝是平行于坝轴线设置的温度缝和施工缝,间距一般为 15～30m。常用的纵缝形式有竖直纵缝、斜缝和错缝等。见图 2.13。

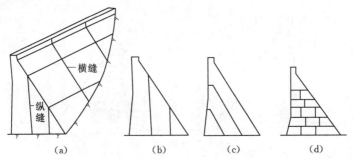

图 2.13 重力坝的横缝及纵缝图
(a) 横缝及纵缝布置;(b) 竖直纵缝;(c) 斜缝;(d) 错缝

（3）水平工作缝。水平工作缝是分层施工的新、旧混凝土之间的接缝，是临时性的。为了使工作缝接合好，在新混凝土浇筑前，必须清除施工缝面的浮渣、灰尘和水泥乳膜，用风水枪或压力水冲洗，使表面成为干净的麻面，再均匀铺一层 2～3cm 的水泥砂浆，然后浇筑。国内外普遍采用薄层浇筑，浇筑块厚 1.5～3.0m。在基岩表面需用 0.75～1.0m 的薄层浇筑，以便通过表面散热，降低混凝土温升，防止开裂。

3. 坝体排水

为了减少坝体渗透压力，靠近上游坝面应设排水管幕，将渗入坝体的水由排水管排入廊道，再由廊道汇集于集水井，由抽水机排到下游。排水管距上游坝面的距离，一般要求不小于坝前水头的 1/12～1/10，且不小于 2m，以使渗透坡降在允许范围以内。排水管的间距为 2～3m，上、下层廊道之间的排水管应布置成垂直的或接近于垂直方向，不宜有弯头，以便检修。

排水管可采用预制无砂混凝土管、多孔混凝土管，内径为 15～25cm，见图 2.14。排水管施工时用水泥浆砌筑，随着坝体混凝土的浇筑而加高，在浇筑坝体混凝土时，须对排水管做好保护，防止水泥浆漏入而被堵塞。

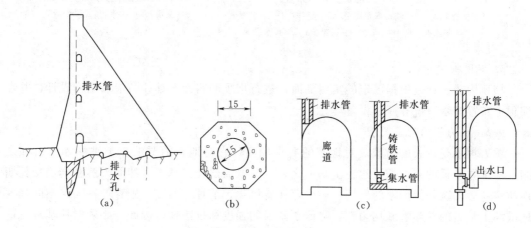

图 2.14 坝体排水管

4. 廊道系统

为了满足施工运用要求，如灌浆、排水、观测、检查和交通的需要，须在坝体内设置各种廊道，这些廊道互相连通，构成廊道系统，见图 2.15。

（1）基础灌浆廊道。帷幕灌浆需要在坝体浇筑到一定高程后进行，以便利用混凝土压重提高灌浆压力，保证灌浆质量。为此，需在坝踵部位沿纵向设置灌浆廊道，以便降低渗透压力。基础灌浆廊道的断面尺寸，应根据钻灌机具尺寸及工作要求确定，一般宽度可取 2.5～3m，高度可为 3.0～3.5m。断面型式采用城门洞形。灌浆廊道距上游面的距离可取水头的 5%～10%，且不小于 4～5m。灌浆廊道底面距基岩面不小于 1.5 倍廊道宽度，以防廊道底板被灌浆压力掀动而开裂。廊道底面上、下游侧设排水沟，下游排水沟设坝基排水孔及扬压力观测孔。灌浆廊道沿地形向两岸逐渐升高，坡度不宜大于 45°，以便进行钻孔、灌浆操作和搬运灌浆设备。对坡较陡的长廊，应分段设置安全平台及扶手。

27

（2）检查和坝体排水廊道。为了检查巡视和排除渗水，常在靠近坝体上游面沿高度方向每隔 15～30m 设置检查和坝体排水廊道。其断面型式多采用城门洞形，最小宽度为 1.2m，最小高度为 2.2m，距上游面距离应不小于 5%水头，且不小于 3m。寒冷地区应适当加厚。上游侧设排水沟。见图 2.16。

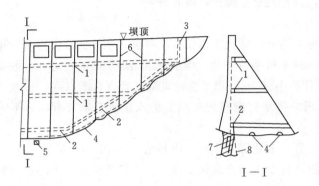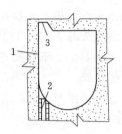

图 2.15　廊道及竖井的布置
1—检查廊道；2—基础灌浆廊道；3—竖井；4—排水廊道；
5—集水井；6—横缝；7—灌浆帷幕；8—排水孔幕

图 2.16　坝体排水管与廊道
1—廊道；2—排水管；3—集水沟

5. 坝顶构造

坝顶构造设计是根据已定的实用剖面，进行坝顶的路面设计、防浪墙结构设计，并在坝顶上布置排水系统和照明设备等。

2.1.9.2　重力坝的地基处理

重力坝承受较大的荷载，对地基的要求较高，它对地基的要求介于拱坝和土石坝之间。除少数较低的重力坝可建在土基上之外，一般需建在岩基上。然而天然基岩经受长期地质构造运动及外界因素的作用，多少存在着风化、节理、裂隙、破碎等缺陷，不同程度地破坏了基岩的整体性和均匀性，降低了基岩的强度和抗渗性。因此，必须对地基进行适当的处理，以满足重力坝对地基的要求：①具有足够的强度，以承受坝体的压力；②具有足够的整体性、均匀性，以满足坝基抗滑稳定和减少不均匀沉陷；③具有足够的抗渗性，以满足渗透稳定，控制渗流量；④具有足够的耐久性，以防止岩体性质在水的长期作用下发生恶化。

据统计资料，重力坝的失事有 40%是因为地基问题造成的。我国在这方面也有很多经验教训。因此在重力坝设计中，必须十分重视对地基的勘测研究及处理，这是一项关系大坝安全、经济和建设速度的极为重要的工作。

地基处理主要包含两个方面的工作：一是防渗；二是提高基岩强度。一般情况下，包括坝基开挖与清理，对基岩进行固结灌浆、防渗帷幕灌浆、设置基础排水系统；对特殊地质构造（如断层、破碎带和溶洞等）进行专门的处理等。

1. 地基的开挖与清理

坝基开挖与清理的目的是使坝体坐落在稳定、坚固的地基上。开挖深度应根据坝基应力、岩石强度及完整性，结合上部结构对地基的要求和地基加固处理的效果、工期和费用等研究确定。我国《混凝土重力坝设计规范》（SL 319—2018）要求：坝高或坝段高超过150m时，宜建在新鲜、微风化基岩上；坝高为100～150m时，宜建在新鲜、微风化至弱风化下部基岩上；坝高为50～100m时，可建在微风化至弱风化层中部基岩上；坝高小于50m时，可建在弱风化中部至上部基岩上。同一工程中，两岸较高部位的坝段，其利用基岩的标准可比河床部位适当放宽。

2. 坝基的固结灌浆

在重力坝工程中采用浅孔低压灌注水泥浆的方法对地基进行加固处理，称为固结灌浆。固结灌浆的目的是：提高基岩的整体性和强度，降低地基的透水性。现场试验表明：在节理较发育的基岩内进行固结灌浆后，基岩的弹性模量可提高2倍甚至更多，在帷幕灌浆范围内先进行固结灌浆可提高帷幕灌浆的压力。固结灌浆孔一般布置在应力较大的坝踵和坝趾附近，以及节理发育和破碎带范围内。灌浆孔呈梅花形布置，见图2.17。孔距、排距和孔深根据坝高、基岩的构造情况确定，一般孔距3～4m，孔深5～8m。帷幕上游区的孔深一般为8～15m，钻孔方向垂直于基岩面。当无混凝土盖重灌浆时，压力一般为0.2～0.4MPa，有盖重时为0.4～0.7MPa，以不掀动基础岩体为原则。

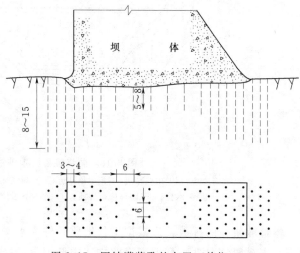

图2.17　固结灌浆孔的布置（单位：m）

3. 帷幕灌浆

帷幕灌浆的目的是：降低坝底渗透压力；防止坝基内产生机械或化学管涌；减少坝基和绕坝渗透流量。灌浆材料最常用的是水泥浆，有时也采用化学灌浆。化学灌浆的优点是可灌性好，能灌入细小的裂隙，抗渗性强，但造价高，且污染地下水质，使用时需慎重。在国外已较少采用。

防渗帷幕布置于靠近上游面坝轴线附近，坝基灌浆帷幕中心线距坝上游面的距离，约取10%的坝底宽。自河床向两岸延伸一定距离，见图2.19。

钻孔和灌浆常在坝内特设的廊道内进行，靠近岸坡处也可在坝顶、岸坡或平洞内进行。平洞还可以起排水作用，有利于岸坡的稳定。钻孔方向一般为铅直，必要时也可有一定的斜度，以便穿过主节理裂缝，但角度不宜太大，一般在10°以内，以便施工。帷幕灌浆的设计主要是确定帷幕深度、帷幕厚度、灌浆孔布置、灌浆压力等。防渗帷幕的深度根据基岩的透水性、坝体承受的水头和透水层的深度确定。当地基内的透水层厚度不大时，帷幕可穿过透水层并伸入到不透水层3～5m，形成理论上的封闭阻水幕，当透水层很厚时，帷幕伸到相对不透水层有困难或不经济时，帷幕深度可按设计要求确定，常在30%～70%的坝前水头范围内选择，形成悬挂式帷幕。

我国《混凝土重力坝设计规范》（SL 319—2018）要求帷幕所及的岩体相对隔水层的

透水率（q）根据不同坝高采用下列标准：坝高在 100m 以上时，q 为 1～3Lu；坝高为 100～50m 时，q 为 3～5Lu；坝高在 50m 以下时，$q \leqslant 5Lu$。

抽水蓄能电站或水源短缺的水库，q 值控制标准宜取小值。

帷幕伸入两岸的范围，根据工程地质和水文地质条件确定，并应与河床部位的帷幕保持连续。当不透水层距地面不远时，帷幕应伸入岩坡，与不透水层相衔接。当不透水层很深时，可以伸到原地下水位线与最高库水位的交点 B，如图 2.18 右岸所示。在 BC' 以上可以设置排水，以降低水库蓄水后库岸的地下水位。

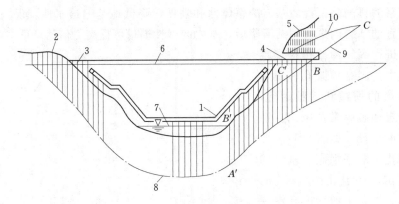

图 2.18　防渗帷幕沿坝轴线的布置

1—灌浆廊道；2—山坡钻进；3—坝顶钻进；4—灌浆平洞；5—排水孔；6—最高库水位；
7—原河水位；8—防渗帷幕底线；9—原地下水位线；10—蓄水后地下水位线

帷幕灌浆孔的排数，应根据工程地质条件、水文地质条件、作用水头及灌浆试验资料选定。在一般情况下，高坝可设两排，中低坝设一排。若考虑帷幕上游区的固结灌浆对加强基础的防渗作用，坝高 100m 以下的可采用一排。对地质条件较差、岩体裂隙特别发育或可能发生渗透变形的地段，可采用两排，但坝高 50m 以下的仍可采用一排。当帷幕由 n 排灌浆孔组成时，一般仅其中一排孔钻灌至设计深度，其余排深度可取设计深度的 1/2 左右。孔距一般为 1.5～3.0m，排距宜比孔距略小。具体数据需现场试验确定。帷幕灌浆必须在浇筑一定厚度的坝体混凝土后施工。所浇筑的混凝土作为盖重，可提高灌浆压力，防止浆液外溢。灌浆压力一般应通过试验确定。通常在帷幕孔顶段取 1～1.5 倍坝前静水头，在孔底段取 2～3 倍坝前静水头，但应以不掀动岩体为原则。

4. 坝基排水

坝基虽然已经进行帷幕灌浆，但并不能完全截断渗流。为了进一步降低坝底面的渗透压力，应在防渗帷幕后设置排水幕，收集并排走由坝基渗透过来的水，有时还设有基面排水，如图 2.19 所示。

坝基排水系统一般包括排水孔幕和坝基面排水，主排水幕应在帷幕灌浆完成后钻孔，以免被浆液堵塞。排水幕距防渗帷幕下游面约 50%～100% 倍帷幕孔距，在坝基面上中心线距离不宜小于 2m。排水幕一般略向下游倾斜，与帷幕成 10°～15° 交角。主排水孔孔距为 2～3m（在混凝土坝体内预埋钢管），孔径约为 150～200mm，不宜过小，以防堵塞。孔深一般为帷幕深度的 40%～60%，高 50m 以上坝的主排水孔深不宜小于 10m，应根据工程地质和水文地质条件确定。除主排水孔外，高坝还可设辅助排水孔 2～3 排，中坝可设 1～2 排，布置在坝基面纵向排水廊道内，孔距 3～5m，孔深 6～12m。如基岩裂隙发育，可考虑在基岩表面设排水廊道或排水管（沟），纵向廊道间按一定距离设有横向廊道，以便相互沟通，并在坝基最低处布置集水井，渗水汇入集水井后，用水泵抽出排向下游。

5. 断层、破碎带处理

当地基中存在断层、破碎带或软弱结构面时，应根据其所在部位、埋藏深度、产状、宽度、组成特性以及

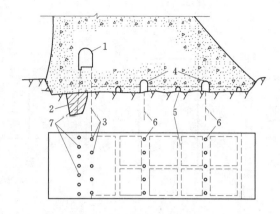

图 2.19　坝基排水系统
1—灌浆廊道；2—山坡钻孔；3—坝顶钻孔；4—灌浆平洞；
5—排水孔；6—最高库水位；7—原河水位

有关试验资料，研究其对上部结构的影响，结合工程施工条件进行专门处理。处理目的是：提高软弱带的力学性能，防止坝基承受荷载后因局部承载能力低而使坝体产生应力集中、不均匀沉降或滑动失稳；提高软弱带的抗渗能力，防止库水沿软弱带发生大量渗漏、管涌或增加坝基扬压力。

（1）断层破碎带的处理。断层破碎带强度低，弹性模量小，可能使坝基产生不均匀沉陷。如果破碎带与水库连通，还将使坝底的渗透压力加大，甚至产生管涌，危及大坝安全。

对倾角较陡或与基岩面接近垂直、规模不大的断层破碎带，可采取开挖回填混凝土的措施。混凝土塞的高度（开挖深度）可取断层宽度的 1～1.5 倍，且不得小于 1.0m。混凝土塞的两侧可开挖成 1：1～1：1.5 的斜坡，以便将坝体压力经混凝土塞传到两侧完整的岩体上。混凝土塞的底宽应为断层破碎带宽度加每侧多开挖 0.5～1.0m。如断层破碎带延伸至上、下游边界线以外，则混凝土塞也应向外延伸，延伸长度取为 1.5～2 倍混凝土塞的深度。

对于与水库连通贯穿坝基上、下游的纵向断层的破碎带，必须做好防渗处理，例如钻孔灌浆、混凝土防渗墙或防渗塞等。对于某些倾角较缓的断层破碎带，除应在顶部做混凝土塞外，还要考虑下面深埋部分对坝体稳定的影响。必要时可沿断层破碎带开挖若干个斜井和平洞，用混凝土回填密实，形成由混凝土斜塞和水平塞组成的刚性骨架，封闭该范围的破碎物，以阻止其产生挤压变形和减少地下水产生的有害作用，见图 2.20。

（2）软弱夹层的处理。具有软弱夹层的坝基，由于夹层的抗剪强度很低，遇水易软化或泥化，故通常都需进行加固处理，以满足抗滑稳定要求。根据软弱夹层的埋深、产状、厚度、充填物的性质，结合工程的具体情况，为了阻止软弱夹层滑动，一般采取的处理措施有：①对于浅埋的夹层，多用明挖处理，将软弱夹层清除，回填混凝土或者在上游坝踵、下游坝趾设置深齿坎，切断软弱夹层直达完整基岩，当夹层埋藏较浅时，此方法施工方便，工程量小，采用得较多；②对埋藏较深、较厚、倾角平缓的软弱夹层，可在夹层内

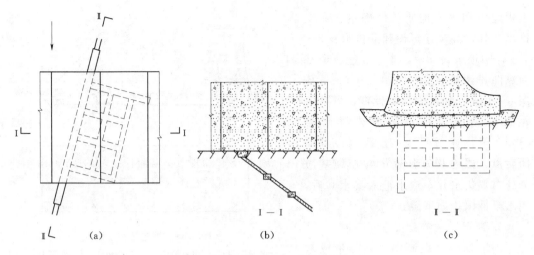

图 2.20　缓倾角断层破碎带的处理
(a) 缓倾角断层破碎带平面；(b) 缓倾角断层破碎带剖面Ⅰ—Ⅰ；
(c) 缓倾角断层破碎带剖面Ⅱ—Ⅱ

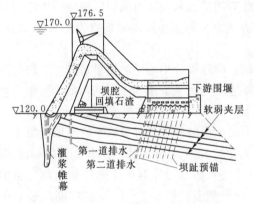

图 2.21　软弱夹层的预应力锚索处理

设置混凝土洞塞；③采用大型的钢筋混凝土抗滑桩，桩的剖面尺寸可达 4m×5m，抗滑桩的作用不十分明确，目前尚无成熟的计算方法；④若有两层以上的软弱夹层时，可采用预应力锚索，见图 2.21，锚索可在水库正常运行的情况下施工，适用于已建工程的加固处理。

（3）溶洞处理。在岩溶地区，修建重力坝可能遇到溶洞、漏斗、溶槽和暗河等地质缺陷，它们不仅是漏水的通道，还降低了基岩的承载能力。因此，在建坝前必须查明情况，尽量避开岩溶发育地段或进行处理。我国乌江渡水电站成功地进行了岩溶地区大规模的处理工作，为岩溶地区建坝提供了宝贵的经验。

溶洞的处理措施主要是开挖、回填和灌浆等办法的配合应用。对于浅层溶洞，可直接开挖，清除充填物并冲洗干净后用混凝土回填。对于深层溶洞，如规模不大，可进行帷幕灌浆，孔深需深入溶洞以下较不透水的岩层。在大裂隙，大溶洞等漏水较多的地区，可在水泥浆中加黏土、粉砂、矿渣等。如漏水流速大，还需在浆液中掺入速凝剂、加投砾石或灌注热沥青等以便加快堵塞。对于深层较大的溶洞，可采用洞挖回填的方法进行处理。

2.2　拱坝

人类修建拱坝有着悠久的历史。根据现有的资料，最早的圆筒面垎工拱坝可追溯到罗马帝国时代；13世纪末，伊朗修建了高60m的砌石拱坝；到20世纪初，美国开始修建较高的拱坝，如1910年建成的巴菲罗比尔拱坝，高99m；1936年又建成了高达221m的胡佛重力拱坝。与此同时，拱坝设计理论和施工技术也有较大的进展，如应力分析的拱梁试荷载法、坝体温度计算和温度控制措施、坝体分缝和接缝灌浆、地基处理技术等。20世纪50年代以后，西欧各国和日本修建了许多双曲拱坝，在拱坝体形、复杂坝基处理、坝顶溢流和坝内开孔泄洪等重大技术上又有新的突破。70年代，随着计算机技术的发展，有限单元法和优化设计技术逐步采用，使拱坝设计和计算周期大为缩短，设计方案更为经济合理。水工及结构模型试验技术、混凝土施工技术、大坝安全监控技术的不断提高，也为拱坝的工程技术发展和改进创造了条件。目前世界上已建成的最高拱坝是我国雅砻江锦屏一级混凝土双曲拱坝，高305m。最薄的拱坝是法国的托拉拱坝，高88m，坝底厚2m，厚高比为0.0227。

近50多年来，我国修建了许多拱坝。已建15m以上的各种拱坝达800余座，约占全世界拱坝总数的1/4。在拱坝设计理论、计算方法、结构型式、泄洪消能、施工导流、地基处理及枢纽布置等方面都有很大进展，积累了丰富的经验。目前我国已建成的最高拱坝是锦屏一级双曲拱坝（高305m），其次是小湾双曲拱坝（高294.5m），最高的砌石拱坝是新疆石河子拱坝（高112m），四川省二滩抛物线双曲拱坝（高240m）等一系列高拱坝的相继的完成，标志着我国在高拱坝的勘测、设计、施工和科研方面已达到一个新的水平。

2.2.1　拱坝的工作原理及其特点

拱坝是固接于基岩的空间壳体结构，在平面上呈凸向上游的拱形，其拱冠剖面呈竖直的或向上游凸出的曲线形，坝体结构既有拱作用，又有梁作用，其所承受的水平荷载大部分通过拱的作用传给两岸岩体，小部分通过梁的作用传至坝底基岩，坝体的稳定主要依靠两岸拱端岩体来支承，并不是靠坝体自重来维持。拱坝是一种经济性和安全性均很优越的坝型。与其他坝型比较，具有如下特点。

（1）利用拱结构特点，充分利用材料强度。拱坝是一种推力结构，在外荷载作用下，只要设计得当，拱圈截面上主要承受轴向压力，弯矩较小，有利于充分发挥混凝土或浆砌石材料抗压强度高的特点。拱作用发挥得越大，材料的抗压强度越能充分利用，坝体的厚度可减薄。对适宜修建拱坝和重力坝的同一坝址，建拱坝比建重力坝工程量节省1/3～2/3。

（2）利用两岸岩体维持稳定。与重力坝利用自身重量维持稳定的特点不同，拱坝将外荷载的大部分通过拱作用传至两岸岩体，主要依靠两岸坝肩岩体维持稳定，坝体自重对拱坝的稳定性影响不大。但是，拱坝对坝址地形地质条件要求较高，对地基处理的要求也较为严格。

（3）超载能力强，安全度高。拱坝通常属周边嵌固的高次超静定结构，当外荷载增大或某一部位因拉应力过大而发生局部开裂时，坝体拱和梁的作用将会自行调整，使坝体应力重新分配，不致使坝体整体丧失承载能力。结构模型试验成果表明，拱坝的超载能力可以达到设计荷载的5～11倍。如意大利的瓦依昂双曲拱坝，1963年10月9日晚，由于水库左岸大面积滑坡，使2.7亿 m^3 的滑坡体以28m/s的速度滑入水库，掀起150m高的涌浪，涌浪溢过坝顶，致使1925人丧生，水库被填，但拱坝并未失事，仅在两岸坝肩附近的坝体内发生两三条裂缝，据估算，坝体当时承受了相当于8倍设计荷载的作用，由此可见拱坝的超载能力是很强的。

（4）抗震性能好。拱坝是整体性空间壳体结构，厚度薄，弹性较好，因而其抗震能力较强。例如意大利的柯尔弗落拱坝，高40m，曾遭受破坏性地震，附近市镇的建筑物大都被毁，但该坝却没有发生裂缝和任何破坏。又如我国河北省邢台地区峡沟水库浆砌石拱坝，高78m，1966年3月在满库情况下遭受强烈地震，震后检查坝体未发现裂缝和损坏。

（5）荷载特点。拱坝坝体不设永久性伸缩缝，其周边通常固接于基岩上，因而温度变化、地基变形等对坝体应力有显著影响。此外，坝体自重和扬压力对拱坝应力的影响较小，坝体越薄，上述特点越明显。

（6）坝身泄流布置复杂。拱坝坝体相对单薄，坝身开孔或坝顶溢流会削弱水平拱和顶拱作用，并使孔口应力复杂化；坝身下泄水流的向心集中易加剧河床及岸坡冲刷。但随着修建拱坝技术水平的不断提高，通过合理的设计，坝身不仅能安全泄流，而且能开设大孔口泄洪。

2.2.2 拱坝的地形地质条件

1. 地形条件

由于拱坝的结构特点，拱坝的地形条件往往是决定坝体结构型式、工程布置和经济性的主要因素。地形条件是针对开挖后的基岩面而言的，常用坝顶高程处的河谷宽度和坝高之比（称为宽高比 L/H）及河谷断面形状两个指标表示。

河谷的宽高比 L/H 值越小，说明河谷越窄深。拱坝水平拱圈跨度相对较短，悬臂梁高度相对较大，即拱的刚度大，拱作用容易发挥，可将荷载大部分通过拱作用传给两岸，坝体可设计得薄些。反之 L/H 值越大，河谷越宽浅，拱作用越不易发挥，荷载大部分通过梁的作用传给地基，坝断面相对较厚。根据经验，当 $L/H<1.5$ 时，可修建薄拱坝；$L/H=1.5\sim3.0$，可修建中厚拱坝；$L/H=3.0\sim4.5$，可修建重力拱坝；$L/H>4.5$ 时，一般认为拱的作用已经很小，不宜修建拱坝。但随着拱坝技术水平的不断提高，上述界限已被突破。如我国安徽陈村重力拱坝，坝高76.3m，$L/H=5.6$，厚高比（坝的底拱厚度与坝高之比）$TB/H=0.7$。美国的奥本三圆心拱坝，高210m，$L/H=6.0$，$TB/H=0.29$。

河谷的断面形状是影响拱坝体形及其经济性的重要因素。不同河谷即使具有同一宽高比，断面形状也可能相差很大。图2.22示出了宽高比相同河谷，形状不同的两种情况（V形和U形），在水压荷载作用下，拱梁间的荷载分配以及对拱坝体形的影响。对两岸对称的V形河谷，靠近底部静水压强虽大，但拱跨较短，所以底拱厚度仍可较薄；对U形河谷，由于拱圈跨度自上而下几乎不变，为抵挡随深度而增加的水压力，需增加坝体厚度，故坝体需做得厚些。梯形河谷介于V形和U形两者之间。

坝址宜选在平面上呈喇叭口状的地形，以使两岸拱座下游有足够厚的岩体来维持坝体的稳定。图2.23示出了$A—A$和$B—B$两个坝址，$B—B$坝址虽然河谷比较狭窄，但位于向下游扩散的喇叭口处，两岸拱座单薄，对稳定不利；而$A—A$坝址两岸拱座厚实，拱轴线与等高线接近垂直，故从地形条件而言，选$A—A$坝址对稳定有利。形状复杂的河谷断面对修建拱坝是不利的。拱跨沿高程急剧变化将引起坝体应力集中，需采取适宜的

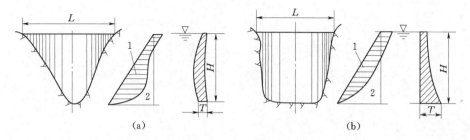

图 2.22 河谷形状对荷载分配和坝体剖面的影响

工程措施来改善河谷的断面形状。

2. 地质条件

地质条件好坏直接影响拱坝的安全，这是因为拱坝是高次超静定整体结构，地基的过大变形对坝体应力有显著影响，甚至会引起坝体破坏。因此，拱坝对地质条件的要求比重力坝更严格。较理想的地质条件是岩石均匀单一，有足够的强度，透水性小，耐久性好，两岸拱座基岩坚固完整，边坡稳定，无大的断裂构造和软弱夹层，能承受由拱端传来的巨大推力而

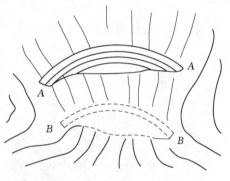

图 2.23 坝址地形比较

不致产生过大的变形，尤其要避免两岸边坡存在向河床倾斜的节理裂隙或构造。

实际工程中，理想的地质条件是少见的，天然坝址或多或少会存在某些地质缺陷。建坝前需探明坝基地质情况，采取相应有效的工程措施进行严格处理。随着拱坝技术水平的提高和基础处理方法的改进，目前国内外已有不少拱坝成功地修建在坝基岩石强度较低或断层、夹层较多或风化破碎带较深的不理想坝址上。如我国青海省的龙羊峡重力拱坝，坝址区的岩体经多次构造运动，断裂极为发育，坝区被较大断层或软弱带所切割，经过认真严格的基础处理，工程运行良好。

2.2.3 拱坝的类型和布置

2.2.3.1 拱坝的类型

确定拱坝坝体剖面的主要参数有拱弧半径、中心角、拱弧圆心沿高程的轨迹线及拱圈厚度等。按其厚高比特征，可分为薄拱坝、中厚拱坝、厚拱坝（或称重力拱坝）。按其坝体形态的特征，可分为定圆心等半径拱坝（或称单曲拱坝）、等中心角变半径拱坝和变圆心变半径双曲拱坝。

（1）定圆心等半径拱坝。圆心的平面位置和外半径都不变，这种拱坝的上游面是垂直的圆弧面，下游面为一倾斜的圆弧面，从坝顶向下拱厚逐渐增加，拱的内弧半径随之相应减小。这种拱坝设计和施工均相对比较简单，但坝体工程量较大，适用于 U 形河谷，见图 2.24。

（2）等中心角变半径拱坝。在 V 形河谷，若用等半径布置拱坝，则坝下部拱圈的中心角偏小，对拱坝应力不利，改进的办法是将其改为等中心角变半径布置，即自上而下保持圆弧的中心角基本不变，而半径则相应逐渐减小，如图 2.25 所示。这种体形的拱坝应

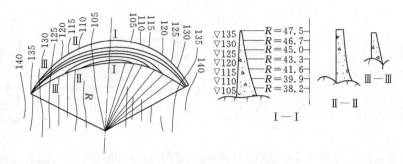

图 2.24 定圆心等半径拱坝（单位：m）

力情况较好，也较为经济，但两岸坝段剖面有倒悬，在施工和库空运行条件下会产生拉应力。

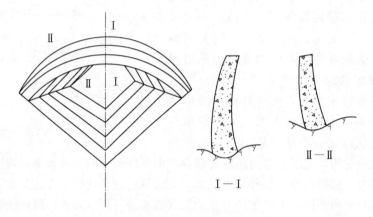

图 2.25 等中心角变半径拱坝

（3）变圆心变半径双曲拱坝。是一种圆心平面位置、半径和中心角均随高程而变的坝体型式，如图 2.26 所示。这种体形同时具有水平向和垂直向双向曲率，梁的作用减弱，而整个坝仍保持有足够的刚度。各高程拱圈的参数可根据需要进行调整，以尽量改善应力状态和节省坝体的工程量。所以，尽管在设计和施工方面比较复杂，这种体形还是被广泛采用。

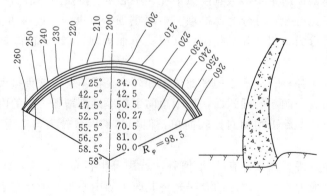

图 2.26 变圆心变半径双曲拱坝（单位：m）

2.2.3.2　拱坝的布置

1. 拱坝的布置原则

拱坝的布置需根据具体地形及地质条件，综合考虑枢纽布置、坝基和坝肩稳定、坝体应力等要求，经多方案技术、经济比较确定。拱坝体形比较复杂，剖面形状又随地形、地质情况而变化，因此，拱坝的布置并无一成不变的固定程序，而是一个从粗到细反复调整和修改的过程。

拱坝坝身的布置原则是：在满足稳定和运用要求的条件下，坝体轮廓力求简单，基岩面、坝面变化平顺，避免有任何突变，使坝体材料得到充分发挥，总工程量最省。

拱坝坝端的布置原则：拱端应嵌入开挖后的坚实基岩内，拱端与基岩的接触面原则上应做成半径向的，以使拱端推力接近垂直于拱座面。即拱端下游面与可利用岩面线的夹角$\phi \geq 30°$。

在拱圈布置中，由于上、下层拱圈半径及中心角的变化，而造成坝体上游面不能保持直立，如上层坝面突出于下层坝面，就形成了坝面的倒悬。上、下层的错动距离与其间高差之比称之倒悬度。这种倒悬不仅增加了施工上的困难，而且在封拱前，自重作用很可能使倒悬相对的另一侧坝面产生拉应力甚至开裂，布置时应尽量减小坝面的倒悬度。按一般施工经验，砌石拱坝倒悬度可控制在$1/10 \sim 1/6$，混凝土拱坝可达$1/3$左右。

2. 拱冠梁剖面型式和尺寸

在拱圈形式确定之后，需确定垂直梁的剖面形式和尺寸。一般以拱冠梁为代表，进行初步拟定。拱冠梁的剖面形式和尺寸包括坝顶部厚度、坝底部厚度和剖面形状（或上游面曲线），现分述如下。

（1）坝顶厚度T_c。坝顶厚度T_c基本上代表了顶拱的刚度，加大坝顶厚度不仅能改善顶拱下游面的应力状态，还能改善梁底上游面的应力，有利于降低坝踵拉应力。坝顶厚度应根据剖面设计确定，并满足运行交通要求，一般不小于3m，初拟时，可先按下列经验公式估算

$$T_c = 0.0145(2R + H) \tag{2.16}$$

或
$$T_c = 0.01H + (0.012 \sim 0.024)L_1 \tag{2.17}$$

式中　H——坝高，m；

　　　L_1——坝顶高程处两拱端新鲜基岩之间的直线距离，m；

　　　R——顶拱轴线的半径，m，初估时可取R轴$=0.6L_1$此时相当于顶拱中心角为113°。

在实际工程中常以顶拱外弧作为拱坝的轴线。

对浆砌石拱坝，坝顶厚度T_c可按下列经验公式估算

$$T_c = 0.4 + 0.01(L_1 + 3H) \tag{2.18}$$

式中的L_1、H含义同前，适用范围为：$H = 10 \sim 100$m，$L = 10 \sim 200$m。

（2）坝底厚度T_B。坝底厚度T_B是表征拱坝厚薄的一项指标，主要取决于坝高、坝型、河谷形状等。可参考已建的坝高和河谷形状大致相近的拱坝来初步拟定，再通过计算和修改布置定出合适的尺寸。作为拱坝优化设计的初始方案，坝底厚度可用下式估算

$$T_B = \frac{K(L_1 + L_{n-1})H}{[\sigma]} \tag{2.19}$$

式中　K——经验系数，一般可取 $K = 0.0035$；

L_1、L_{n-1}——第一层及倒数第二层拱圈所对应的拱端新鲜基岩面之间的直线距离，m；

　　　$[\sigma]$——拱的允许压应力，MPa；

　　　H——坝高。

式（2.19）由朱伯芳等提出。

对砌石拱坝，可按下列经验公式初估

$$T_B/H = 0.132\left(\frac{L_1}{H}\right)^{0.269} + \frac{2H}{1000} \tag{2.20}$$

式中的 L_1、H 含义同前，该式适用于 $H = 10 \sim 60\text{m}$，$L_1/H = 1 \sim 6$ 的情况。

美国垦务局根据不同河谷形状的拱坝尺寸进行分析，提出了初估坝底厚度 T_B 的经验公式

$$T_B = \sqrt[3]{0.0012 H L_1 L_2 (H/122)^{H/122}} \tag{2.21}$$

式中　L_2——坝底以上 $0.15H$ 处两拱端新鲜基岩表面之间的直线距离，m；

　　　其他符号含义同前。

（3）拱冠梁剖面的形状和尺寸。拱冠梁剖面形状多种多样，对于单曲拱坝，多采用上游面近乎铅直，下游面为倾斜或曲线形式；对于双曲拱坝，因拱冠梁剖面的曲率对坝体应力和两岸坝体倒悬度的影响较为敏感，故设计时应使坝体应力和倒悬度不超过许可范围。美国垦务局推荐用表 2.6 数据和图 2.27 形态作为初估时的拱冠梁剖面尺寸，其中 T_c、T_B 用前面介绍的公式计算。三个控制性厚度定出后，用光滑曲线绘制拱冠梁剖面图。

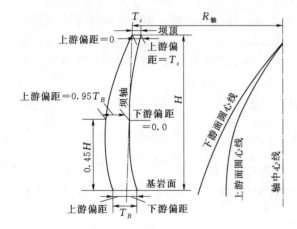

图 2.27　拱冠梁尺寸示意图

表 2.6　　拱冠梁剖面参考尺寸表

高程	偏距	
	上游	下游
坝顶	0	T_c
$0.45H$	$0.95T_B$	0
坝底	$0.67T_B$	$0.33T_B$

3. 拱坝布置的步骤

拱坝布置的一般步骤如下。

（1）根据坝址地形地质资料，绘出坝址新鲜基岩面等高线图，综合考虑地形、地质、水文、施工及运用条件选择适宜的拱坝坝型，并拟定出拱冠梁剖面。

（2）利用新鲜基岩等高线，综合考虑应力和坝肩稳定两方面的要求，定出拱圈形式，试定顶拱轴线的位置。尽量使拱轴线与等高线在拱端处的夹角不小于 30°，同时应使顶拱

对称中心线尽可能对称于河谷两岸，左半中心角与右半中心角之差$|\varphi_{左}-\varphi_{右}|<5°$，并使两端夹角大致相近，按适当的中心角和坝顶厚度画出顶拱内外缘弧线。

（3）根据初拟的拱冠梁剖面尺寸，选取5~10层拱圈，绘制各层拱圈平面图，各层拱圈的圆心在平面上的连线尽可能对称于河谷可利用基岩面等高线，在立面上，这种圆心连线应是光滑的曲线。

（4）每层拱圈的两拱端与岩基的接触原则上应做成全径向拱座，使拱端推力接近垂直于拱座面，以减小向下游滑动的剪力。但当采用全径向拱座使上游侧面可利用岩体开挖过多时，可采用半径向拱座（图2.28）。靠上游侧面的1/2拱座面与基准面的交角应大于10°[图2.28（a）]。当采用全径向拱座使下游侧可利用岩体开挖过多时，可采用非径向拱座[图2.28（b）]，此时拱座面与基准面的夹角应≤80°。

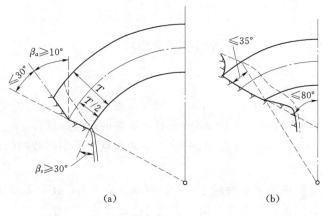

图2.28　拱座的类型
（a）半径向拱座；（b）非径向拱座

（5）自对称中心线向两岸切取若干个垂直梁剖面，检查各剖面轮廓是否连续光滑，倒悬度是否满足要求，若不满足要求，应适当修改拱圈的半径、中心角及圆心位置，直至满足要求为止。

（6）按上述初拟的坝体形状和尺寸，进行坝体应力分析和坝肩稳定核算，如不满足要求，应修改尺寸并重复上述步骤。

（7）将拱坝沿拱的轴线展开，绘成高程图，显示基岩面的起伏变化，对突变处采取削平或填塞措施。

（8）计算坝体工程量，作为不同方案比较的依据。

由于拱坝布置需反复修改，并作多方案的比较，目前常利用计算机进行设计。先由设计人员根据地形、地质条件，初绘拱坝轮廓；由计算机计算控制点坐标，画出坝体透视图、展开图；在展开图上画好二维网格后，计算机自动形成三维计算单元，并用有限元法计算坝体应力，然后再根据应力状态，修改坝体形状，重复几次至满足要求为止。

2.2.4 拱坝的荷载及应力分析

2.2.4.1 荷载

作用在拱坝上的荷载有静水压力、动水压力、温度荷载、自重、扬压力、泥沙压力、浪压力、冰压力和地震荷载等。一般荷载的计算方法与重力坝基本相同，这里只着重讨论几种荷载的特点及计算方法。

1. 自重

自重对重力坝十分重要，对拱坝，因其受力特点不同，是由梁承担还是由拱、梁共同承担，需视封拱程序而定。拱坝施工时常采用分坝块浇注，最后进行封拱灌浆，形成整体，在这种条件下，自重应力在施工过程中就已形成，全部由梁承担。若施工至一定高程（不到坝顶）就先灌浆封拱，封拱后再继续浇注，则自重应力由拱、梁共同承担。

由于拱坝上、下游坝面均为曲面，如图 2.29 所示。

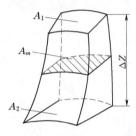

图 2.29　坝块自重计算图

截面 A_1 与 A_2 间的坝块自重 G 按辛甫森公式计算

$$G = \frac{1}{6}\gamma_c \Delta Z(A_1 + 4A_m + A_2) \tag{2.22}$$

当 Z 较小时可近似取

$$G = \frac{1}{2}\gamma_c \Delta Z(A_1 + A_2) \tag{2.23}$$

式中　　　γ_c——混凝土重度；

ΔZ——计算坝块的垂直高度；

A_1、A_2、A_m——上下两端截面和中间截面的面积。

2. 水平径向荷载

水平径向荷载是拱坝的主要荷载之一，以静水压力为主，还有泥沙压力、浪压力和冰压力等，由拱、梁共同承担，两者分担的比例通过荷载分配确定。

3. 扬压力

拱坝坝体一般较薄，作用在坝底的扬压力一般较小，坝体渗透压力的影响也不显著，故对薄拱坝通常可不计扬压力的影响。对厚拱坝或中厚拱坝，宜考虑扬压力的作用。此外，在进行拱座及地基稳定分析时，需计入渗透水压力对岩体滑动的不利影响。

4. 水重

水重对梁、拱应力均有影响，但在拱梁法计算中，一般都近似假定由梁承担，并将梁的变位计入变形协调方程。

5. 温度荷载

拱坝是高次超静定结构，温度变化对坝体变形和应力都有较大影响。因此，温度荷载是拱坝设计中的主要荷载之一。温度荷载的大小与封拱温度有关，封拱温度的高低对温度荷载的影响很大。封拱前，拱坝的温度应力问题属于单独浇注块的温度问题，与重力坝相同；封拱后，拱坝形成整体，当坝体温度高于封拱温度时，温度升高，拱圈伸长并向上游位移，由此产生的弯矩、剪力的方向与库水位产生的相反，但轴力方向相同。当坝体温度低于封拱温度时，即温度降低，拱圈收缩并向下游位移，由此产生的弯矩、剪力的方向与库水位产生的相同，但轴力方向相反。因此，在一般情况下，温降对坝体应力不利，温升对坝肩稳定不利。

为此，应确定合理的封拱温度。可选用下游的年平均气温、上游的年平均水温作为边界条件，求出其坝体温度场作为稳定温度场，据此定出坝体各区的封拱温度。实际工程中，一般选在年平均气温或略低于年平均气温时进行封拱。

拱坝在运行期某一时刻的实际温度沿坝体厚度方向呈曲线分布，如图 2.30 (a) 所示，0—0 线表示年平均温度，曲线 a—b 表示某一时间的实际温度变化曲线。阴影线的面积就是温度变化值，即温度荷载。当材料为线弹性体时，可用叠加原理，将上述温度荷载分解为三部分。

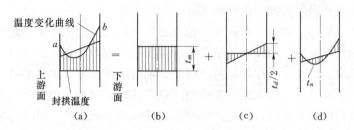

图 2.30 拱圈断面上的温度变化图
(a) 实际温度荷载分布；(b) 平均温度；(c) 等效线性温差；(d) 非线性温差

(1) 均匀温度变化 t_m。t_m 指在运行期某一时刻坝体的平均温度与封拱时平均温度的差值。它对拱轴的伸长或缩短、拱端推力及弯矩影响最大，是温度荷载的主要组成部分，见图 2.30 (b)。

(2) 沿坝厚温度梯度变化 t_d。拱坝蓄水后，水库水温的变幅通常小于下游气温的变幅。沿坝厚则出现温度梯度 t_d/T，见图 2.30 (c)，t_d 对拱产生纯弯矩，对梁产生挠曲变形，对薄拱坝影响较大，但中、小型工程一般可不考虑。

(3) 非线性温度变化 t_n。t_n 是从坝体温度变化曲线上扣去 t_m 和 t_d 后的剩余部分，见图 2.30 (d)，其影响仅限于表面附近，是引起坝体表面裂缝的重要因素，对坝体位移和内力影响不大，一般可忽略不计。

如果以平均温度变化作为温度荷载，对混凝土拱坝，可参考美国垦务局修正后的经验公式

$$t_m = 47/(T + 3.39) \quad (℃) \tag{2.24}$$

式中 T——拱坝厚度，该式忽略了许多影响因素，致使计算值在坝顶部偏小，在中下部又偏大，故在气温变化较大的大陆性气候区该式不宜套用。

对于浆砌石拱坝，可参考四川省长沙拱坝的经验公式

$$t_m = 12.52 - 0.627T \quad (℃) \tag{2.25}$$

该式的适用条件为坝厚 5～15m。

6. 地震荷载

对于工程抗震设防类别为乙、丙类，坝高小于等于 70m、设计烈度低于 8 度的拱坝，地震作用效应计算采用拟静力法。对于工程抗震设防类别为甲类，或结构复杂，或地质条件复杂的拱坝，宜做有限元动力分析作为补充。

2.2.4.2 拱坝应力分析方法综述

拱坝是一个空间壳体结构，其几何形状和边界条件都很复杂，难以用严格的理论计算

确定坝体的应力状态。在工程设计中，根据问题的侧重点常做一些假定和简化，使计算成果能满足工程需要。拱坝应力分析的常用方法有圆筒法、纯拱法、拱梁分载法（包括拱梁法和拱冠梁法）、有限单元法和模型试验法等。

（1）圆筒法。拱坝当作是铅直圆筒的一部分，采用圆筒公式进行计算。它是拱坝计算中使用最早、最简单的方法，只适用于承受均匀外水压力的等截面圆弧拱圈，只能粗略地求出径向截面上的均匀应力。它不考虑拱在两岸的嵌固条件，不能计入温度及地基变形的影响，因而不能反映拱坝的真实工作情况。

（2）纯拱法。假定拱坝由一系列各自独立、互不影响的水平拱圈叠合而成，每层拱圈简化为两端固结的平面拱，用结构力学方法求解拱的应力，该方法虽然可以计入每层拱圈的基础变位、温度、水压力等作用，但忽略了拱坝的整体作用，求得的拱应力偏大，也不符合拱坝的真实工作情况。但该法计算简便，概念明确，对于在狭窄河谷中修建拱坝，不失为一种简单实用的计算方法，同时，纯拱法也是拱梁分载法的重要组成部分，分配给拱的荷载需要用它来计算水平拱圈的应力。

（3）拱梁分载法。是当前用于拱坝应力分析的基本方法，把拱坝看成由一系列水平拱圈和铅直梁所组成，荷载由拱和梁共同承担，各承担多少荷载由拱梁交点处变位一致条件决定。荷载分配后，梁按静定结构计算应力，拱按纯拱法计算应力。确定拱梁荷载分配的方法可以用试载法，也可以用计算机求解联立方程组来代替试算。

拱梁分载法包括多拱梁法和拱冠梁法，前者将拱坝看成由一系列水平拱和一系列铅直梁组成，拱梁荷载分配时需考虑拱梁每个交点处的变位协调。而后者只取拱冠处一根悬臂梁，根据各层拱圈与拱冠梁交点处径向变位一致的条件求得拱梁荷载分配，且拱圈所分配到的径向荷载从拱冠到拱端为均匀分布，认为拱冠梁两侧梁系的受力情况与拱冠梁一样。由此可见，多拱梁法可较好地反应拱坝的受力情况，但计算工作量较大，而拱冠梁法因仅考虑一根梁，计算工作量较多拱梁法大大减少，计算精度也相对降低，故适用于河谷狭窄和对称的中、小型工程。对大型工程，为减少计算工作量，拱冠梁法也可用于可行性研究和初步设计阶段的坝型选择。

（4）有限单元法。将拱坝连同地基的整体结构离散为有限个单元构件，以结点互相连接，通过建立结点位移和结点力之间的平衡方程，求得结点位移，进而求出单元应力。有限单元法可通过不同的单元型式解决复杂的边界条件和坝体坝基材料不均匀性问题，是一种较为实用且有效的方法，该法的计算工作量大，需由计算机来完成。

（5）结构模型试验法。用石膏加硅藻土组成脆性材料，制作成拱坝整体模型，用应变仪量测加荷后模型各点应变值的变化，从而求得坝体的应力；也可以用环氧树脂制造模型，用偏光弹试验方法进行量测并求得拱坝的应力。结构模型试验的工作量较大，如改变方案，则必须从模型制作开始从头做起，另外，模型材料、自重作用和温度荷载的模拟，以及量测技术及坝体的破坏机理都需要进一步研究。

总之，拱坝作为空间壳体结构，其边界条件和作用荷载都很复杂，尤其是当坝基、坝肩存在复杂的地质构造时，用现有的原理计算，求解应力难免存在一定的近似性，因此，我国《混凝土拱坝设计规范》（SL 282—2018）规定，对于拱坝的应力分析，一般以拱梁分载法的计算结果作为衡量强度安全的主要指标。对于1、2级建筑物或比较复杂的拱坝，当用拱梁分载法计算不能取得可靠的应力成果时，应进行有限元法计算或用结构模型试验法加以验证，必要时用两者同时进行验证。

2.2.5 拱坝的坝肩稳定分析

拱坝结构本身的安全度很高，但必须保证两岸坝肩基岩的稳定。按照现代设计理论修建的拱坝，只要两岸坝肩基岩稳定，拱坝一般不会从坝内或坝基接触面上发生滑动破坏。因此，在完成拱坝平面布置和应力计算之后，需对坝肩两岸岩体进行抗滑稳定分析。坝肩稳定与地形地质构造等因素有关，一般可分为两种情况：①存在明显的滑裂面的滑动问题；②不具备滑动条件，但下游存在较大软弱破碎带或断层，受力后产生变形问题。

对第①种情况，其滑动体的边界常由若干个滑裂面和临空面组成，滑裂面一般为岩体内的各种结构面，尤其是软弱结构面，临空面则为天然地表面，滑裂面必须在工程地质查勘的基础上经初步研究得出最可能滑动的形式后确定，然后据此进行滑动稳定分析。对于第②种情况，即拱座下游存在较大断层或软弱破碎带时的变形问题，必要时需采取加固措施以控制其变形，加固的必要性和加固方案可通过有限元分析比较论证后确定。这里主要介绍第①情况下的计算方法和步骤。

在拱坝坝肩稳定分析前，应先进行以下几项工作：①深入了解两岸岩体的工程地质和水文地质勘探资料；②了解岩体结构面及其充填物的岩石力学特性和试验参数；③研究和确定作用在拱座上的空间力系；④研究选择合理的分析方法。

2.2.5.1 滑动面分析

1. 滑动体的上游边界

理论计算和实践经验表明，在大坝的上游面基础内，存在着一个水平拉应力区，有产生铅直裂缝的可能，因此滑动体的上游边界，一般都假定从拱座的上游面开始。

2. 可能滑动面的位置

常见的滑移体形式由两个或三个滑裂面组成，其中一个较缓，构成底裂面，一个较陡，构成侧裂面，另一个可能是上游的开裂面。滑裂面可以是平面，也可以是折面或曲面。滑移体可沿两个滑裂面的交线滑移，也可能沿单一滑裂面滑移。根据滑裂面的产状、规模和性质的不同，可能出现下列组合形式。

（1）具有单独的陡倾角结构面 F_1 和缓倾角结构面 F_2 组合成滑移体。这些软弱结构面大都属于比较明显的连续的断层破碎带、大裂隙、软弱夹层等。见图 2.31。

（2）具有成组的陡倾角和成组的缓倾角结构面组合成滑移体。这些软弱结构面大多出于成组的裂隙汇集带与节理等相互切割，构成很多可能的滑移体，其中有一组抗力最小，需通过试算求得。如果各软弱结构面上的抗剪强度指标 f、c 大致相近，显然，紧靠坝基开挖面的那一组，即为最有可能滑动的。

2.2.5.2 坝肩稳定分析

1. 稳定分析方法

评价坝肩稳定的方法有两类：一类是数值计算法，包括刚体极限平衡法（如刚性块法、分块法、赤平投影法等）和有限元法；另一类是模型试验法，包括线弹性结构应力模型试验和地质力学模型试验。

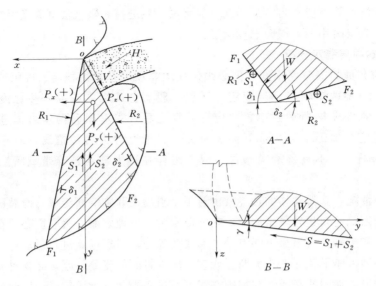

图 2.31 单一的破裂面

在实际工程中,常用刚体极限平衡法来判断坝肩岩体的稳定性。该法的基本假定是:①将滑移体视为刚体,不考虑其中各部分间的相对位移;②只考虑滑移体上力的平衡,不考虑力矩的平衡,认为后者可由力的分布自行调整满足,因此在拱端作用力系中不考虑弯矩的影响;③忽略拱坝内力重分布的影响,认为拱端作用在岩体上的力系为定值;④达到极限平衡状态时,滑裂面上的剪力方向将与滑移的方向平行,指向相反,数值达到极限值。

由上假设可见,刚体极限平衡法比较粗略。然而概念明确,方法简便易掌握,已有长期的工程实践经验,和目前勘测试验所得到的原始数据的精度相当的。目前国内外仍沿用它作为判断坝肩岩体稳定的主要手段。当然对于大型重要工程或复杂的地质情况,应辅以线弹性结构应力模型试验法和有限元法分析。

有限元法是通过对坝体及基岩的应力、应变分析,计算拱座岩体及坝体结构的稳定性。它将应力、变形和稳定统一起来,通过对破坏过程和机理的研究,最后确定安全度,是合理分析拱座稳定的有效途径。

线弹性结构应力模型试验法是通过量测坝体和地基的变形和应力来判断其稳定性。地质力学模型可以模拟不连续岩体的构造软弱结构面和断层破碎带等自然条件,以及岩体自重、强度、变形模量、抗剪指标等岩石力学的性质,因此,地质力学模型反映情况较为全面、真实。通过试验可了解拱座从加荷开始直至破坏的整个过程和破坏机理,以及拱坝的超载能力、变形特性、裂缝分布规律、需要加固的部位和地基处理效果等,但试验工作量大,费用高,不便于改变尺寸和参数,也难以做到与原形完全相似。因此,除重要的大型工程外,模型试验法目前尚不能作为主要的设计手段。

2. 平面分层稳定分析

校核拱座抗滑稳定,原则上应做空间分析,滑动体边界常由若干个滑裂面和临空面组成。滑裂面一般应是岩体内的各种结构面,尤其是软弱结构面,而临空面则为天然地表面。在地质条件简单而无特定的滑裂面时，或初步估计时，可按平面分层核算。下面介绍如何使用刚体极限平衡法进行平面分层核算。

取高度为 1m 的水平拱圈及相应的拱座岩体作为计算对象，如滑裂体的滑裂面为铅直面，平面上的长度为 $\overline{AB}$，图 2.32（a）。由拱端及梁底传给滑裂体的力（包括法向力向剪力）分别为 H、V_a 及 G、V_b，其中 G 直接传给滑裂体底面，而 H、V（即 V_a+V_b）传给铅直侧面 AB。这样垂直于滑裂面的力 $N=H\sin\theta-V\cos\theta$，而平行于 AB 面的力 $Q=H\cos\theta+V\sin\theta$，式中 H、V 均为拱梁分载法的计算成果。考虑以上诸力后便可计算抗滑稳定安全系数

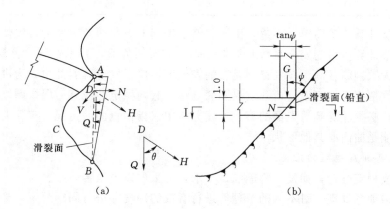

图 2.32　拱座稳定计算图（单位：m）

（a）滑裂面图；（b）铅直滑裂面图

$$K_1=[(N-U)f_1+(G+W)f_2+c_1l]/Q \tag{2.26}$$

$$K_2=[(N-U)f_1'+(G+W)f_2']/Q \tag{2.27}$$

式中　K_1、K_2——考虑凝聚力 c 和不考虑凝聚力 c 的抗滑稳定安全系数；

f_1、f_1'——沿滑动面 AB 的摩擦系数；

f_2、f_2'——水平岩层的摩擦系数；

U——滑动面 AB 上的渗透压力；

G——拱端面上的悬臂梁自重（宽度为 $1\times\tan\psi$，ψ 为岩面倾角）；

W——拱座下游滑动岩体的重量，即图 2.32（a）中的 ABC（高度为 1m）；

c_1——滑动面 AB 上的凝聚力强度；

l——滑动面 AB 的长度。

以上两式中的 f_1、f_2 及 c_1 值，应按材料的峰值强度采用。f_1'、f_2' 值，对脆性破坏材料，采用比例极限；对塑性或脆塑性破坏的材料，采用屈服强度；对已经剪切错断过的材料，采用残余强度。

对 1、2 级拱坝及高拱坝，应采用式（2.26）计算，其他的拱坝则可采用式（2.26）或式（2.27）进行计算。上述 K_1 及 K_2 均应分别满足允许的抗滑稳定安全系数的要求，见表 2.7。

表 2.7 拱坝拱座抗滑稳定安全系数允许值

荷 载 组 合			建 筑 物 级 别		
			1	2	3
按式（2.35）计算	基 本		3.50	3.25	3.00
	特殊	无地震	3.00	2.75	2.50
		有地震	2.50	2.25	2.00
按式（2.36）计算	基 本		—	—	1.30
	特殊	无地震	—	—	1.10
		有地震	—	—	1.00

上述分层计算比较简单，不过，由于忽略了拱圈上下层面的一些力，致使计算成果偏于安全。分层计算所得的安全系数若不满足表 2.7 所列数值，并不意味着该层拱圈失稳。但是，可以大致判断各高程在失稳问题上的安全度，便于发现薄弱部位，为进一步分析或专门处理提供依据，也可以分析几层拱圈联合在一起的稳定性或某一层拱圈以上的整体稳定值。另外，必须注意到滑裂面的形。上述分析中仅指铅直面的情况，实际上还有倾斜的平面，也可能是曲面或其他形状。

2.2.5.3 改善拱座稳定的措施

通过拱座稳定分析，如发现不能满足要求，可采取以下改善措施。

（1）加强地基处理，对不利的节理等进行有效的冲洗并进行固结灌浆，必要时可采用预应力锚固措施，以提高其抗剪强度。

（2）加强坝肩岩体的灌浆和排水措施，减小岩体的渗透压力。

（3）将拱端向岸壁深挖嵌进，以扩大下游的抗滑岩体，也可避开不利的滑裂面。这种做法对增加拱座的稳定性较有效。

（4）改进拱圈设计，如采用三心圆拱、抛物线拱等形式，使拱端推力尽可能趋向正交于岸坡。

（5）如拱端基岩承载能力较差，可局部扩大拱端或设置推力墩等。

2.3 土石坝

土石坝是指由当地土料、石料或土石混合料填筑而成的坝，又称当地材料坝。是历史最为悠久，应用最为广泛的一种坝型。随着大型土石方施工机械、岩土理论和计算技术的发展，缩短了建坝工期，放宽了筑坝材料的使用范围，使土石坝成为当今世界坝工建设中发展最快的一种坝型。据统计，至 20 世纪 80 年代末期，世界上兴建的百米以上高坝中，土石坝的比例已达 75% 以上。目前，世界上最高的大坝——塔吉克斯坦的罗贡坝（坝高335m）就是土石坝。我国已建的黄河小浪底水库（坝高 154m）、红水河天生桥一级水电站（坝高 178m）；清江水布垭水电站（坝高 241m），均为土石坝。

2.3.1 土石坝的特点与类型

2.3.1.1 土石坝的特点

土石坝在实践中之所以能被广泛采用并得到不断发展，与其自身的优越性密不可分。

同混凝土坝相比，它的优点主要体现在以下几方面。

（1）筑坝材料来源直接、方便，能就地取材，材料运输成本低，还能节省大量的钢材、水泥和木材等建筑材料。

（2）适应地基变形的能力强。土石坝为土料或石料填筑的散粒结构，能较好地适应地基的变形，对地基的要求在各种坝型中是最低的。

（3）构造简单，施工技术容易掌握，便于组织机械化施工。

（4）运用管理方便，工作可靠，寿命长，维修加固和扩建均较容易。

同其他的坝型类似，土石坝自身也有其不足的一面。

（1）坝顶不能溢流。受散粒体材料整体强度的限制，土石坝坝身通常不允许过流，因此需在坝外单独设置泄水建筑物。

（2）施工导流不如混凝土坝方便，增加了工程造价。

（3）软土坝基不宜布置泄水、输水管涵。

（4）填筑工程量大，且土料的填筑质量、施工进度受气候条件的影响较大。

2.3.1.2 土石坝的工作条件和设计要求

1. 土石坝的工作条件

（1）渗流影响：由于土石料颗粒间孔隙率较大，坝体挡水后，在水位差作用下，库水会经过坝身、坝基和岸坡处向下游渗漏。在渗流影响下，如果渗透坡降大于土体的允许坡降，会产生渗透变形；渗流使浸润线以下土体的有效重量降低、内摩擦角和黏聚力减小；渗透水压力对坝体稳定不利。

（2）冲刷影响：一方面，雨水自坡面流至坡脚，会对坝坡造成冲刷；还可能渗入坝身内部，降低坝体的稳定性。另一方面，库内风浪对坝面也将产生冲击和淘刷作用。

（3）沉陷影响：由于坝体及坝基土体的孔隙率较大，在自重和外荷载作用下，因压缩而产生坝体沉陷。如沉陷量过大，则会造成坝顶高程不足；过大的不均匀沉陷会导致坝体开裂或使防渗体结构遭到破坏。

（4）其他影响：除了上面提及的影响外，还有其他一些不利因素，如气候变化引起冻融和干裂，地震引起坝体失稳和液化，动物（如白蚁、獾子等）在坝身内筑造洞穴而形成集中渗流通道等。

2. 土石坝设计的一般要求

根据土石坝的特点和工作条件，在土石坝设计必须满足如下要求。

（1）坝体和坝基在施工期及各种运行条件下都应当满足坝坡抗滑稳定及渗流稳定。设计时需要合理地确定坝体基本剖面尺寸和施工填筑质量要求，采取有效的地基处理措施等。国内外土石坝的失事约有1/4是由滑坡造成的。

（2）土石坝通常不允许坝顶过流。设计时首先应在计算坝顶高程的基础上预留竣工后沉降超高［沉降超高可按《碾压式土石坝设计规范》（SL 274—2020）中8.4.3规定计算］，以防发生漫顶事故。根据国内外土石坝事故资料分析，因库水漫顶而导致大坝失事的约占30%。

（3）设置良好的防渗及排水设施，以控制渗流。设计时应根据"上堵下排"的原则，确定合理的防渗体型式，加强坝体与坝基、岸坡及其他建筑物连接处的防渗效果，布置有效的排水及反滤设施，确保工程施工质量，避免大坝发生渗流破坏。

（4）对坝顶和边坡采取适当的防护措施，防止波浪、冰冻、暴雨及气温变化等不利的自然因素对坝体的破坏作用。

（5）合理进行大坝安全监控系统设计，布置观测设备，监控大坝的安全运行。

2.3.1.3　土石坝的类型

土石坝的类型很多，按坝体高度可分为：高坝、中坝、低坝。其中，低坝的高度为30m 以下，中坝的高度为 30～70m，高坝的高度为 70m 以上。

按施工方法可分为：碾压式土石坝，抛填式土石坝，水力冲填坝和定向爆破堆石坝等。其中应用最为广泛的是碾压式土石坝。

按土料在坝体中的配置和防渗体所用的材料，土石坝又可分为以下几种。

（1）均质坝。其坝体主要由一种材料组成，同时起防渗和稳定作用，不再另设专门的防渗体。如图 2.33（a）所示。均质坝结构简单，施工方便，当坝址附近有合适的土料且坝高不大时，可优先采用。

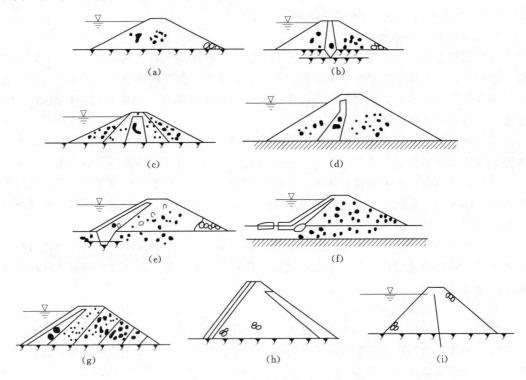

图 2.33　碾压式土石坝的类型

（a）均质坝；（b）、（c）、（i）心墙坝；（d）斜心墙坝；（e）、（f）、（g）、（h）斜墙坝

（2）分区坝。与均质坝不同，分区坝在坝体中设置专门起防渗作用的防渗体。采用透水性较大、抗剪强度较高的砂石料作为坝壳，防渗体多采用防渗性能好的黏性土，其位置设在坝体中间的称为心墙坝，如图 2.33（b）、（c）所示，稍向上游倾斜的称为斜心墙坝，如图 2.33（d）所示；防渗体设在坝体上游面或接近上游面称为斜墙坝，如图 2.33（e）、（f）、（g）所示。心墙坝由于心墙设在坝体中部，施工时要求心墙与坝体大体同时填

筑，因而相互干扰大，影响施工进度；斜墙坝的斜墙支承在坝体上游面，施工干扰小，但斜墙的抗震性能和适应不均匀沉降的能力不如心墙。

（3）人工防渗材料坝。该种坝的防渗体采用混凝土、沥青混凝土、钢筋混凝土、土工膜或其他人工材料制成，其余部分用土石料填筑而成。其中，防渗体在上游面的称为斜墙坝（或面板坝），如图 2.33（h）所示，防渗体在坝体中央的称为心墙坝，如图 2.33（i）所示。

2.3.2 土石坝的组成和基本剖面

2.3.2.1 土石坝的组成及作用

土石坝由坝身、防渗体、排水设备、护坡四部分组成。

1. 坝身

坝身是土石坝的主体，坝坡的稳定主要靠坝身来维持，并对防渗体起到保护作用。坝身土料应采用抗剪强度较高的土料，以减少坝体的工程量；当坝身土料为壤土时，由于其渗透系数较小，可以不再另设防渗体而成均质坝。

2. 防渗体

防渗体是土石坝的重要组成部分，其作用是防渗，必须满足降低坝体浸润线、降低渗透坡降和控制渗流量的要求，另外还需满足结构和施工上的要求。常见的防渗体型式有心墙、斜墙、斜墙＋铺盖、心墙＋截水墙、斜墙＋截水墙等。

土石坝的防渗体包括：土质防渗体和人工材料防渗体（沥青混凝土、钢筋混凝土、复合土工膜），其中已建工程中以土质防渗体居多。

（1）心墙，一般布置在坝体中部，有时稍偏向上游，以便同防浪墙相连接，通常采用透水性很小的黏性土筑成。心墙顶部高程正常运用情况下应高出最高静水位 0.3～0.6m；在非常运用情况下，应不低于最高静水位，且考虑波浪爬高的影响。为了防止心墙冻裂，顶部应设砂性土保护层，厚度按冰冻深度确定，且不小于 1.0m。心墙自上而下逐渐加厚，两侧边坡坡度一般在 1∶0.15～1∶0.30 之间，顶部厚度按构造和施工要求常不小于 3.0m，底部厚度根据土料的允许渗透坡降来定，不宜小于水头的 1/4。

（2）斜墙，位于坝体上游面，对土料的要求及尺寸确定原则与心墙相同。斜墙顶部高程在正常运用情况下应高出最高静水位 0.6～0.8m；在非常运用情况下，应不低于最高静水位，且考虑波浪爬高的影响。斜墙底部的水平厚度应满足抗渗稳定的要求，一般不宜小于水头的 1/5。

同心墙相比，斜墙防渗体在施工时与坝体的相互干扰小，坝体上升速度快；但斜墙上游坡缓，填筑工程量比心墙大，此外，斜墙斜"躺"在坝体上，对坝体沉陷变形较敏感，易产生裂缝，抗震性能也不如心墙。

为了克服心墙坝可能产生的拱效应和斜墙坝对变形敏感等问题，有时将心墙设在坝体中央向上游倾斜，成为斜心墙。

（3）沥青混凝土防渗体，用混凝土作防渗体，其抗渗性能较好，但由于其刚度较大，常因与坝体及坝基间变形不协调而发生裂缝。为降低混凝土的弹性模量，在骨料中加入沥青，成为沥青混凝土，可有效地改善混凝土的性能，使之具有较好的柔性和塑性，又可降低防渗体造价，且施工简单，因而在工程中得到了广泛的应用。

(4) 土工膜防渗体。土工膜是一种土工合成材料,包括聚乙烯、聚氯乙烯、氯化聚乙烯等。土工膜具有很好的物理、力学和水力学特性,其渗透系数一般小于 $10\sim12\mathrm{cm/s}$,高密度聚乙烯薄板的渗透系数可以小于 $10\sim13\mathrm{cm/s}$,具有很好的防渗性。对 2 级及其以下的低坝,经论证可采用土工膜代替黏土、混凝土或沥青等,作为坝体的防渗体材料。在土工膜的单侧或两侧热合织物的复合材料称为复合土工膜。复合土工膜既可防止膜在受力时被石块棱角刺穿顶破,也可代替砂砾石等材料起反滤和排水作用。复合土工膜适应坝体变形的能力较强,作为坝体的防渗材料,它可设于坝体上游面,也可设在坝体中央充当坝的防渗体。利用土工膜作为坝体防渗材料,可以降低工程造价,且施工方便快速,不受气候影响。

3. 排水设备

土石坝设置坝身排水的目的主要是为了:①降低坝体浸润线及孔隙压力,改变渗流方向,增加坝体稳定性;②防止渗流逸出处的渗透变形,保护坝坡和坝基;③防止下游波浪对坝坡的冲刷及冻胀破坏,起到保护下游坝坡的作用。常见的排水型式有:棱体排水、贴坡排水、褥垫排水和综合式排水等。

(1) 棱体排水。棱体排水是在坝趾处用块石填筑堆石棱体,多用于下游有水和石料丰富的情况。这种型式排水效果好,除了能降低坝体浸润线,以防止渗透变形外,还可支撑坝体、增加坝体的稳定性和保护下游坝脚免遭淘刷。在排水棱体与坝体及坝基之间需设反滤层。见图 2.34 (a)。

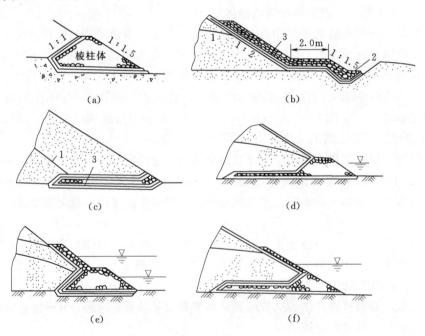

图 2.34 土石坝坝体排水设施主要形式

(a) 棱体排水;(b) 贴坡排水;(c) 褥垫排水;(d)、(e)、(f) 组合式排水

1—浸润线;2—排水沟;3—反滤层

（2）贴坡排水。贴坡排水又称表层排水，是在坝体下游坝坡一定范围内设置1～2层堆石。它不能降低浸润线，但能提高坝坡的抗渗稳定性和抗冲刷能力。这种排水结构简单，便于维修。贴坡排水的厚度（包括反滤层）应大于冰冻深度。

贴坡排水顶部高程应高出坝体浸润线溢出点，超出的高度应使浸润线在该地区冻土深度以下，1级、2级坝不小于2.0m，3级、4级和5级坝不小于1.5m，并应超过波浪（下游）沿坡面的爬高。

贴坡排水底脚处需设置排水沟或排水体，其深度应能满足在水面结冰后，排水沟（或排水体）的下部仍具有足够的排水断面的要求。见图2.34（b）。

（3）褥垫排水。排水体伸入坝体内部，能有效地降低坝体浸润线，但对增加下游坝坡的稳定性不明显，常用于下游水位较低或无水的情况。褥垫排水伸入坝体的长度由渗透坡降确定，一般不超过1/3坝底宽度，褥垫厚度0.4～0.5m，使用较均匀的块石，四周需设置反滤层，满足排水反滤要求。见图2.34（c）。

（4）组合式排水。在实际工程中，常根据具体情况将上述几种排水型式组合在一起，兼有各种单一排水型式的优点，如图2.34（d）、（e）、（f）所示。

4. 护坡

为保护土石坝坝坡免受波浪淘刷、冰层和漂浮物的损害、降雨冲刷，防止坝体土料发生冻结、膨胀和收缩以及遭受人畜破坏等，需设置护坡结构。土石坝护坡结构要求坚固耐久，能够抵抗各种不利因素对坝坡的破坏作用，还应尽量就地取材，方便施工和维修。上游护坡常采用堆石、干砌石或浆砌石、混凝土或钢筋混凝土、沥青混凝土等型式。下游护坡要求略低，可采用草皮、干砌石、堆石等形式。

土石坝护坡的范围，对上游面应取由坝顶至最低水位以下一定距离，一般取为2.5m左右；对下游面应自坝顶护至排水设备，无排水设备或采用褥垫式排水时，则需护至坡脚。

（1）堆石护坡。不需人工铺砌，将适当尺寸的石块直接倾倒在坝面垫层上。堆石应具有足够的强度，其厚度一般为0.5～0.9m，底部还需设不小于0.4m厚的砂砾石垫层。堆石护坡多用于石料丰富的地区。

（2）砌石护坡。砌石护坡要求石料比较坚硬并耐风化，可采用干砌或浆砌两种，由人工铺砌，如图2.35所示。

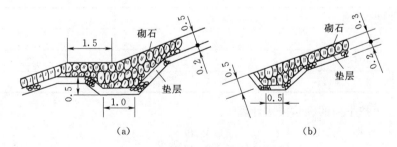

图2.35 砌石护坡构造（单位：m）
（a）马道；（b）护坡坡脚

砌石应力求嵌紧，石块大小和铺砌厚度应根据风浪大小计算确定。通常干砌石厚度为 0.25～0.5m，底部设 0.15～0.25m 厚的垫层，当有反滤要求时，垫层应适当加厚并按反滤要求设计。浆砌石护坡厚度一般为 0.3～0.5m，另需预留一定数量的排水孔，并每隔 2～4m 设置变形缝，以防止发生裂缝。

（3）其他型式的护坡。当筑坝地区缺乏石料时，可采用混凝土或钢筋混凝土护坡。混凝土板厚约为 0.12～0.2m，可采用现浇或预制方式，另设置排水设施，板下设粗砂、砂砾石、砾石或土工织物垫层。

将粗砂、中砂、细砂掺入 7%～15% 的水泥（质量比），做成水泥土护坡，其防冲能力和柔性较好。水泥土护坡需设置排水孔，底部与土体之间也应设置垫层。

土石坝的下游坡一般可用 0.1～0.15m 厚的碎石和砾石护坡。当气候条件适宜时，还可采用草皮护坡。

2.3.2.2 土石坝的基本剖面

土石坝的基本剖面尺寸主要包括坝顶高程、坝顶宽度、坝坡等。

1. 坝顶高程

坝顶高程由水库静水位加上风浪壅水增加的高度、坝坡波浪爬高及安全加高决定。坝顶超出静水位以上的超高按下式计算

$$Y = R + e + A \tag{2.28}$$

式中　Y——坝顶在水库静水位以上的超高，m，如图 2.36 所示；

　　　R——最大波浪在坝坡上的爬高，m；

　　　e——最大风壅水面高度，m；

　　　A——安全加高，m，根据坝的等级及运用情况按表 2.8 确定。

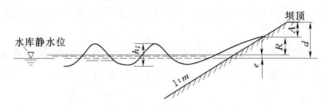

图 2.36　坝顶超高计算图

表 2.8　　　　　　　　　土石坝坝顶安全加高 **A** 值　　　　　　　　　单位：m

坝 的 级 别		1	2	3	4、5
设计		1.5	1.0	0.7	0.5
校核	山区、丘陵区	0.7	0.5	0.4	0.3
	平原、滨海区	1.0	0.7	0.5	0.3

R 和 e 值可按下面的经验公式计算

$$e = 0.0036 \frac{V^2 D}{2gH} \cos\beta \quad (m) \tag{2.29}$$

$$R = 3.2 K_\Delta \cdot (2h) \cdot \tan\alpha \quad (m) \tag{2.30}$$

式中　V——水面以上 10m 处的风速，m/s；

D——吹程，km；

H——坝前水深，m；

β——风向与坝轴线法线方向的夹角；

K_Δ——坝坡护面糙率系数，按表 2.9 选用；

$2h$——波高，由风浪要素计算确定；

α——上游面坡角。

表 2.9　　　　　　　　　　土石坝护面的糙率系数 K_Δ

护面结构	沥青混凝土	混凝土板	草皮	砌石	块石（不透水地基）	块石（透水地基）
K_Δ	1.0	0.9	0.85～0.9	0.75～0.8	0.6～0.65	0.5～0.55

坝顶高程的计算，应同时考虑以下三种情况，取其中最大值作为坝顶高程：①设计洪水位加正常运用情况的坝顶超高；②校核洪水位加非常运用情况的坝顶超高；③正常高水位加非常运用情况的坝顶超高再加地震区安全超高。

以上坝顶高程指的是坝体沉降稳定后的数值。因此，竣工时的坝顶高程应有足够的预留沉降值。对施工质量良好的土石坝，坝体沉降值约占坝高的 0.2%～0.4%。

当坝顶设防浪墙时，以上计算高程作为防浪墙顶高程，同时还要求：正常情况下坝顶应高出静水位 0.5m，在非常运用情况下，坝顶不低于静水位。

2. 坝顶宽度

坝顶宽度主要取决于交通、运行、施工、构造、抗震、防汛及其他特殊要求。一般情况下，坝越高，坝顶宽度取值也越大。当无特殊要求时，高坝的坝顶最小宽度可选用 10～15m，中、低坝可选用 5～10m。当坝顶有交通要求时，其宽度应按照道路等级要求遵照交通部门的有关规定来确定。对心墙坝、斜墙坝或其他分区坝，还应考虑各分区施工碾压及反滤、过渡层布置等要求，此时坝顶宽度应适当加大。

3. 坝坡

土石坝坝坡的陡缓直接影响着工程的安全性与经济性，因而在选择时应特别重视。坝坡的确定，常需综合考虑坝型、坝高、坝的等级、坝体及坝基材料的性质、所承受的荷载、施工和运用条件等因素。设计时一般可先参照已建成坝的实践经验或用近似方法初拟坝坡，可参考表 2.10 所列数值，然后经渗流分析和稳定计算来确定经济的坝体断面。

表 2.10　　　　　　　　　　土石坝坝坡的参考值

坝高/m	上游坝坡	下游坝坡	坝高/m	上游坝坡	下游坝坡
<10	1:2.0～1:2.5	1:1.5～1:2.0	20～30	1:2.5～1:3.0	1:2.25～1:2.75
10～20	1:2.25～1:2.75	1:2.0～1:2.5	>30	1:3.0～1:3.5	1:2.5～1:3.0

土石坝上、下游坝坡，马道的设置应根据坝面排水、检修、观测、道路、增加护坡和坝基稳定等不同需要确定。土质防渗体分区坝和均质坝上游坡宜少设马道，非土质防渗材料面板坝上游不宜设马道。下游坝坡结合施工上坝道路的需要可设置斜马道。马道宽度应根据用途确定，但最小宽度不宜小于 1.5m。

2.3.3　土石坝渗流分析方法

2.3.3.1　土石坝渗流分析的目的及方法

土石坝挡水后，在上、下游水位差作用下，水流将通过坝体和坝基，自高水位侧向低水位侧运动，在坝体和地基内产生渗流，坝体内渗透水流的自由水面称为浸润面，浸润面与坝体剖面的交线称为浸润线。

土石坝渗流分析的目的是：①确定坝体浸润线和下游逸出点位置，绘制坝体及地基内的等势线分布图或流网图，为坝体稳定核算、应力应变分析和排水设备的选择提供依据；②计算坝体和坝基渗流量，以便估算水库的渗漏损失和确定坝体排水设备的尺寸；③确定坝坡逸出段和下游地基表面的逸出比降，以及不同土层之间的渗透比降，以判断该处的渗透稳定性；④确定库水位降落时上游坝壳内自由水面的位置，估算由此产生的孔隙压力，供上游坝坡稳定分析之用。根据这些分析成果，对初步拟定的坝体断面进行修改。

土石坝渗流是个复杂的空间问题，在对河谷较宽、坝轴线较长的河床部位，常简化为平面问题来分析。其分析方法主要有流体力学法、水力学法、流网法、试验法和数值解法。

流体力学法只有在边界条件非常简单的情况下才有解答。水力学法是在一些假定基础上的近似解法，计算简单，能满足工程精度要求，所以在实践中被广泛采用。流网法是通过流网求解渗流场内各点的渗流要素，流网可由手绘和试验得出。近年来，随着计算机的快速发展，数值解法在渗流分析中得到了广泛的应用，对于复杂和重要的工程，多采用数值解法来分析。本节主要介绍几种常见坝型渗流计算的水力学法。

2.3.3.2　渗流分析的水力学法

用水力学法进行土石坝渗流分析时，常作如下一些假定：①坝体土是均质的，坝内各点在各方向的渗透系数相同；②渗透水流为二元稳定层流状态，符合达西定律；③渗透水流是渐变的，任一铅直过水断面内各点的渗透坡降和流速相等。

进行渗流计算时，应考虑水库运行中可能出现的各种不利情况，常需计算以下几种水位组合情况：①上游正常高水位与下游相应的最低水位；②上游设计洪水位与下游相应的最高水位；③上游校核洪水位与下游相应的最高水位；④库水位降落时对上游坝坡稳定最不利的情况。

实际采用水力学法进行渗流分析时，还常对某些较复杂的条件做适当简化，如：①将渗透系数较接近（相差 3～5 倍以内）的相邻土层作为一层，采用渗透系数的加权平均值来计算；②双层土壤的坝基，当下卧层不厚，且其渗透系数为上覆土层渗透系数的 1/100 倍或更小时，可视下卧层为不透水层；③当渗水地基的深度大于建筑物底部长度的 1.5 倍以上时，可按无限深透水地基情况进行计算等。

1. 渗流计算的基本公式

如图 2.37 所示为一不透水地基上的矩形土体，土体渗透系数为 k，应用达西定律和假定，可得全断面内的平均流速 v

$$v = -k \frac{dy}{dx} \qquad (2.31)$$

设单宽渗流量为 q，则

$$q = vy = -ky\frac{dy}{dx} \qquad (2.32)$$

将上式分离变量后，从上游面（$x=0$，$y=H_1$）至下游面（$x=L$，$y=H_2$）积分，得

$$H_1^2 - H_2^2 = \frac{2q}{k}L$$

即

$$q = \frac{k(H_1^2 - H_2^2)}{2L} \qquad (2.33)$$

若将式（2.44）积分限改为：x 由 0 至 x，y 由 H_1 至 y，则得浸润线方程

$$q = \frac{k(H_1^2 - y^2)}{2x}$$

即

$$y = \sqrt{H_1^2 - \frac{2q}{k}x} \qquad (2.34)$$

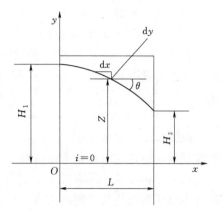

图 2.37 矩形土体渗流计算图

2. 水力学法渗流计算

用水力学法进行土坝渗流分析时，关键是掌握两点，以此建立各段渗流之间的联系：一是分段，根据筑坝材料、坝体结构及渗流特征，把复杂形状的土坝通过分段，划分为几段简单的形状；二是连续，渗流经上游面渗入、下游面渗出，通过坝体各段渗流量相等。

土石坝的类型繁多，剖面形式各有不同。对于不同的剖面形式其分段和计算方法也各不相同。下面介绍一些有代表性的土石坝剖面的具体计算方法和步骤。

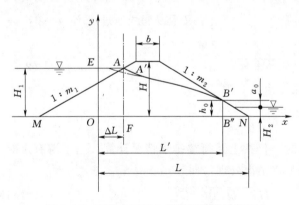

图 2.38 不透水地基上均质坝渗流计算图

（1）下游有水而无排水设备或有贴坡排水的情况。如图 2.38 所示，可将土石坝剖面分为三段，即：上游三角形段 AMF、中间段 $AFB''B'$ 以及下游三角形 $B''B'N$。根据流体力学原理和电模拟试验结果，可将上游段三角形 AMF 用宽度为 ΔL 的矩形来代替，这一矩形 $EAFO$ 和三角形 AMF 渗过同样的流量 q，消耗同样的水头。

ΔL 值可用下式计算

$$\Delta L = \frac{m_1}{1+2m_1}H_1 \qquad (2.35)$$

式中 m_1——上游边坡系数，如为变坡，可采用平均值；

      H_1——上游水深。

于是可将上游三角形和中间段合成一段 $EOB''B'$，根据式（2.33），可求出通过坝身段的渗流量为

$$q_1 = \frac{k[H_1^2 - (a_0 + H_2)^2]}{2L'} \qquad (2.36)$$

式中 a_0——浸润线逸出点距离下游水面的高度；

H_2——下游水深；

L'——$EOB''B'$的底宽，见图 2.38。

通过下游段三角形 $B'B''N$ 的渗流量，可以分为水上和水下两部分计算。应用达西定律，其渗流量可表示为

$$q_2 = \frac{ka_0}{m_2}\left(1 + \ln \frac{a_0 + H_2}{a_0}\right) \tag{2.37}$$

根据水流连续条件 $q = q_1 = q_2$，联立方程（2.36）、（2.37）即可求得 a_0 和 q 值，浸润线方程可由式（2.34）求得。

求出浸润线后，还应对渗流进口部分进行修正：过 A 点作与坝坡正交的平滑曲线，其下端与计算求得的浸润线相切于点 A'。

（2）下游有褥垫排水的情况。根据流体力学的分析，图 2.39 所示的浸润线可用通过 E 点并以排水起点 D 为焦点的抛物线表示。若 B 点高度为 h_0，则 C 点距 D 点的距离为 $l_1 = \dfrac{h_0}{2}$。由于浸润线过点 $B(x = L', y = h_0)$ 和点 $C(x = L' + h_0/2, y = 0)$，故浸润线方程可表示为

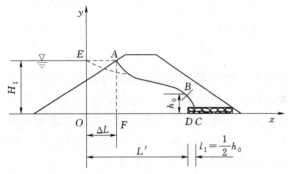

图 2.39　下游有褥垫排水时渗流计

$$L' = \frac{y^2 - h_0^2}{2h_0} + x \tag{2.38}$$

又因浸润线通过点 $E(x = 0, y = H_1)$，故

$$h_0 = \sqrt{L'^2 + H_1^2} - L' \tag{2.39}$$

再根据式（2.33），得通过坝身单宽渗流量 q 为

$$q = \frac{k(H_1^2 - h_0^2)}{2L'} \tag{2.40}$$

当下游为堆石棱体排水且下游无水时，仍按上述褥垫排水情况计算。当下游有水时，可将下游水面以上部分按照褥垫式下游无水情况处理，即

$$h_0 = \sqrt{L'^2 + (H_1 - H_2)^2} - L' \tag{2.41}$$

单宽渗流量可按下式求得

$$q = \frac{k}{2L'}\left[H_1^2 - (H_2 + h_0)^2\right] \tag{2.42}$$

浸润线仍按式（2.34）计算。

（3）有限深透水地基上均质坝渗流计算。设坝体的渗透系数为 k，透水地基的深度为 T，渗透系数为 k_T，如图 2.40 所示。

渗流量计算时，将坝体和坝基渗流量分开考虑。首先按不透水地基上均质坝的计算方法，确定坝体的渗流量；再假定坝体不透水，根据渗流的达西定律，按式（2.43）计算地基的渗流量；然后取总单宽流量 q 为两者之和。

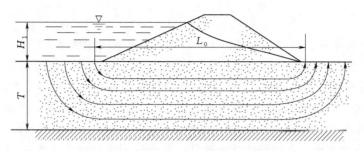

图 2.40 透水地基上均质坝渗流计算

$$q' = \frac{k_T H_1 T}{n L_0} \qquad (2.43)$$

式中 n——由于流线弯曲对渗流途径的修正系数，与渗流区的几何形状有关，见
  表 2.11。

表 2.11 渗 径 修 正 系 数

L_0/T	20	5	4	3	2	1
n	1.05	1.18	1.23	1.30	1.44	1.87

坝体浸润线方程可按下式计算

$$\frac{2q}{k}x = H_1^2 + \frac{2k_T T H_1}{k} - y^2 - \frac{2k_T T}{k} \cdot y \qquad (2.44)$$

（4）心墙坝渗流计算。如图 2.41 为一带截水槽的心墙坝。设心墙和截水槽的渗透系
数为 k_0，忽略心墙前坝壳内的水位降落，可将渗流计算分为防渗体段和墙后段两部分，
计算时取心墙平均厚度 δ。

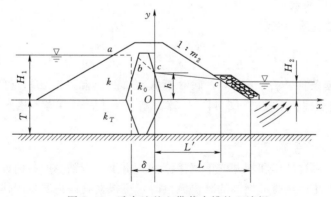

图 2.41 透水地基上带截水槽的心墙坝

通过防渗心墙和地基截水槽的单宽渗流量为

$$q_1 = K_0 \frac{(H_1 + T)^2 - (h + T)^2}{2\delta} \qquad (2.45)$$

墙后段的流量为

$$q_2 = \frac{k(h^2 - H_2^2)}{2(L - m_2 H_2)} + k_T \frac{(h - H_2)}{L + 0.44T} \cdot T \tag{2.46}$$

式中　$0.44T$——对流线弯曲渗径的修正,其余各符号意义见图 2.41。

根据水流连续条件,$q_1 = q_2 = q$,联立式(2.45)和(2.46),可求得墙后水深 h 和 q。心墙内的浸润线按式(2.34)计算,墙后浸润线可按式(2.44)计算。当 $T = 0$ 时,可得不透水地基上心墙坝的渗流计算公式。

(5)带截水槽的斜墙坝渗流计算。如图 2.42 所示为透水地基上带截水墙的斜墙坝,计算分为斜墙及截水槽、其后坝体及地基段,并分别用平均厚度 δ 和 δ_1 代替变厚度的斜墙和截水槽。

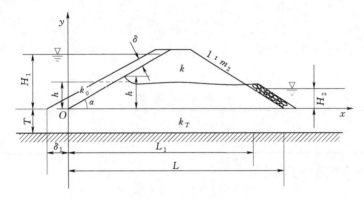

图 2.42　透水地基上带截水槽的斜墙坝的渗流计算图

通过斜墙及截水槽的渗流量为

$$q_1 = \frac{K_0(H_1^2 - h^2)}{2\delta \sin\alpha} + K_0 \frac{(H_1 - h)}{\delta_1} \cdot T \tag{2.47}$$

式中　h——斜墙后的水深。

斜墙及截水槽后的渗流量为

$$q_2 = \frac{K(h^2 - H_2^2)}{2(L - m_2 H_2)} + K_T \frac{(h - H_2)}{L + 0.44T} \cdot T \tag{2.48}$$

根据水流连续条件,$q_1 = q_2 = q$,联立等式(2.47)和(2.48),可求得墙后水深 h 和 q。心墙后的浸润线仍可按式(2.44)计算。当 $T = 0$ 时,可得不透水地基上斜墙坝的渗流计算公式。

2.3.3.3　总渗流量的计算

前面计算的是通过坝体和坝基的单宽渗流量。由于沿坝轴线的各断面形状及地基地质条件并不相同,因此计算通过坝体的总渗流量时,可根据具体情况将坝体沿坝轴线划分为若干段(图 2.43 所示),分别计算出每个断面的单宽流量,然后按下式计算全坝的总渗流量。

$$Q = \frac{1}{2}[q_1 l_1 + (q_1 + q_2)l_2 + \cdots + (q_{n-1} + q_n)l_n + q_n l_{n+1}] \tag{2.49}$$

式中　q_1、q_2、$\cdots$、q_n——断面 1、2、$\cdots$、n 的单宽渗流量;

l_1、l_2、$\cdots$、l_n、l_{n+1}——相邻两断面之间的距离。

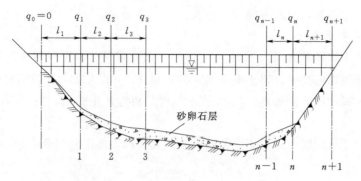

图 2.43 土坝总渗透流量计算示意图

2.3.4 土石坝渗透稳定分析

在渗透水流的物理或化学作用下，土石坝坝身及地基中的土体颗粒流失，土壤发生局部破坏，称为渗透变形。据统计，国内土石坝由于渗透变形造成的失事约占失事总数的45%。《碾压式土石坝设计规范》（SL 274—2020）要求渗透稳定计算应包括以下内容：①判别土的渗透变形的形式；②判明坝和坝基土体的渗透稳定性；③判明坝下游渗流逸出段的渗透稳定性。

2.3.4.1 渗透变形的型式

渗透变形的型式及其发生、发展过程，与土料性质、土粒级配、水流条件以及防渗、排水措施等因素有关，一般有管涌、流土、接触冲刷和接触流失等类型。工程中以管涌和流土最为常见。

1. 管涌

坝体或坝基中的无黏性土细颗粒被渗透水流带走并逐步形成渗流通道的现象称为管涌，多发生在坝的下游坡或闸坝下游地基表面的渗流逸出处。黏性土因颗粒之间存在凝聚力且渗透系数较小，所以一般不易发生管涌破坏，而缺乏中间粒径的非黏性土中极易发生管涌。

2. 流土

在渗流作用下，产生的土体浮动或流失现象；发生流土时，土体表面发生隆起、断裂或剥落。主要发生在黏性土及均匀非黏性土体的渗流出口处。

3. 接触冲刷

当渗流沿着两种不同土层的接触面流动时，沿层面带走细颗粒的现象称为接触冲刷。

4. 接触流失

当渗流垂直于渗透系数相差较大的两相邻土层的接触面流动时，把渗透系数较小土层中的细颗粒带入渗透系数较大的另一土层中的现象，称为接触流失。

2.3.4.2 渗透变形型式的判别

1. 根据颗粒级配判别

根据颗粒级配判别渗透变形形式，以土壤不均匀系数 η（$\eta = d_{60}/d_{10}$）作为判别渗透变形的依据。伊斯托明娜根据试验，认为 $\eta < 10$ 的土易产生流土；$\eta > 20$ 的土易产生管涌；当 $10 < \eta < 20$ 时，可以是流土也可以是管涌。此法简单方便，但土的渗透变形不只是

取决于土壤不均匀系数，因此准确性较差。

2. 根据细颗粒含量判别

此法以土体中细颗粒含量（粒径 $d<2mm$）的含量 P_z 作为判别渗透变形形式的依据。按照伊斯托明娜的建议，当土壤中细颗粒含量 $P_z>35\%$ 时，孔隙填充饱满，易产生流土；对缺乏中间粒径的砂砾料，当 $P_z<30\%$ 时，可能产生管涌，当 $P_z>30\%$ 时，可能产生流土。

南京水利科学研究院也进行了大量的试验研究，提出如下判别公式

$$P_g = a \frac{\sqrt{n}}{1+\sqrt{n}} \tag{2.50}$$

式中　a——修正系数，取 $0.95\sim1.0$；

　　　n——土体孔隙率；

　　　P_g——粒径小于或等于 2mm 的细粒临界含量。

当土体的细粒含量大于 P_g 时，可能产生流土，当土体的细粒含量小于或等于 P_g 时，则可能产生管涌。此方法应用方便，适合于各种土壤。

2.3.4.3　渗透变形的临界坡降

1. 产生管涌的临界坡降

管涌的发生与渗透系数和渗透坡降有关。目前为止，试验和分析临界坡降的成果虽然很多，但没有形成完全成熟的结论。对中、小型工程，根据南京水利科学研究院的试验研究，当渗流方向由下向上时，非黏性土发生管涌的临界坡降可按以下经验公式推算

$$J_c = \frac{42d_3}{\sqrt{k/n^3}} \tag{2.51}$$

式中　d_3——相应于粒径曲线上含量为 3% 的粒径，cm；

　　　k——渗透系数，cm/s；

　　　n——土壤孔隙率。

对于易产生管涌破坏处的容许渗透坡降 $[J]$，可根据建筑物级别和土壤类型，用临界坡降除以安全系数 $2\sim3$ 确定。还可参照不均匀系数 η 值来选用 $[J]$：$10<\eta<20$ 的非黏性土，$[J]=0.20$；$\eta>20$ 的非黏性土，$[J]=0.10$。

对大、中型工程，应通过管涌试验，以求出实际发生管涌的临界坡降。

2. 产生流土的临界坡降

当渗流自下向上发生时，常采用由极限平衡理论所得的太沙基公式计算产生流土的临界坡降，即

$$J_c = (G-1)(1-n) \tag{2.52}$$

式中　G——土粒比重；

　　　n——土粒孔隙率。

J_c 值一般在 $0.8\sim1.2$ 之间变化。容许渗透坡降 $[J]$ 也需要有一定的安全系数，对于黏性土可采取 1.5，对于非黏性土可用 $2.0\sim2.5$。为防止流土的产生，必须使渗流逸出处的渗透坡降小于容许坡降。

2.3.4.4 防止渗透变形的工程措施

土体发生渗透变形，除与土料性质有关外，主要是由于渗透坡降过大造成的。因此，设计中应尽量降低渗透坡降，还要增加渗流出口处土体抵抗渗透变形的能力。常用的工程措施如下。

（1）采取水平或垂直防渗措施，以便尽可能地延长渗径，达到降低渗透坡降的目的。

（2）采取排水减压措施，以降低坝体浸润线和下游渗流出口处的渗透压力。

（3）对可能发生管涌的部位，需设置反滤层，拦截可能被渗流带走的细颗粒；对下游可能产生流土的部位，可以设置盖重，以增加土体抵抗渗透变形的能力。图2.44所示为太平湖土坝下游减压井和透水盖重构造示意图。

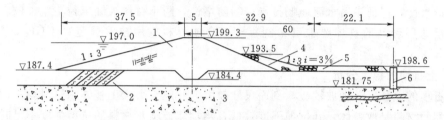

图 2.44　太平湖土坝减压井和透水盖重（单位：m）
1—粉质黏土；2—重粉质黏土；3—砂砾石层；4—碎石培厚；
5—透水盖重；6—减压井

2.3.4.5 反滤层设计

为了防止渗透变形的发生，设置反滤层，以提高土体抵抗渗透破坏的能力是一项有效的措施，可起到滤土、排水的作用。通常设置在土质防渗体（包括心墙、斜墙、铺盖、截水槽等）与坝壳和坝基透水层之间，以及下游渗流出逸处，如不满足反滤要求，均必须设置反滤层。

反滤层应满足下列要求：①使被保护土不发生渗透变形；②渗透性大于被保护土体，能顺畅地排出渗透水；③不致被细粒土淤堵失效；④在防渗体出现裂缝的情况下，土颗粒不会被带出反滤层，能使裂缝自行愈合。

反滤层一般由2～3层不同粒径的砂石料组成，石料采用耐久的、抗风化的材料，层的设置大体与渗流方向正交，且顺渗流方向粒径应由小到大，如图2.45所示。一般土反滤料的不均匀系数 $\eta \leqslant 5$ 且粒径小于0.1mm的细颗粒含量不超过5%。

对于紧邻被保护土的第一层反滤料，应满足：

$$D_{15}/d_{85} \leqslant 4\sim5 \quad 且 \quad D_{15}/d_{15} \geqslant 5$$

其中：D_{15} 为第一层反滤料粒径，小于该粒径的土占总土重的15%；

d_{15}、d_{85} 为被保护土的粒径，小于该粒径的土分别占总土重的15%、85%。

当选择第二、三层反滤料时，可按同样方法确定，选择第二层反滤料时，将第一层反滤料作为被保护土；选择第三层反滤料时，将第二层反

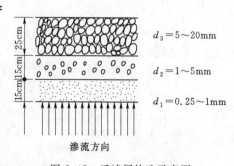

图 2.45　反滤层构造示意图

滤料作为被保护土。反滤层的层厚应根据材料的级配、性质、用途及施工方法等情况综合考虑确定。通常水平反滤层的最小层厚为 30cm，垂直或倾斜反滤层的最小层厚为 50cm。当采用推土机平料时，反滤层的最小水平宽度应不小于 3.0m。

采用土工织物反滤，具有施工简单、速度快、质量易控制和造价低等优点，近年来在工程中得到广泛应用。如辽宁柴河铅锌矿建尾矿坝，初期坝高 11m，坝长 85m，坝的内外坡均为 1∶1.7，后期坝用尾矿砂填筑，最终坝高 40m，在堆石坝与尾矿砂之间，用无纺土工织物代替原设计的 1.6m 厚的砂砾料反滤层进行反滤，节约工程投资 44 万元，取得了良好的效果。

用作反滤料的土工织物，应具有下列功能：①保土性，防止被保护土颗粒随水流流失；②透水性，保证渗透水流通畅排走；③防堵性，防止材料被细土粒堵塞失效。关于土工织物反滤层设计的具体要求可参阅《土工合成材料应用技术规范》（GB/T 50290—2014）。

2.3.5　土石坝的稳定分析

土石坝的上、下游坝坡较缓，剖面尺寸较大，一般不会产生整体水平滑动。但是，由于土石坝的材料是散粒体，其抗剪强度较低，当坝体或坝基材料的抗剪强度不足时，有可能发生坝体或坝体连同坝基的塌滑失稳；另外，当坝基内有软弱夹层时，也可能发生塑性流动，影响坝体的稳定。

进行土石坝稳定计算的目的是保证坝体在自重、各种情况下的孔隙压力和外荷载作用下，具有足够的稳定安全度，从而确定坝体的经济剖面。

2.3.5.1　土石坝滑动破坏形式

进行稳定计算时，应先假定滑动面的形状。土石坝滑坡的型式与坝体结构、筑坝材料、地基性质以及坝体工作条件等密切相关，常见的滑动破坏面有圆弧滑动面、折线滑动面和复合式滑动面。见图 2.46。

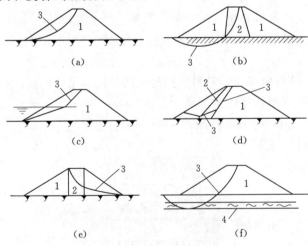

图 2.46　土石坝滑动破坏面的形状

(a)、(b) 圆弧滑裂面；(c)、(d) 折线滑裂面；
(e)、(f) 复合滑裂面
1—坝壳；2—防渗体；3—滑裂面；4—软弱夹层

（1）圆弧滑动面。如图 2.46 (a)、(b) 所示，当滑动面通过黏性土部位时，其形状通常为一顶部陡而底部渐缓的曲面，在稳定分析中多以圆弧代替。

（2）折线滑动面。如图 2.46 (c)、(d) 所示。多发生在非黏性土的坝坡中，如薄心墙坝、斜墙坝中；如果坝坡部分浸水，则常为图 2.46 (c) 所示近于折线的滑动面，折点一般在水面附近。

（3）复合式滑动面。如图 2.46 (e)、(f) 所示，厚心墙或由黏土及非黏性土构成的多种土质坝形成复合式滑动面。当坝基内有软弱夹层时，因其抗剪强度低，滑动面不再往下深切，而是沿该夹层形成曲、直面组合的复合滑动面。

2.3.5.2 荷载及其组合

1. 荷载

土石坝稳定计算考虑的荷载主要有自重、渗透力、孔隙水压力和地震惯性力等。

（1）自重。对于坝体自重，一般在浸润线以上的土体按湿重度计算，浸润线以下、下游水位以上按饱和重度计算，下游水位以下按浮重度计算。

（2）渗透力。渗透力是渗透水流通过坝体时作用于土体的体积力。其方向为各点的渗流方向，单位土体所受到的渗透力大小为 γJ，γ 为水的重度，J 为该处的渗透坡降。

（3）孔隙水压力。黏性土在外荷载作用下产生压缩时，由于孔隙内的空气和水不能及时排出，外荷载便由土粒、孔隙中的水和空气共同承担。若土体饱和，则外荷载将全部由水承担。随着孔隙水因受压而逐渐排出，所加的外荷载逐渐向土料骨架上转移。土料骨架承担的应力称为有效应力，它在土体滑动时能产生摩擦力抵抗滑动；孔隙水承担的应力称为孔隙应力（或称孔隙水压力），它不能产生摩擦力；土壤中的有效应力与孔隙水压力之和称为总应力。

目前，孔隙水压力常按两种方法考虑，一种是总应力法，即采用不排水剪的总强度指标 φ_u、C_u 来确定土体的抗剪强度；另一种是有效应力法，即先计算孔隙压力，再把它当作一组作用在滑弧上的外力来考虑，此时采用与有效应力相应的有效强度指标 φ'、c'。

（4）地震惯性力。地震惯性力可按拟静力法计算。沿坝高作用于质点 i 处的水平向地震惯性力代表值 F_i 应按下式计算

$$F_i = \alpha_h \xi G_{Ei} \alpha_i / g \qquad (2.53)$$

式中　α_h——水平向设计地震加速度代表值；

　　　　ξ——地震作用的效应折减系数，除另有规定外，取 0.25；

　　　G_{Ei}——集中在质点 i 的重力作用标准值；

　　　　α_i——质点 i 的动态分布系数；

　　　　g——重力加速度。

对设计烈度为 8、9 度的Ⅰ、Ⅱ级坝，应同时考虑水平向和竖向地震惯性力作用。

2. 荷载组合

（1）正常运用包括以下几种情况。

1）水库蓄满水（正常高水位或设计洪水位）时下游坝坡的稳定计算；

2）上游库水位最不利时上游坝坡的稳定计算，这种不利水位大致在坝底以上 1/3 坝高处，当坝剖面比较复杂时，应通过试算来确定；

3）库水位正常降落，上游坝坡内产生渗透力时，上游坝坡的稳定计算。

（2）非常运用包括以下几种情况。

1）库水位骤降时（一般当土壤渗透系数 $K \leqslant 10^{-3}$ cm/s，水库水位下降速度 $V > 3$ m/d 时，属于骤降），上游坝坡的稳定计算；

2）施工期到竣工期，坝坡连同黏性土基一起的稳定计算，特别是对于高坝厚心墙的情况，必须考虑孔隙压力的作用；

3）校核水位有可能形成稳定渗流时，下游坝坡的稳定计算。

以上三种情况属于非常运用条件Ⅰ。

4）正常情况遇地震作用的上、下游坝坡的稳定计算。该情况属于非常运用条件Ⅱ。

坝体的抗滑稳定安全系数应不小于表 2.12 所规定的数值。

表 2.12 坝坡抗滑稳定最小安全系数

运用条件	工 程 等 级			
	Ⅰ	Ⅱ	Ⅲ	Ⅳ、Ⅴ
正常运用条件	1.30	1.25	1.20	1.15
非常运用条件Ⅰ	1.20	1.15	1.10	1.05
非常运用条件Ⅱ	1.10	1.05	1.05	1.00

2.3.5.3 土石坝的稳定分析方法

目前，土石坝的稳定分析仍基于极限平衡理论，采用假定滑动面的方法。依据滑裂面的不同型式，土石坝的稳定分析方法可分为圆弧滑动法、折线滑动法和复合滑动法。

1. 圆弧滑动法

对于均质坝、厚斜墙坝和厚心墙坝来说，滑动面往往接近于圆弧，故采用圆弧滑动法进行坝坡稳定分析。《碾压式土石坝设计规范》（SL 274—2020）给出的圆弧滑动静力计算公式有两种：一种是不考虑条块间作用力的瑞典圆弧法；另一种是考虑条块间作用力的毕肖普法。其中，瑞典圆弧法未考虑相邻土条间的作用力，计算结果偏于保守。计算时若假定相邻土条界面上切向力为零，只考虑条块间的水平作用力，即为简化毕肖普法。下面以瑞典法为例介绍圆弧滑动法。见图 2.47。

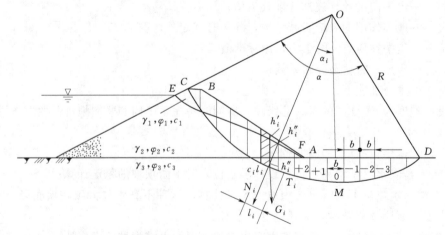

图 2.47 圆弧滑动法稳定计算

如图 2.47 所示，假定滑动面为圆柱面，将滑动面内土体视为刚体，边坡失稳时该土体绕滑弧圆心 O 作转动，计算时常沿坝轴线取单宽坝体按平面问题进行分析。采用条分法，将滑动土体按一定的宽度分为若干个铅直土条，不计相邻土条间的作用力，分别计算出各土条对圆心 O 的抗滑力矩 M_r 和滑动力矩 M_s，再分别求其总和。当土体绕 O 点的抗

滑力矩 M_r 大于滑动力矩 M_s ，坝坡保持稳定；反之，坝坡丧失稳定。其具体公式如下。

（1）总应力法

$$K_c = \frac{M_r}{M_s} = \frac{\sum G_i \cos\alpha_i \tan\varphi_i + \sum c_i l_i}{\sum G_i \sin\alpha_i} \tag{2.54}$$

（2）有效应力法

$$K_c = \frac{\sum (G_i \cos\alpha_i - u_i l_i) \tan\varphi_i' + \sum c_i' l_i}{\sum G_i \sin\alpha_i} \tag{2.55}$$

式中　　　　　G_i——第 i 个土条自重，

φ_i、φ_i' 和 c_i、c_i'——总应力及有效应力抗剪强度指标。

需要说明的是，图 2.47 中滑弧的圆心及半径是任意假定的，由上式计算得到的抗滑安全系数只反映该假定滑动面的抗滑稳定性。为了找出某一坝体剖面坝坡最小安全系数以及相应的滑动面，需经多次试算才能得到。

2. 折线滑动法

对于非黏性土的坝坡，如心墙坝坝坡、斜墙坝的下游坝坡以及斜墙上游保护层连同斜墙一起滑动，常形成折线滑动面。稳定分析可采用折线滑动法（滑楔法）进行计算。

以图 2.48 所示心墙坝的上游坝坡为例，假定任一滑动面 ADC，D 点在上游水位延长线上。将滑动土体分为 $DEBC$ 和 ADE 两块，各块重量分别计为 W_1、W_2，两块土体底面的内摩擦角分别为 φ_1、φ_2。采用折线滑动静力计算法，假定条块间作用力为 P_1，其方向平行于 DC 面。则 $DEBC$ 土块的平衡式为

$$P_1 - W_1 \sin\alpha_1 + \frac{1}{K_c} W_1 \cos\alpha_1 \tan\varphi_1 = 0 \tag{2.56}$$

式中　α_1、α_2——见图 2.48。

ADE 土块的平衡式为

$$\frac{1}{K_c} W_2 \cos\alpha_2 \tan\varphi_2 + \frac{1}{K_c} P_1 \sin(\alpha_1 - \alpha_2) \tan\varphi_2 - W_2 \sin\alpha_2 - P_1 \cos(\alpha_1 - \alpha_2) = 0 \tag{2.57}$$

考虑各滑动面上抗剪强度发挥程度一样，两式中安全系数 K_c 应相等，因此可联立方程求解 K_c。

为求得坝坡的实际抗滑安全系数，需假定不同的 α_1、α_2 和上游水位，进行反复试算，最后确定坝坡的最小稳定安全系数。

如果滑动面为多个折点，同理进行分块，列出每块的平衡方程。然后联立方程求解 K_c。

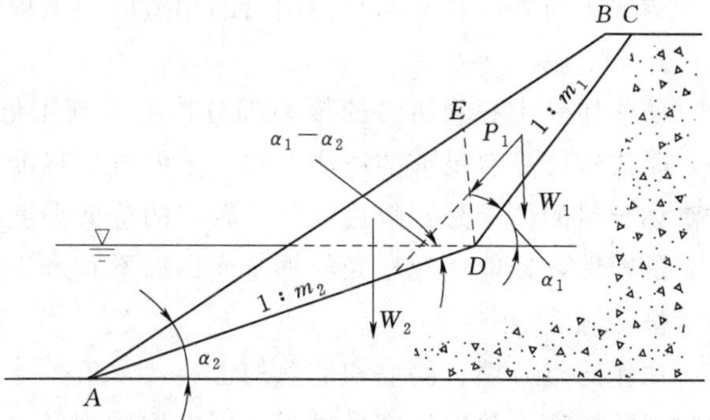

图 2.48　非黏性土坝坡稳定计算图

3. 复合滑动面

当滑动面通过不同土料时，还会出现直线与圆弧组合的复合滑动面型式。如坝基内有软弱夹层时，也可能产生如图 2.49 所示的滑动面。

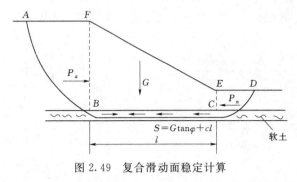

图 2.49 复合滑动面稳定计算

计算时，可将滑动土体分为 3 个区，取 $BCEF$ 为隔离体，其左侧受到土体 AFB 的主动土压力 P_a（假定方向水平），右侧受到 ECD 的被动土压力 P_n（也假定方向水平），同时在脱离体底部 BC 面上有抗滑力 S。当土体处于极限平衡时，BC 面上的最大抗滑力为

$$S = G\tan\varphi + cl \tag{2.58}$$

式中　G——脱离体 $BCEF$ 的重量；

φ、c——软弱夹层的抗剪强度指标；

L——BC 段长度。

此时坝体连同坝基夹层的稳定安全系数为

$$K_c = \frac{P_n + s}{P_a} = \frac{p_n + G\tan\varphi + cL}{P_a} \tag{2.59}$$

式中，P_a 和 P_n 可用条分法计算，也可按朗肯或库仑土压力公式计算。最危险滑动面需通过试算确定。

2.3.6　土石坝的筑坝材料

土石坝筑坝材料来源于当地，坝址附近各种天然土石料的种类、性质、储量和分布以及枢纽建筑物开挖渣料的性质和可利用的数量等，是合理选择坝型、设计坝体断面型式和结构尺寸的重要依据。在选择土石料料场时，除了应尽可能靠近坝轴线以减少运输费用外，还要求石料储量充足、质量符合筑坝要求。

一般来说，土石坝对筑坝材料的要求较低，除了沼泽土、斑脱土、地表土及含有未完全分解有机质的土料以外，原则上均可用作筑坝材料，或经处理后用于坝的不同部位。填筑坝体的土石料应具有与其使用目的相适应的工程性质，并具有较好的长期稳定性。

1. 防渗体土料

防渗体是土石坝防渗的核心部分，主要利用低透水性的材料将渗流控制在允许范围内。防渗体应具有足够的防渗性和一定的抗剪强度，高心墙还应具有低压缩性。因此，对防渗体土料的要求是：渗透性低；较高的抗剪强度；良好的压实性能，压缩性小，且要有一定的塑性，以能适应坝壳和坝基变形而不致产生裂缝；有良好的抗冲蚀能力，以免发生渗透破坏等。

用作防渗心墙、斜墙和铺盖的土料，一般要求渗透系数 k 不大于 10^{-5}cm/s，它与坝身材料的渗透系数之比应尽量小。用作均质坝的土料渗透系数 k 最好小于 10^{-4}cm/s。一般塑性指数为 $7\sim20$ 的土适合作防渗材料，塑性指数过大，则黏粒含量太多，不宜采用；塑性过小，则防渗性能差，也不宜用来防渗。

防渗体对杂质含量的要求比对坝壳材料高。一般要求水溶盐含量（指易溶盐和中溶盐的总量，按重量计）不大于 3%；有机质含量（按质量计）对均质坝不大于 5%，对心墙或斜墙不大于 2%，特殊情况下经充分论证后可适当提高。

2. 坝壳土石料

土石坝的坝壳材料主要起保护、支撑防渗体并保持坝体稳定的作用，因而对强度有一定的要求。坝壳材料在压实后，应具有较高的强度和一定的抗风化能力，对于下游坝壳水下部位及上游坝壳水位变动区材料还应有良好的透水性。

粒径级配良好的无黏性土（包括砂、砂砾、卵石、漂石、碎石等）以及料场开采的石料和由枢纽建筑物中开挖的石渣料，均可作为坝壳材料，并根据其性质用于坝壳的不同部位。均匀的中、细砂及粉砂一般只能用于坝壳的干燥区，否则应对渗透变形和振动液化进行专门论证，并采取必要的工程措施。设计时应优先选用不均匀和连续级配的砂石料。一般认为颗粒不均匀系数 $\eta = d_{60}/d_{10} = 30 \sim 100$ 时较易压实，而当不均匀系数 $\eta < 10$ 时则级配不好，不易压实。

3. 排水设备的石料

对于排水设备，其所用石料应有足够的强度，且不易溶蚀，软化系数（饱和抗压强度与干抗压强度之比）不小于 0.75，同时还要能抗冻融和风化。通常要求材料的饱和抗压强度大于 40MPa，重度应大于 22kN/m³，岩石孔隙率不大于 3%，吸水率（按体积计）不大于 0.8。作为反滤层和过渡层，其材料须质地致密坚硬，抗水性和抗风化能力较强，颗粒级配良好且粒径小于 0.1mm 的颗粒含量不大于 5%。

2.3.7 土石坝地基处理

土石坝既可建在岩基上，也可建在土基上。土石坝是由散粒材料填筑而成，对地基变形的适应性比混凝土坝好，因此，土石坝对地基的强度和变形方面的要求比混凝土坝低；而土基往往渗透性强，容易产生渗透变形，所以在防渗方面的要求则与混凝土坝基本相同。土石坝地基处理的主要目的是满足渗流控制（包括渗透变形和渗流量）、动静力稳定以及容许沉降量等方面的要求，以保证坝的安全运行。

《碾压式土石坝设计规范》（SL 274—2020）规定，当坝基中遇有下列情况时，必须慎重研究和处理：①深厚砂砾石层；②软黏土；③湿陷性黄土；④疏松砂土及少黏性土；⑤岩溶（喀斯特）；⑥有断层、破碎带、透水性强或有软弱夹层的岩石；⑦含有大量可溶盐类的岩石和土；⑧透水坝基下游坝址处有连续的透水性差的覆盖层。⑨矿区井、洞。

下面介绍一些典型地基处理的基本方法。

2.3.7.1 砂卵石地基的处理

当土石坝修建在砂卵石地基上时，地基的承载力通常是足够的，地基因压缩产生的沉降量一般也不大。对砂卵石地基的处理主要是解决防渗问题，通过采取"上堵""下排"相结合的措施，达到控制地基渗流的目的。

土石坝渗流控制的基本方式有垂直防渗、水平防渗和排水减压等。前两者体现了"上堵"的基本原则，后者则体现了"下排"的基本原则。垂直防渗可采用明挖回填截水槽、混凝土防渗墙、灌浆帷幕等基本型式，水平防渗常用防渗铺盖。

坝基垂直防渗设施应设在坝体防渗体底部位置，对均质坝来说，则可设于距上游坝脚 1/3～1/2 坝底宽度处。垂直防渗可有效地截断坝基渗透水流，如果技术条件可行且经济合理时，应优先采用。

1. 明挖回填截水槽

当透水砂卵石覆盖层深度为 10～15m 时，可在透水坝基上开挖深槽直达不透水层或基岩，向槽内回填与坝体防渗体相同的土料，并与防渗体紧密结合成整体。黏性土截水槽防渗由于其结构简单、工作可靠、防渗效果好，在我国得到广泛的应用。

截水槽开挖边坡约为 1:1.5，截水槽顶宽应尽量和防渗心墙厚度相协调；其底部宽度应根据回填土料的容许渗透坡降而定，一般容许渗透坡降对砂壤土可取 3，壤土取 3～5，黏土取 5～10；另外，为便于施工，槽底宽还应不小于 3.0m。槽底部与基岩连接时，应把风化岩层挖除，并要求截水槽深入相对不透水的强风化或弱风化岩层 0.5～1.0m。在截水槽两侧边坡应铺设反滤层。

为保证截水槽与底部不透水基岩完整结合，防止接触面发生集中渗流，一般应在槽底浇筑混凝土底板与齿墙，当基岩节理发育或有其他渗水通道时，还需在混凝土底板下进行灌浆处理。

2. 混凝土防渗墙

当坝基透水层较厚，采用明挖回填截水槽施工有困难时，可采用混凝土防渗墙，其优点是施工快、材料省、防渗效果好，但需要一定的机械设备。

混凝土防渗墙可利用冲击钻机，在透水地基中建造槽（孔）直达基岩，并以泥浆固壁，采用直升导管，向槽孔内浇筑混凝土，形成连续的混凝土墙，起到防渗的目的。早在 20 世纪 50 年代初，意大利和法国即开始采用混凝土防渗墙这一技术，随后各国相继引进和推广。我国密云水库白河土坝断面中采用混凝土防渗墙作为坝基防渗措施，取得很好的防渗效果，如图 2.50 所示。现已竣工的黄河小浪底工程覆盖层最深处 80 多米，坝基采用了混凝土防渗墙防渗，是目前国内最深的混凝土防渗墙。

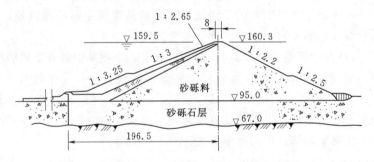

图 2.50　白河土坝混凝土防渗墙（单位：m）

混凝土防渗墙顶部与坝体的防渗体相连接，接触渗径应满足容许渗透坡降的要求；防渗墙底部嵌入弱风化基岩深度不小于 0.5m，若底下基岩是透水的，还需要对基岩做灌浆帷幕。防渗墙厚度选择应考虑以下几点：①满足渗透稳定要求，这主要决定于容许渗透坡降，容许渗透坡降与混凝土抗渗标号相对应，防渗墙混凝土要求其抗渗性达到 W_8 以上。②要考虑到机械施工条件；③考虑混凝土在渗水作用下的溶蚀速度；④按应力分析确定墙厚及是否配筋。我国已建混凝土防渗墙厚度均在 0.6～1.3m 范围内，一般厚度为 0.8m。

3. 灌浆帷幕

当砂卵石层很深时，用上述处理方法都较困难或不够经济时，可采用帷幕灌浆防渗，或在深层采用帷幕灌浆，上层采用明挖回填截水槽或混凝土防渗墙等措施。

帷幕灌浆最常用的灌浆材料为黏土水泥浆和水泥浆，特殊情况下还可采用化学灌浆或超细水泥浆。对于岩基，当裂隙宽度大于 0.15mm 时，采用水泥灌浆；裂隙宽度小于 0.15mm 时，普通水泥灌不进去，可采用细水泥浆或化学灌浆；当地下水具有侵蚀性时，应选择抗侵蚀性水泥或采用化学灌浆。

通常砂卵石地基的可灌性可用其可灌比 M 来评价，M 可按下式计算

$$M = D_{15} / d_{85} \tag{2.60}$$

式中　　D_{15}——受灌地基中 15% 的颗粒粒径小于该粒径，mm；

　　　　d_{85}——灌注材料中 85% 的颗粒粒径小于该粒径，mm。

$M > 15$ 时，可灌水泥浆；$M > 10$ 时，可灌黏土水泥浆；$M < 10$ 时，可灌性差，可采用化学灌浆。

另外，还可以根据砂卵层的渗透系数来判别可灌性：$K = 800 \text{m/d}$ 时，可灌加细砂的水泥浆；$K > 150 \text{m/d}$ 时，可灌水泥浆；$K = 100 \sim 200 \text{m/d}$ 时，可灌加塑化剂的水泥浆；$K = 80 \sim 100 \text{m/d}$ 时，可灌加 2~5 种活性掺加料的水泥浆；$K \leqslant 80 \text{m/d}$ 时，可灌黏土水泥浆。一般认为水泥黏土灌浆较好的地层，渗流系数应大于 40m/d。

灌浆材料的配比应由试验确定。一般所用的黏土水泥浆，水泥质量约占水泥和黏土总重量的 20%~50%，水泥标号应在 400 号以上，黏土的塑性指数在 20 以上，黏粒含量大于 40%，粒径 0.1mm 以上的砂含量不超过 5%。灌浆过程中，浆液应由稀变浓。另外，为提高浆液的分散性和稳定性，还可在浆液中加入适量的亲水性塑化剂。

帷幕灌浆常设一排或几排平行于坝轴线的灌浆孔，布置于防渗体底部中心线偏上游部位。多排灌浆时，灌浆孔一般按梅花形布置，孔距、排距和灌浆压力可由现场试验成果或参照类似工程经验确定。

灌浆帷幕的渗透系数为 $10^{-4} \sim 10^{-5} \text{cm/s}$，容许渗透坡降一般为 3~4。帷幕厚度应根据其所承受的最大水头及其容许的水力坡降由计算确定，对深度较大的帷幕，可沿深度采用不同厚度，做成上厚下薄的型式。

帷幕深度应根据建筑物的重要性、水头大小、地基的地质条件、渗透特性等确定。当地基下存在明显的相对隔水层，且埋藏深度不大时，帷幕应深入相对隔水层内 5m；当坝基相对隔水层埋藏较深或分布无规律时，则应根据渗透分析、防渗要求、并结合类似工程经验研究确定帷幕深度。关于相对不透水层的标准，一般以岩石的单位吸水率表示，《碾压式土石坝设计规范》规定：对Ⅰ、Ⅱ级坝及高坝，基岩的单位吸水率 ω 值宜为 3~5Lu，对Ⅲ级及以下的中低坝 ω 值宜为 5~10Lu。

灌浆压力随深度增加而增大，最大灌浆压力可达 8MPa。每次灌浆节高 0.2~0.4m，以便集中压力把浆液灌入砂卵石地基。

4. 高压喷射灌浆

1973 年，日本首先用高压旋喷灌浆法建造桩柱以提高地基承载力，20 世纪 70 年代末该技术开始被应用于防渗措施。从 1977 年开始，山东省水利科学研究所与泰安市水利机械厂等单位合作，对高压旋喷灌浆技术进行改进，并研制组装了适合帷幕防渗要求的专用施工设备，如图 2.51 所示。

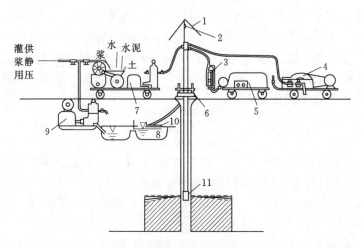

图 2.51　高压喷射灌浆设备组装示意图

1—三脚架；2—卷扬机；3—转子流量计；4—高压水泵；5—空压机；
6—孔口装置；7—搅灌机；8—贮浆池；9—回浆管；10—筛；11—喷头

由于这项技术的主要目的是用于防渗，故称为高压喷射灌浆防渗技术。1982—1983年结合莱芜市大冶水库和乔店水库坝基防渗工程的应用，该项技术得以建立和完善。目前，高压喷射灌浆的基本种类有单管法、双管法、三管法和多管法等。如果按灌浆时喷射介质的不同，高压喷射灌浆还可分为单介质喷射、双介质喷射及多介质喷射等类型。

高压喷射灌浆与静压充填灌浆相比，两者的作用原理有根本区别。静压充填灌浆是借助压力使浆液沿孔洞进入被灌地层，当被灌地层孔隙或裂缝较小或不连续时，则呈不可灌或可灌性不好，当孔隙和孔洞较大时，可灌性虽好，但往往是浆液在压力作用下，扩散很远，难以控制；高压喷射灌浆则是借助于高压射流冲切掺搅地层，浆液只是在高压射流作用范围内扩散充填，有较好的可灌性和可控性。

高压喷射灌浆是先利用机械在地基内造孔，然后把带有喷头的灌浆管下至土层的预定位置，用高压设备把水以 30MPa（或更高）的高压射流从喷嘴中喷射出来，用该射流冲击和破坏地基土体，当能量大、速度高、呈脉动状态的射流动压超过土体强度时，土粒便从土体剥落下来，一部分细小的土粒随着浆液冒出地面，其余土粒在喷射流的冲击力、离心力和重力等作用下，与灌入浆液掺搅混合，并按一定的浆土比例和质量大小有规律地重新排列，在土体中形成连续的凝结体。凝结体的形状与喷射形式、喷嘴移动的方向及持续时间密切相关。喷嘴形式一般为旋（旋转喷射）、定（定向喷射）、摆（摆动喷射）三种。喷射时，若一面提升，一面旋转，则形成柱状体；若一面提升，一面摆动，则形成似哑铃体；当喷嘴一面提升一面喷射，喷射方向始终固定不变时，则形成板状体，如图 2.52所示。

高压喷射灌浆可以在不破坏地面已有设施的情况下施工，灌浆帷幕自身及与地下建筑体或基岩可实现良好连接和结合，适用于各种天然松散地层和人工填筑土层，如砂层、砂砾层、砂卵石层、夹含漂石的超粒径地层及各类黏性土细颗粒地层。对存在异常渗漏情况的地基（如出现集中漏水通道，漏水性特大的地层），在施工过程中，可先进行静压灌浆

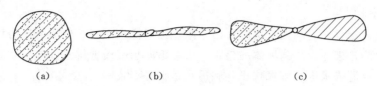

图 2.52 旋、定、摆凝结体示意图
(a) 旋喷体（桩）；(b) 定喷体（板墙）；(c) 摆喷体（板墙）

或采取冲砂措施，形成反滤条件，然后再进行高喷灌浆施工，在喷浆过程中当某一孔段发生异常浆液损耗、冒浆量减少时，则应停止提升，加灌稠浆或粗颗粒浆，以形成连续的板墙。

工程实践证明，高压喷射灌浆防渗技术防渗效果好，适应性强，设备简单，施工速度快，比较经济，有很广阔的应用前景。

5. 防渗铺盖

铺盖是一种由黏性土等防渗材料做成的水平防渗设施，通过延长渗径的方式起到防渗的作用。该防渗设施不能截断渗流，其防渗效果不如铅直防渗好，多用于透水层厚、采用垂直防渗措施有困难的场合（图 2.53），常与下游排水减压设施联合使用，以保证渗透稳定。

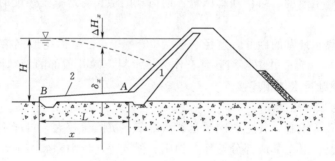

图 2.53 防渗铺盖示意图
1—斜墙；2—铺盖

用于铺盖的黏土，其渗透系数应小于 1×10^{-5} cm/s，地基与铺盖的渗透系数比应在100 以上，最好达 1000 倍。铺盖长度和厚度应根据地基特性和抗渗要求通过计算确定，其长度一般不超过 8 倍水头；其厚度从上游向下游应逐渐增大，应满足构造和施工要求。前端厚度按构造要求不小于 0.5m，末端与坝身或防渗斜墙连接厚度应由计算确定，以避免由于坝体或防渗体与铺盖间的不均匀沉陷而导致连接处的断裂。另外还常将铺盖两端做成小槽伸入地基内。

铺盖与地基接触面应大体平整，底部应设置反滤层或垫层，以防止发生渗透破坏。另外，铺盖上面应设置保护层，防止发生干裂或冲刷破坏。铺盖两边与岸坡不透水层连接处必须密封良好。在连接处，铺盖应局部加厚，以满足接触面的容许渗透坡降的要求。当铺盖与岩石接触时，可加做混凝土齿墙；若岩层表面有裂隙透水，应事先用水泥砂浆封堵，然后再填筑铺盖。

6. 坝基排水设施

透水地基表层存在有黏性土层时，由于渗流出口排水不畅，使渗透压力增加，有可能引起坝基发生渗透破坏，影响坝体的稳定。可在下游坝基设置排水设施。坝基排水设施有水平排水层、反滤排水沟、排水减压井和透水盖重等型式。

当地表黏性土层较薄时，一般只需在坝趾下游附近设置排水沟用以排水减压；当地表黏性土层较厚，而强透水层又较深，或含水层成层性显著并夹有透镜体时，可采用排水减压井与排水沟相结合的做法。通过排水减压井将深层承压水导出，然后从排水沟排走。

排水减压井是在钻孔中插入带孔眼的井管，井管的直径一般为 20～30cm，井管周围需包上反滤料，必要时可采用多层反滤，也可用土工织物作为反滤料。井距一般为20～30m。

2.3.7.2　软黏土地基的处理

地基中的软黏土及淤泥层，天然含水量高、土体渗透系数小、承载后难以固结，抗剪强度低、承载力小，影响坝的稳定。如分布范围不大、埋藏较浅，全部挖除。如淤泥层较薄，能在短时间内固结的，也可不必清除。当厚度较大和分布较广，难以挖除时，必须采取措施予以处理。具体措施有：①进行预压排水以提高强度和承载力；②通过铺垫透水材料（如土工织物）和设置砂井、插塑料排水带等加速土体排水固结，使大部分沉降在施工期发生；③调整施工速度，结合坝脚压重，使荷载的增长与地基土强度的增长相适应，以保证地基的稳定。

用于处理软黏土地基的砂井，直径一般为 30～40cm，呈梅花形网格布置，常用的井距与井径之比为 6～8。砂井中填粗砂砾石作为排水料，砂井顶部的地基面上铺粗砂垫层，厚度约 1m，与坝趾排水体相连接。

2.3.7.3　其他地基的处理

对于湿陷性黄土地基，其主要问题是遇水湿陷、沉陷量较大，可能引起坝体的失稳和开裂。处理方法是：可全部或部分挖除、翻压、强夯等，以消除其湿陷性；经过论证也可采用预先浸水的方法处理。

对于饱和的疏松砂土及少黏性土，在地震等动力荷载的作用下，土壤颗粒有振密的趋势，但此时土体孔隙全部被水充满，导致孔隙水压力增加；由于土体的渗透小，孔隙水不能及时排出，上升的孔隙水压力来不及消散，使土的有效压力减少，抗剪强度降低；随着孔隙水压力不断上升，最终使土体的有效应力为零，出现流动状态，达到完全液化。

由此可见，此类地基的处理关键是防止土体液化。处理方法是尽量采取挖除或换土措施，当挖除比较困难或很不经济时，可采取加密及排水措施。对于浅层疏松砂土及少黏性土宜用表面振动压密；对于深层则采用振冲、强夯等方法加密；还可以结合振冲处理设置砂石桩，加强坝基排水，以及采取盖重等防护措施。

岩石地基的处理措施与重力坝相同。

第3章 泄水建筑物

3.1 泄水建筑物的作用与分类

一般来说，任何一个水库的库容都有一定的限度，不能将全部洪水都拦蓄在水库内，超过水库调蓄能力的洪水必须泄放到下游，限制库水位不超过规定的高程，以确保大坝及其他挡水建筑物的安全。

泄水建筑物按其功能可分为以下三类。

（1）泄洪建筑物。用来宣泄规划确定的库容不能容纳的洪水，如溢洪道和泄水隧洞等。

（2）泄水孔（或放水孔）。用来放泄一定的流量供给下游；检修枢纽建筑物时放空水库；在洪水期兼泄一部分洪水，同时还可冲淤。

（3）施工泄水道。用来宣泄施工期的流量。

泄水建筑物按泄水方式可分为以下几类。

（1）坝顶溢流式。将溢流孔设在坝顶，泄洪时，水流以自由堰流的方式过坝（图3.1）。

（2）大孔口溢流式。降低堰顶高程，上部采用胸墙挡水（图3.2）。

（3）坝身泄水孔。将泄流进口布置在设计水位以下一定深度的部位。

（4）明流泄水道。该方式的泄水建筑物有岸边溢洪道、导流明渠等。

（5）泄水隧洞。

在工程实践中，常尽可能把泄水建筑物的不同任务结合起来，使之一物多用。例如：泄水孔常在施工期作为导流之用，运用期可放水供应下游，检修时用其放空水库，洪水期可辅助泄洪并冲淤。

3.2 溢流坝

溢流坝主要用在混凝土重力坝、大头坝、重力拱坝，这些坝剖面大，具有设置溢流面的条件。对于较薄的拱坝如采用溢流式，需加设滑雪道式的溢流面。

3.2.1 溢流坝的工作特点

溢流坝既是挡水建筑物，又是泄水建筑物，除应满足稳定和强度要求外，还需要满足泄流能力的要求。溢流坝在枢纽中的作用是将规划确定的库内所不能容纳的洪水由坝顶泄向下游，确保大坝的安全。溢流坝应满足的泄水要求包括如下几个方面。

（1）有足够的孔口尺寸和较大的流量系数，以满足泄洪要求。

（2）使水流平顺地流过坝体，控制不利的负压和振动，避免产生空蚀现象。

（3）保证下游河床不产生危及坝体安全的局部冲刷。

（4）溢流坝段在枢纽中的布置，应使下游流态平顺，不产生折冲水流，不影响枢纽中其他建筑物的正常运行。

（5）有灵活控制水流下泄的机械设备，如闸门、启闭机等。

3.2.2 孔口设计

溢流坝孔口尺寸的拟定包括泄水前缘总宽度、堰顶高程以及孔口数目和尺寸。设计时一般先选定泄水方式，初拟堰顶高程及溢流坝段净宽，再根据泄流量和允许单宽流量，以及闸门形式和运用要求等因素，通过水库的调洪计算、水力计算，求出各泄水布置方案的特征洪水位及相应的下泄流量等，进行技术经济比较，选出最优方案。

1. 洪水标准

洪水标准包括洪峰流量和洪水总量，是确定孔口尺寸，进行水库调洪演算的重要依据，根据《水利水电工程等级划分及洪水标准》（SL 252—2017）的规定，参照表 3.1 选用。

表 3.1 水 库 工 程 洪 水 标 准

级别	防洪标准 [重现期（年）]				
	山区、丘陵区			平原区、滨海区	
	设计	校核		设计	校核
		混凝土、砌石坝	土坝		
1	1000～500	5000～2000	PMF 或 10000～5000	300～100	2000～1000
2	500～100	2000～1000	5000～2000	100～50	1000～300
3	100～50	1000～500	2000～1000	50～20	300～100
4	50～30	500～200	1000～300	20～10	100～50
5	30～20	200～100	300～200	10	50～20

失事后对下游将造成较大灾害的大型水库、重要的中型水库以及特别重要的小型水库，当采用土石坝时，应以可能最大洪水（PMF）作为非常运用洪水标准；当采用混凝土坝、浆砌石坝时，根据工程情况、地质条件等，其非常运用洪水标准可较土石坝适当降低。

2. 溢流坝下泄流量的确定

根据建筑物的级别确定洪水的设防标准和洪水过程线，经过水库调洪演算确定枢纽的下泄流量 Q_z。一般讲，枢纽的总下泄量不会全部从溢流坝下泄，如果考虑泄水孔和其他水工建筑物承担一部分泄洪任务，则通过溢流坝下泄的流量 Q 为

$$Q = Q_z - \alpha Q_0 \tag{3.1}$$

式中 Q_0——经过电站和泄水孔等下泄的流量；

α——系数，正常运用时取 0.75～0.9，校核洪水时取 1.0。

3. 孔口形式的选择

(1) 坝顶溢流式（图3.1）。坝顶溢流式亦称开敞式溢流式。这种形式的溢流孔除宣泄洪水外，还能用于排除冰凌和其他漂浮物。堰顶可以设闸门，也可不设。不设闸门的溢流堰，堰顶高程与正常水位齐平，泄洪时库水位壅高，加大了淹没损失，非溢流坝顶高程也相应提高，但结构简单，管理方便。这种不设闸门的溢流孔适用于洪水量较小、淹没损失不大的中、小型工程。设置闸门的溢流孔，闸门顶大致与正常蓄水位齐平，堰顶高程较低，可以调节水库水位和下泄流量，减少上游淹没损失和非溢流坝的工程量，通常大、中型工程的溢流坝均装有闸门。

坝顶溢流式闸门承受的水头较小，所以孔口尺寸可以较大。当闸门全开时，下泄流量与堰上水头 H_0 的 3/2 次方成正比。随着库水位的升高，下泄流量可以迅速增大，当遭遇意外洪水时可有较大的超泄能力。闸门在顶部，操作方便，易于检修，工作安全可靠，因此坝顶溢流式得到广泛采用。

(2) 大孔口溢流式（图3.2）。上部设置胸墙，堰顶高程较低。这种形式的溢流孔可根据洪水预报提前放水，能腾出较多库容储蓄洪水，从而提高了调洪能力。当库水位低于胸墙时，下泄水流和坝顶溢流式相同；库水位高出孔口一定高度时为大孔口泄流，超泄能力不如坝顶溢流式。胸墙为钢筋混凝土结构，一般与闸墩固接，也有做成活动的，遇特大洪水时可将胸墙吊起以提高泄水能力。

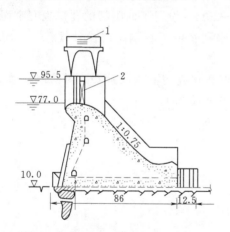

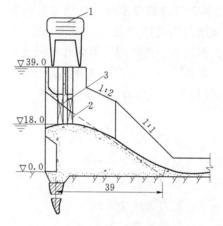

图 3.1 坝顶溢流式（单位：m）　　　图 3.2 大孔口溢流式（单位：m）

1—350t机门；2—工作闸门　　　1—175/40t门机；2—12m×10m定轮闸门；3—检修门

4. 溢流孔口尺寸的确定

溢流坝的孔口设计涉及很多因素，如洪水设计标准，下游防洪要求，库水位壅高有无限制，是否利用洪水预报，泄水方式以及枢纽的地形、地质条件等。

(1) 单宽流量的确定。根据初拟的堰顶高程及溢流坝段净宽，通过调洪演算，可得溢流坝的下泄流量 Q。

设 L 为溢流段净宽（不包括闸墩的宽度），则通过溢流孔口的单宽流量为

$$q = \frac{Q}{L} \tag{3.2}$$

单宽流量是确定孔口的重要指标。单宽流量越大，孔口净宽 L 越小，从而减少溢流坝长度和交通桥、工作桥等造价。但是，单宽流量越大，单位宽度下泄水流所含的能量也越大，消能越困难，下游局部冲刷可能越严重，甚至危及大坝的安全。若选择过小的单宽流量 q，则会增加溢坝的造价和枢纽布置上的困难。所以单宽流量的选定，应综合考虑地质条件、枢纽布置和消能工设计，通过技术经济比较后确定。一般首先考虑下游河床的地质条件，在冲坑不危及坝体安全的前提下选择合理的单宽流量。根据国内外工程实践得知：软弱基岩常取 $q = 20 \sim 50 \text{m}^3/(\text{s} \cdot \text{m})$，较好的基岩取 $q = 50 \sim 70 \text{m}^3/(\text{s} \cdot \text{m})$，特别坚硬完整的基岩取 $q = 100 \sim 150 \text{m}^3/(\text{s} \cdot \text{m})$。当河谷狭窄，泄洪量较大，下游尾水又较深时应尽量选用较大的单宽流量。当河床基岩软弱或存在地质构造等缺陷时，宜采用较小的单宽流量。近年来随着消能工的研究和科技水平的提高，选用的单宽流量也在不断增大。我国乌江渡拱形重力坝，设计单宽流量为 $165 \text{m}^3/(\text{s} \cdot \text{m})$，校核情况为 $201 \text{m}^3/(\text{s} \cdot \text{m})$。国外有些工程的单宽流量高达 $300 \text{m}^3/(\text{s} \cdot \text{m})$ 以上。

（2）孔口尺寸。对于堰顶设闸门的溢流坝，用闸墩将溢流段分隔为若干个等宽的溢流孔口。设孔口数为 n，则孔口净宽 $b = L/n$。令闸墩厚度为 d，则溢流前缘总长 L_0 应为

$$L_0 = nb + (n-1)d \tag{3.3}$$

选择 n、b 时，要综合考虑闸门的形式和制造能力，闸门跨度与高度的合理比例，以及运用要求和坝段分缝等因素。我国目前大、中型混凝土的孔口宽度一般取用 $b = 8 \sim 16\text{m}$，有排泄漂浮物要求时，可以加大到 $18 \sim 20\text{m}$。设置平面闸门的孔口也有窄而深的。为了方便闸门的设计和制造，应尽量采用《水利水电工程钢闸门设计规范》（SL 74—2019）推荐的或已建工程采用的孔口尺寸。

（3）泄流能力。由调洪演算出设计洪水位和相应的下泄流量 Q。当采用开敞式溢流时，可利用式（3.4），计算出堰顶水头 H_0（单位为 m）。

$$Q = Cm \varepsilon \sigma_s L \sqrt{2g} H_0^{3/2} \tag{3.4}$$

式中　Q——流量，m^3/s；

　　　L——溢流堰净宽，m；

　　H_0——堰顶上的作用水头，m；

　　　g——重力加速度，m/s^2；

　　m——流量系数，见表 3.2；

　　C——上游面坡度影响修正系数，见表 3.3，当上游坝面为铅直面时，C 取 1.0；

　　ε——侧收缩系数，根据闸墩厚度及墩头形状而定，取 $\varepsilon = 0.90 \sim 0.95$；

　　σ_s——淹没系数，视泄流的淹没程度而定，不淹没时 $\sigma_s = 1.0$。

设计洪水位减去堰上水头 H_0 即为堰顶高程。

表 3.2　　　　　　　　　　　　流 量 系 数 m 值

H_0/H_d	P/H_d				
	0.2	0.4	0.6	1.0	≥1.33
0.4	0.425	0.430	0.431	0.433	0.436
0.5	0.438	0.442	0.445	0.448	0.451

续表

H_0/H_d	P/H_d				
	0.2	0.4	0.6	1.0	≥1.33
0.6	0.450	0.455	0.458	0.460	0.464
0.7	0.458	0.463	0.468	0.472	0.476
0.8	0.467	0.474	0.477	0.482	0.486
0.9	0.473	0.480	0.485	0.491	0.494
1.0	0.479	0.486	0.491	0.496	0.501
1.1	0.482	0.491	0.496	0.502	0.507
1.2	0.485	0.495	0.499	0.506	0.510
1.3	0.496	0.500	0.500	0.508	0.513

注 P 为上游堰高，单位为 m；H_d 为定型设计水头，单位为 m，按堰顶最大作用水头 H_{max} 的 75%～95%计算。

表 3.3   上游面坡度影响修正系数 C 值

坡度 $\Delta y/\Delta x$	P/H_d									
	0.3	0.4	0.5	0.6	0.7	0.8	0.9	1.0	1.2	1.3
3:1	1.009	1.007	1.005	1.004	1.003	1.002	1.001	1.000	0.998	0.998
3:2	1.015	1.011	1.008	1.006	1.004	1.002	1.001	0.999	0.996	0.993
3:3	1.021	1.015	1.010	1.007	1.005	1.002	1.000	0.998	0.993	0.988

当采用大孔口泄洪时，可用式（3.5）计算：

$$Q = \mu A_k \sqrt{2gH_0} \tag{3.5}$$

式中 A_k——出口处的面积，m^2；

      H_0——自由出流时为孔口中心处的作用水头，淹没泄流时为上下游水位差；

      μ——孔口或管道流量系数。初期设计时对设有胸墙的堰顶高孔，当 H_0/D = 2.0～2.4（D 为孔口高）时，取 μ = 0.83～0.93。μ 应通过计算沿程及局部水头损失后确定，具体公式详见水力学。

确定孔口尺寸时，应考虑以下因素。

1）满足泄洪要求。对于大型工程，应通过水工模型试验检验泄流能力。

2）闸门和启闭机械。孔口宽度越大，闸门尺寸越大，启门力也越大，闸门和启闭机的构造就越复杂，工作桥的跨度也相应加大。此外，闸门应有合理的宽高比，弧形闸门采用 b/H = 1.5～2.0。

3）枢纽布置。孔口高度越大，单宽流量越大，溢流段越短；相反，孔数就越多，闸墩数也越多，溢流段总长度也相应加大。

4）下游水流条件。单宽流量愈大，下游消能越困难。为了对称均衡地开启闸门，以控制下游河床水流流态，孔口数目最好采用奇数。

当校核洪水流量较大、校核洪水位较设计洪水位高出较多时，应考虑非常泄洪措施。如适当加长溢流前缘长度；在有合适的地形、地质条件时，还可以像土坝枢纽一样设置岸边非常溢流道。

5. 闸门和启闭机

水工闸门按其功用可分为工作闸门、事故闸门和检修闸门。工作闸门用来控制下泄流量，需要在动水中启闭，要求有较大的启门力；检修闸门用于短期挡水，以便对工作闸门、建筑物及机械设备进行检修，一般在静水中启闭，启门力较小；事故闸门是在建筑物或设备出现事故时紧急应用，要求能在动水关闭孔口。溢流坝一般只设置工作闸门和检修闸门。工作闸门常设在溢流堰的顶部，有时为了使溢流面水流平顺，可将闸门设在堰顶稍下游一些。检修闸门和工作闸门之间应留有 1~3m 的净距，以便进行检修。全部溢流孔通常备有 1~2 个检修闸门，交替使用。

常用的工作闸门有平面闸门和弧形闸门。平面闸门的主要优点是结构简单，闸墩受力条件较好，各孔口可共用一个活动式启闭机；缺点是启门力较大，闸墩较厚。弧形闸门的主要优点是启门力小，闸墩较薄，且无门槽，水流平顺，闸门开启时水流条件较好；缺点是闸墩较长，且受力条件差。弧形闸门适用于闸孔较宽或启门力较大的情况。有时为了降低工作桥的高度，在溢流坝采用升卧式闸门，如河北的石湖水库等。

检修闸门经常采用平面闸门，小型工程也可采用比较简单的叠梁。

启闭机有活动式的和固定式的。活动式启闭机多用于平面闸门，可以兼用启吊工作闸门和检修闸门。固定式启闭机固定在工作桥上，多用于弧形闸门。

6. 闸墩和工作桥

闸墩的作用是将溢流坝前缘分隔为若干个孔口，并承受闸门传来的水压力（支承闸门），也是坝顶桥梁和启闭设备的支承结构。

闸墩的断面形状应使水流平顺，减小孔口水流的侧收缩。闸墩上游端常采用半圆形、椭圆形或流线形，下游端一般应逐渐收缩，形成流线形，以使水流平顺扩散，见图 3.3。近年来一些工程溢流坝闸墩采用平尾墩，即闸墩下游端做成直立平面，经实验和运行证明效果良好，如潘家口水库、大黑汀水库等。

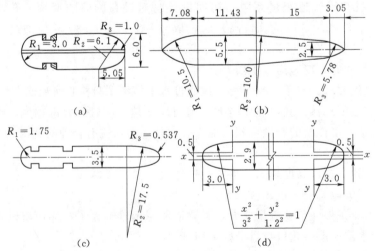

图 3.3　溢流坝闸墩的形式（单位：m）

(a) 刘家峡工程（平面闸门）；(b) 湖南镇工程（弧形闸门）；(c) 丹江口工程
（平面闸门）；(d) 富春江七里泷工程（弧形闸门）

闸墩厚度与闸门形式有关。采用平面闸门时需设闸门槽。工作闸门槽深 $0.5\sim1.0\mathrm{m}$，宽 $1.0\sim4.0\mathrm{m}$，门槽处的闸墩厚度不得小于 $1.0\mathrm{m}$，以保证有足够的强度，因此，平面闸门闸墩的厚度约为 $2.0\sim4.0\mathrm{m}$。弧形闸门闸墩的最小厚度为 $1.5\mathrm{m}$；如果是缝墩，墩厚要增加 $0.5\sim1.0\mathrm{m}$。由于闸墩较薄，有时难以避免产生的拉应力，需要配置受力钢筋和构造钢筋，由闸墩结构计算确定。

闸墩的长度和高度，应满足布置闸门、工作桥、交通桥和启闭机械的要求，见图 3.4。

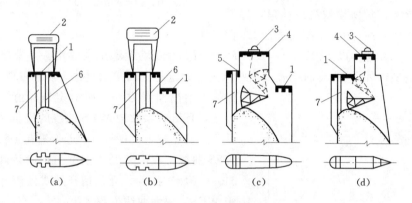

图 3.4 溢流坝顶布置图

(a)、(b) 平面闸门；(c)、(d) 弧形闸门

1—公路桥；2—门机；3—启闭机；4—工作桥；5—便桥；6—工作门槽；7—检修门槽

工作桥多采用钢筋混凝土结构，大跨度的工作桥也可采用预应力钢筋混凝土结构。工作桥的平面布置应满足启闭机械的安装和运行条件的要求。

溢流坝两侧设边墩，也称边墙或导水墙，起闸墩的作用，同时也起分隔溢流段和非溢流段的作用，见图 3.5。边墩从坝顶延伸到坝址，边墙高度由溢流水面线决定，并应考虑溢流面上水流的冲击波和掺气所引起的水面增高，一般高出掺气水面 $1\sim1.5\mathrm{m}$。当采用底流式消能工时，边墙还需延长到消力池末端形成导墙。当溢流坝与水电站并列时，导墙长度要延伸到厂房后一定范围，以减小溢流时尾水波动对水电站运行的影响。为了防止温度裂缝，导墙每隔 $15\mathrm{m}$ 左右做一道伸缩缝，缝内做简单的止水，以防溢流

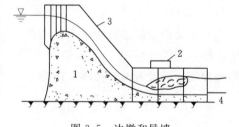

图 3.5 边墩和导墙

1—溢流坝；2—水电站；3—边墙；4—护坦

时漏水。导墙的顶部厚度为 $0.5\sim2.0\mathrm{m}$，下部厚度根据结构计算确定。

7. 横缝的布置

溢流坝段的横缝，有以下两种布置方式：①缝设在闸墩中间，如图 3.6（a）所示，各坝段产生不均匀沉陷时不影响闸门启闭，工作可靠，缺点是闸墩厚度增大；②缝设在溢流孔跨中，如图 3.6（b）所示，闸墩可以较薄，但易受地基不均匀沉陷的影响，且水流在横缝上流过，易造成局部水流不顺，适用于基岩较坚硬完整的情况。

3.2.3 溢流面曲线和剖面设计

1. 溢流面曲线

溢流面曲线由顶部曲线段、中间直线段和下部反弧段三部分组成。设计要求是：①有较高的流量系数；②水流平顺，不产生空蚀。

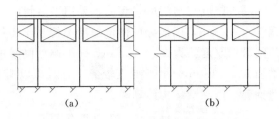

图 3.6 溢流坝段横缝的布置

(a) 缝设在闸墩中间；(b) 缝设在溢流孔跨中

顶部曲线段的形状对泄流能力和流态有很大的影响，对坝顶溢流式孔口，经常采用的溢流面曲线为克-奥曲线和 WES 曲线。两种曲线在堰顶以下 $(2/5\sim1/2)H_d$（H_d 为溢流堰定型设计水头）范围内基本重合，在此范围以外，克-奥曲线肥大一些，用它确定的剖面常超过稳定和强度要求。克-奥曲线不给出曲线方程，而给定坐标值，施工放样不便，且流量系数较 WES 曲线的流量系数低。两种曲线的比较，见图 3.7。近年来在工程中多采用 WES 曲线。我国《混凝土重力坝设计规范》（SL 319—2018）推荐，当采用开敞式溢流孔时，可采用 WES。堰面曲线方程如下：

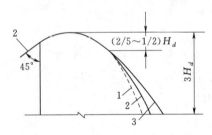

图 3.7 克-奥曲线与 WES 曲线比较

1—WES 曲线；2—克-奥 II 曲线；3—克-奥 I 曲线

$$x^n = KH_d^{n-1}y \tag{3.6}$$

式中　H_d——定型设计水头，按堰顶最大作用水头 $H_{\max}$ 的 $75\%\sim95\%$ 计算；

　　K、n——与上游面倾斜坡度有关的参数，当上游面垂直时 $k=2.0$，$n=1.85$；

　　x、y——以溢流坝顶点为坐标原点的坐标，x 以向下游为正，y 以向下为正。

坐标原点的上游段采用复合圆弧或椭圆曲线与上游坝面连接。详见《混凝土重力坝设计规范》（SL 319—2018）中的附录 A。

对于设有胸墙溢流堰的堰面曲线，当校核洪水情况下最大的作用水头 $H_{\max}$（至孔口中心线）与孔口高度 D 的比值 $H_{\max}/D>1.5$ 时，或闸门全开仍属孔口泄流时，应按孔口射流曲线设计溢流面，曲线方向为

$$y = \frac{x^2}{4\varphi^2 H_d} \tag{3.7}$$

式中　H_d——定型设计水头，一般取孔口中心至校核洪水位的 $75\%\sim95\%$；

　　φ——孔口收缩断面上的流速系数，一般取 $\varphi=0.95$，若有检修门槽时 $\varphi=0.95$。

坐标原点设在堰顶最高点（图 3.8），原点的上游段采用复合圆弧或椭圆曲线与上游坝面连接，胸墙下缘也采用圆弧或椭圆曲线。若 $1.2<H_{\max}/D\leqslant1.5$，堰面曲线应通过试验确定。

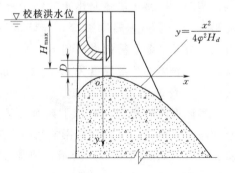

图 3.8 孔口射流曲线

按定型设计水头确定的溢流面线，当通过设计、校核洪水闸门全部打开时，堰面将出现负压，其最大负压值不得超过 $3 \times 9.81\text{kPa}$、$6 \times 9.81\text{kPa}$。定型设计水头 H_d 的取值不同，堰面出现的最大负压值也不同，具体可参考表 3.4 估算。

表 3.4   堰面最大负压参考取值表

H_d/H_{max}	0.78	0.775	0.80	0.825	0.85	0.875	0.90	0.95	1.0
最大负压值（$\times 9.81\text{kPa}$）	$0.5H_d$	$0.45H_d$	$0.4H_d$	$0.35H_d$	$0.3H_d$	$0.25H_d$	$0.2H_d$	$0.1H_d$	$0.0H_d$

在正常蓄水位或常遇洪水闸门局部开启时（后者以运行中较常出现的开度为准），可允许有不大的负压值，但应在设计中经论证确定。

2. 反弧段

溢流坝下游反弧段的作用是使溢流坝面下泄的水流平顺地与下游消能设施相衔接。对不同的消能设施可采用不同的公式。

（1）对于挑流消能，通常取反弧半径 $R = (4 \sim 10)h$。其中，h 为校核洪水位闸门全开时反弧段最低点处的水深。R 太小时，水流转向不够平顺，过大时又使向下游延伸太长，增加工程量。当反弧段流速 $v < 16\text{m/s}$ 时，可取下限，流速越大，反弧半径也宜选用较大值。

（2）对于底流消能，反弧半径可近似按下式求得

$$R = \frac{10x}{3.28} \tag{3.8}$$

其中

$$x = \frac{3.28v + 21H + 16}{11.8H + 64}$$

式中　H——不计行近流速的堰上水头，m；

　　　v——坝趾处流速，m/s。

3. 直线段

中间的直线段与坝顶曲线和下部反弧段相切，坡度一般与非溢流坝段的下游坡相同。具体应由稳定和强度分析及剖面设计确定。

4. 溢流重力坝剖面设计

溢流坝的实用剖面，既要满足稳定和强度要求，也要符合水流条件的需要，还要与非溢流重力坝的剖面相适应，上游坝面尽量与非溢流坝相一致。设计时先按稳定和强度要求及水流条件定出基本剖面和溢流面曲线，然后将基本剖面的下游边与溢流面曲线相切。当溢流坝剖面超出基本剖面时，为节约坝体工程量并满足泄流条件，可以将堰顶做成悬臂式，如图 3.9（a）所示。悬臂高度 h_1 应大于 $H_{max}/2$，H_{max} 为堰顶最大水头。

有挑流鼻坎的溢流坝，当鼻坎超出基本三角形以外时 [图 3.9（b）]，若 $1/h > 0.5$，应核算 $B—B'$ 截面的应力，如果拉应力较大，可设缝将鼻坎与坝体分开。我国石泉工程就采用了这种结构形式。

5. 溢流拱坝剖面布置

拱坝在平面呈凸向上游的拱形，通过堰顶下泄水流有向心集中的特点，水舌落水处单宽流量增大，加剧下游消能防冲的困难。拱坝常用的坝顶溢流方式有自由跌流式、鼻坎挑

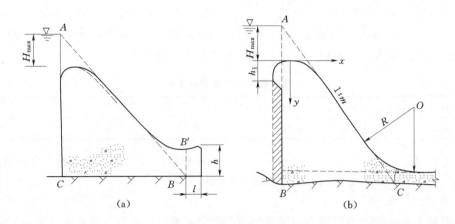

图 3.9 溢流坝剖面

(a) 未超出基本三角形的溢流坝；(b) 超出基本三角形的溢流坝

流式和滑雪道泄流等。

（1）自由跌流式。水流经过坝顶自由跌入河床，其溢流坝顶通常采用非真空的标准堰型，如图 3.10 所示。这种溢流形式具有结构简单和施工方便的优点，但水舌落水点距坝脚较近，冲刷坑的位置靠近坝基，冲刷严重时会威胁大坝安全。适用于下游河床基岩良好、下游坝坡较陡或向下游倒悬的双曲拱坝。对于高拱坝的坝顶跌流，为了防止发生严重的冲刷，常需采用消能防冲设施，如采用跌流消力池，或在下游设二道坝抬高水位形成水垫消能。目前泄洪流量最大的坝顶跌流工程是美国的莫西罗克拱坝，坝高 185m，在坝顶中部设置 4 个由 $13m \times 15.2m$ 弧形闸门控制的溢流孔，其溢流剖面如图 3.10（b）所示，4 孔总泄洪流量为 $7800m^3/s$，单宽流量为 $150m^3/(s \cdot m)$。我国已建造几十座砌石双曲拱坝，采用坝顶跌流的砌石双曲拱坝中以群英拱坝最高（95m），在坝顶中部设置 7 个溢流孔。

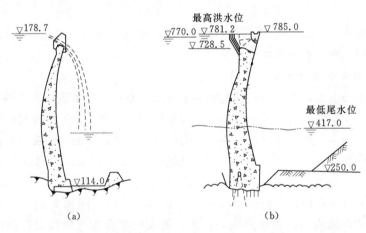

图 3.10 坝顶跌流的拱坝剖面

(a) 布索拱坝剖面；(b) 莫西罗克拱坝剖面

（2）鼻坎挑流式。为了加大起挑流速和挑距，常在溢流堰顶曲线末端设置挑流鼻坎。这种形式挑距较远，有利于坝身安全。挑流鼻坎多采用连续式结构，挑坎末端与堰顶之间的高差一般不大于 8m，大致为设计水头的 1.5 倍，反弧半径 R 与堰顶设计水头 H_d 大致相近，应由水工试验来确定。目前利用坝顶鼻坎挑流泄洪流量最大的拱坝是南非的亨德列·维尔沃特双曲拱坝，坝高 90m，由坝顶中间泄洪，总泄洪流量为 19000m^3/s。我国流溪河双曲拱坝、半江拱坝也采用这种型式，运用情况良好。图 3.11 为几座鼻坎挑流式拱坝的头部形状。

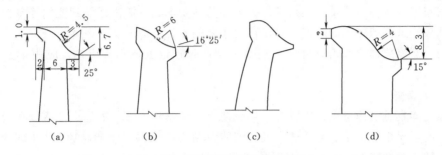

图 3.11　鼻坎挑流式拱坝头部形式
(a) 四川长沙坝；(b) 湖南花木桥；(c) 苏联拉章乌尔；(d) 贵州水车田

（3）滑雪道式。滑雪道式的溢流面由坝顶曲线段、泄槽段和挑流鼻坎段三部分组成。泄槽常为坝体轮廓以外的结构部分，可以是实体结构，也可做成架空或利用电站厂房顶构成，如图 3.12 所示。水流过坝后，流经滑雪道式泄槽，由槽末端的鼻坎挑出，使水流在空中扩散，下落到距坝较远的地点，以保证大坝的安全。但滑道各部分的形状、尺寸都必须适应水流条件，否则容易产生空蚀破坏。因此，滑雪道溢流面曲线形状、反弧半径和鼻坎尺寸都需经过试验研究确定。滑雪道可布置在河床中央或拱坝两端，两侧溢流可使两股水舌互相撞击消杀能量，减轻冲刷。这种形式适用于流量大、河床较

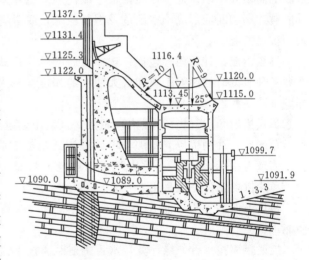

图 3.12　贵州省猫跳河三级水电站拱坝（单位：m）

窄或河床基岩条件较差需要水流挑至更远处的情况。

3.2.4　消能工的形式与设计

3.2.4.1　消能工设计原则

消能工的设计原则包括以下几个方面。

（1）尽量使下泄水流的大部分动能消耗于水流内部的紊动中，以及水流与空气的摩擦上。

（2）不产生危及坝体安全的河床冲刷或岸坡局部冲刷。

（3）下泄水流平稳，不影响枢纽中其他建筑物的正常运行。

（4）结构简单，工作可靠。

（5）工程量小，经济。

3.2.4.2 消能工形式

目前常用的消能工形式有：底流式消能、挑流式消能、面流式消能、消力戽消能和联合式消能（宽尾墩-挑流、宽尾墩-消力戽、宽尾墩-消力池等）。设计时应根据地形、地质、枢纽布置、水头、泄量、运行条件、消能防冲要求、下游水深及其变幅等条件进行技术经济比较，选择消能工的形式。对于比较重要的工程，消能工的设计应进行水工模型试验。然而，面流式消能和消力戽消能在水力学计算理论上还不够成熟，应用中受到一定限制。

1. 挑流消能

挑流消能具有工程量小、投资省、结构简单、检修施工方便等优点，所以我国大多数岩基上的高坝泄水都采用这种方式。挑流消能是利用鼻坎将下泄的高速水流向空中抛射，使水流扩散，并掺入大量空气，然后跌入下游河床水垫后，形成强烈的旋滚，并冲刷河床形成冲坑，随着冲坑逐渐加深，水垫越来越厚，大部分能量消耗在水滚的摩擦中，冲坑逐渐趋于稳定。挑流消能工比较简单经济，但下游局部冲刷不可避免，一般适用于基岩比较坚固的高坝或中坝，低坝需经论证才能使用。当坝基有延伸至下游的缓倾角软弱结构面，可能被冲刷切断而形成临空面危及坝基稳定，或岸坡可能被冲塌危及坝肩稳定时，均不宜采用挑流消能。

挑流消能设计的内容包括：选择合适的鼻坎形式、反弧半径、鼻坎高程和挑射角度，计算各种泄量时的挑射距离和最大冲坑的深度。从大坝安全考虑，希望挑射距离远一些，冲刷坑浅一些。

鼻坎挑射角度（指 45°以内）越大，挑射距离越远，但由于此时水舌落入下游水垫的入射角度大，冲刷坑也就越深。设计挑流式消能工时，可用挑射距离 L' 与最大冲坑深 T 的比值做为指标，《混凝土重力坝设计规范》（SL 319—2018）要求 $L'/T > 2.5$。根据试验，鼻坎挑射角度一般采用 $\theta = 15° \sim 35°$。

鼻坎最低高程应不低于下游最高尾水位，以利于自由挑射和挑射水舌下缘的掺气消能。

挑射距离按水舌外缘计算，水舌挑射距离按下式估算

$$L' = L + \Delta L \tag{3.9}$$

$$L = \frac{1}{g}\left[v_1^2 \sin\theta\cos\theta + v_1\cos\theta + \sqrt{v_1^2\sin^2\theta + 2g(h_1 + h_2)}\right] \tag{3.10}$$

$$\Delta L = T\tan\beta \tag{3.11}$$

式中 L'——冲坑最深点到坝下游垂直面的水平距离，m；

L——坝下游垂直面到挑流水舌外缘进入下游水面后与河床交点的水平距离，m；

ΔL——水舌外缘与河床面交点到冲坑最深点的水平距离，m；

v_1——坎顶水面流速，m/s，按鼻坎处平均流速 v_1 的 1.1 倍计，即 $v_1 = 1.1v = 1.1\varphi\sqrt{2gH_0}$（$H_0$ 为水库水位至坎顶的落差，单位为 m）；

θ——鼻坎的挑角，（°）；

h_1——坎顶垂直方向水深，m，$h_1 = h/\cos\theta$（h 为坎顶平均水深）；

h_2——坎顶至河床面高差，m，如冲坑已经形成，计算冲坑进一步发展时，可算至坑底；

φ——堰面流速系数，可取 0.9～1.0；

T——最大冲坑深度（由河床面至坑底），m；

β——水舌外缘与下游水面的夹角。

最大冲坑水垫厚度按式（3.12）估算（参照图 3.13）。

$$T_k = kq^{0.5}H^{0.25} \qquad (3.12)$$

最大冲刷深度：

$$T = t_k - t \qquad (3.13)$$

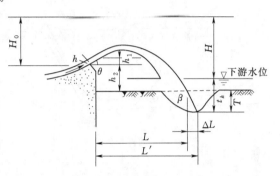

式中 t_k——水垫厚度（自下游水面算至坑底），m；

q——单宽流量，$m^3/(s \cdot m)$；

H——上下游水位差，m；

t——下游水深，m；

k——冲刷系数，其数值见表 3.5。

图 3.13 通过连续式挑流鼻坎的水舌及冲刷坑

表 3.5   基岩冲刷系数 k 值

可冲性类别		难冲	可冲	较易冲	易冲
节理裂缝	间距/cm	＞150	50～150	20～50	＜20
	发育程度	不发育，节理（裂隙）1～2组，规则	较发育，节理（裂隙）2～3组，X形，较规则	发育，节理（裂隙）3组以上，不规则，呈X形或米字形	很发育，节理（裂隙）3组以上，杂乱、岩性被切割呈碎石状
基岩构造特征	完整程度	巨块状	大块状	块（石）、碎（石）状	碎石状
	结构类型	整体结构	砌体结构	镶嵌结构	碎裂结构
	裂隙性质	多为原生型或构造型，多密闭，延展不长	以构造型为主，多密闭，部分微张，少有充填，胶结好	以构造型或风化型为主，大部分微张，部分张开，部分为黏土充填，胶结较差	以风化型或构造型为主，裂隙微张或张开，部分为黏土充填，胶结很差
k	范围	0.6～0.9	0.9～1.2	1.2～1.6	1.6～2.0
	平均	0.8	1.1	1.4	1.8

注 适用范围为水舌入水角 $30° < \beta < 70°$。

挑射水舌在空中扩散，使附近地区雾化。对于高水头溢流坝，雾化区可延伸数百米，设计时应注意将变电站、桥梁和生活区布置在雾化区以外，或采取可靠的防护措施。连续式挑流鼻坎构造简单，射程远，鼻坎上水流平顺，一般不易产生空蚀。

2. 底流消能

底流消能是在坝趾下游设消力池、消力坎等，促进水流在限定范围内产生水跃，通过水流内部的旋滚、摩擦、掺气和撞击消耗能量。底流消能具有流态稳定、消能效果好、对地质条件和尾水变幅适应性强及水流雾化小等优点。但工程量大，不宜排漂或排冰。

底流消能适用于中、低坝或基岩较软弱的河道，高坝采用底流消能需经论证。

底流消能常采用的消力池形式有：①护坦末端设置消力坎，在坎前形成消力池；②降低护坦高程，形成消力池；③既降低护坦高程，又建造消力坎形成综合式消力池。

消力池是水跃消能工的主体，其横断面除少数为梯形外，绝大多数呈矩形。在平面上为等宽，也有做成扩散式或收缩式的。为了适应较大的尾水位变化及缩短平底段护坦长度，护坦前段常做成斜坡。为了控制下游河床与消力池底的高差，以获得较好的出池水流流态，可采用多级消力池。在消力池内设置辅助消能工，可增强消能效果，缩短池长。辅助消能工有分流趾墩、消力墩及尾槛等，见图 3.14。

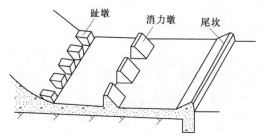

趾墩　　消力墩　　尾坎

图 3.14　辅助消能工

（1）消力池的长度。求得消力池深消力池长度应根据水跃长度确定，目前计算池长的经验公式很多，《混凝土重力坝设计规范》（SL 319—2018）推荐用下列公式进行确定。

收缩断面的弗劳德数 $Fr \geqslant 4.5$，护坦上不设辅助消能设施时，消力池长度为

$$L = 6(h'' - h') \tag{3.14}$$

式中　L——护坦消力池长度，m；

h'——跃前共轭水深，m；

h''——跃后共轭水深，m。

当 $Fr \geqslant 4.5$，池首断面平均流速 v' 大于 16m/s，护坦上可设梳流坎及尾坎，但不设消力墩，其消力池长度为

$$L = (3.2 \sim 4.3)h'' \tag{3.15}$$

当 $Fr \geqslant 4.5$，池首断面平均流速 v' 小于 16m/s，护坦上可设分流趾墩、消力墩及尾坎，消力池长度为

$$L = (2.3 \sim 2.8)h'' \tag{3.16}$$

（2）消力池的深度。根据泄量和下游水深，用水力学方法确定第二共轭水深 h''，且取淹没度（σ）为 1.05～1.10，求得消力池深度：

$$d = \sigma h'' - h \tag{3.17}$$

式中　h——下游水深，m；

σ——淹没度。

（3）护坦构造。护坦用来保护河床不受高速水流的冲刷。对底流式消能，护坦长度应延伸至水跃末端；对其他形式的消能，当可能产生临近坝趾的冲刷时，也需在坝趾下游设置护坦。护坦厚度应满足稳定要求，在扬压力和脉动压力作用下不被浮起。可按下面介绍的方法进行粗略估算。

令 P 为护坦顶面的总静水压力，A 为总脉动压力，U 为总的扬压力，W 为总的混凝土重，则护坦抗浮起的稳定安全系数为

$$K = \frac{W}{U+A-P} \tag{3.18}$$

一般要求 $K=1.2\sim1.4$。当 K 值小于设计要求时，需设锚筋。一般采用 $\phi25\sim36\text{mm}$ 的钢筋，间距 $1.5\sim2.0\text{m}$，插入基岩深度为 $1.5\sim3.0\text{m}$，锚筋应连接在护坦的温度钢筋网上。为了增强钢筋的锚固能力，可将钢筋下端据开，插入楔子，打入孔内，再用水泥浆浇筑固结。当基岩坚固完整时，可以获得良好的效果。

假设锚筋被拔起时，岩石底部为锥形体 [图 3.15 (b)]。若锚筋的有效长度为 T，间距为 l，岩石重度为 γ_R，则每根钢筋的抗拔力为

$$f = (\gamma_R - 1)l^2 T \tag{3.19}$$

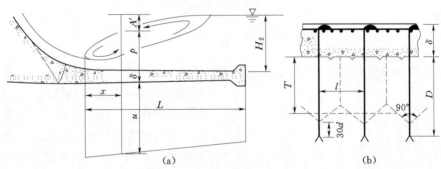

图 3.15 护坦稳定计算

(a) 护坦剖面图；(b) 护坦岩石底部剖面图

加上锚筋的锚固长度后锚筋的实际长度应为

$$D = T + \frac{l}{4} + 30d \tag{3.20}$$

式中 D——实际埋入基岩的锚筋长度，m；

l——锚筋间距，m；

d——钢筋直径，mm。

令 F 为护坦全部锚筋的总抗拔力，则稳定安全系数为

$$K = \frac{W}{(U+A-P)-F} \tag{3.21}$$

护坦厚度可以是变化的，靠上游厚，下游薄。为了防止护坦混凝土受基岩约束而产生温度裂缝，在护坦内应设置温度伸缩缝，顺河向的缝一般与闸墩中心线对应，横向缝间距为 $10\sim15\text{m}$。为了降低护坦底部的扬压力，应设置排水系统，排水沟尺寸约为 $20\text{cm}\times20\text{cm}$。护坦末端可做齿坎或齿墙以防水流淘刷，见图 3.16。

当护坦上流速很高时，应采用抗冲耐磨的高强混凝土，以防止空蚀及磨损破坏。

3. 面流消能

面流消能是在溢流坝下游面设低于下游水位、挑角不大的鼻坎，将主流挑至水面，在主流下面形成旋滚，其流速低于水面，且旋滚水体的底部流动方向指向坝址，并使主流沿下游水面逐步扩散，减小对河床的冲刷，达到消能防冲的目的，见图 3.17。

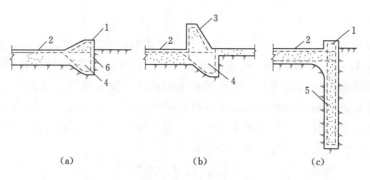

图 3.16 护坦末端的构造

(a)、(b) 齿坎；(c) 防淘墙

1—尾坎；2—护坦；3—消力坎；4—齿坎；5—防淘墙；6—沥青涂面

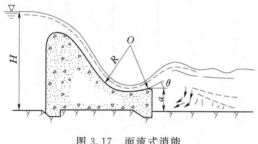

图 3.17 面流式消能

面流消能适用于水头较小的中、低坝，要求下游水位稳定，尾水较深，河道顺直，河床和河岸在一定范围内有较高抗冲能力，可排漂和排冰。我国富春江、龚咀等工程采用了这种消能形式。面流消能虽不需要做护坦，但因为高流速水流在表面，并伴随着强烈的波动，流态复杂，使下游在很长距离内水流不平稳，可能影响电站的运行和下游通航，且易冲刷两岸，因此也须采取一定的防护措施。

4. 消力戽消能

消力戽消能是在溢流坝址设置一个半径较大的反弧戽斗，戽斗的挑流鼻坎潜没在水下，形不成自由水舌，水流在戽内产生旋滚，经鼻坎将高速的主流挑至表面，其流态为"三滚一浪"，如图 3.18 所示。戽内、外水流的旋滚可以消耗大量能量，因高速水流挑至表面，减轻了对河床的冲刷。

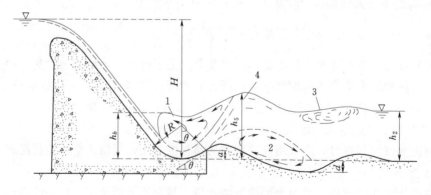

图 3.18 消力戽消能

1—戽内旋滚；2—戽后底部旋滚；3—下游表面旋滚；4—戽后涌浪

消力戽适用于尾水较深（通常大于跃后水深）、变幅较小、无航运要求且下游河床和两岸有一定抗冲能力的情况。高速主流在表面，不需护坦，但水面波动较大。

5. 联合消能

联合消能的形式有：宽尾墩-挑流、宽尾墩-消力戽、宽尾墩-消力池等。为了提高消能效果，减少工程量，我国一些工程已经采用了联合消能形式。如潘家口、隔河岩工程采用了宽尾墩-挑流，见图3.19，安康、五强溪工程采用宽尾墩-底流消力池，岩滩工程采用宽尾墩-戽式消力池。

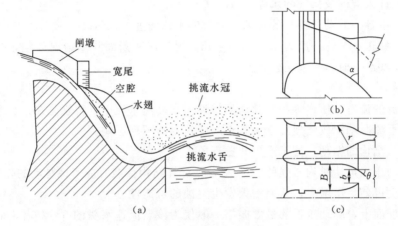

图 3.19　宽尾墩与挑流联合消能
(a) 宽尾墩与挑流联合效能示意图；(b) 挑流部分简图；(c) 尾墩部分简图

联合消能适用于泄流量大、河床相对狭窄、下游地质条件差的高、中坝或单一消能形式经济合理性差的情况。联合消能应经水工模型试验验证。

3.2.5　溢流坝设计中有关高速水流的几个问题

高水头溢流坝（包括深式泄水孔）泄水时，由于流速很高（可达 30～40m/s），可能产生一系列问题，如空蚀、掺气、脉动、冲击波等。设计时必须予以考虑。

1. 空化和空蚀

水流在曲面上行进，由于离心力的作用，或水流受不平整表面的影响，在贴近边界处可能产生负压，当水体中的压强减小至饱和蒸汽压强时，便产生空化。当空化水流运动到压力较高处时，在高压作用下气泡溃灭，伴随有声响和巨大的冲击作用。当这种作用力超过结构表面材料颗粒的内聚力时，便产生剥离状的破坏，这种破坏现象称为空蚀。空蚀强度与水流流速的 5～7 次方成正比。

鸭绿江上的水丰溢流坝，在投入运行后，短期内溢流面产生空蚀。被剥蚀的混凝土约有 1100m³，破坏深度约 1.2m，最大剥蚀面积约 80～100m²，很多空蚀蜂窝连在一起，长达 20m，深度在 0.1m 以上的蜂窝总数约 200 个，说明空蚀引起的破坏是非常严重的。

为了防止空蚀，应避免产生过大的负压。为此，要考虑过水表面外形轮廓的设计，同时也应注意施工质量，使建筑物表面平顺光滑，还可考虑设置掺气减蚀装置，采用抗空蚀性能好的材料以及合理的运行方式等。实践证明，溢流面不平整，往往是引起空蚀破坏的主要原因，设计、施工中必须给予高度重视。

2. 掺气

当水流流速超过 8m/s 时，水自由表面便产生掺气现象，使水深增大，有时可增大一倍以上。在确定溢流坝边墙高度和无压深式泄水孔的高度时都应该考虑掺气的影响。

掺气程度与流速大小、水深和结构表面的粗糙程度有关。可以用下式进行粗略估算

$$h_b = \left(1 + \frac{\zeta v}{100}\right) h \tag{3.22}$$

式中　h——不计入波动及掺气的水深，m；

　　　h_b——计入波动及掺气的水深，m；

　　　v——不计入波动及掺气的计算断面上的平均流速，m/s；

　　　ζ——修正系数，一般为 1.0~1.4s/m，视流速和断面收缩情况而定，当流速大于 20m/s 时，宜采用较大值。

3. 脉动

紊动水流的流速、压强等都有脉动的特性。在高速水流中，特别是在边界条件急剧变化的地方，水流脉动比较强烈。水流脉动对建筑物有下列影响。

(1) 引起结构的振动，甚至产生共振现象；

(2) 脉动压强可达时均压强的 40% 左右，计算结构荷载时应考虑脉动的作用；

(3) 脉动可使负压增大，从而增大发生空蚀的可能性。

在溢流坝面上，脉动压强的最大振幅一般仅为该点流速水头的 5% 左右，而且坝面各点的脉动频率和相位不同，是随机的，一般不会引起坝体的共振。

4. 冲击波

在高速水流边界条件发生变化处，如断面扩大、断面收缩、转弯等，将产生冲击波。溢流坝闸门槽、墩尾等处均是冲击波产生的部位。冲击波影响溢流面上的流态，但问题一般不严重。

3.3　坝身泄水孔

3.3.1　重力坝的泄水孔

重力坝泄水孔可设在溢流坝段或非溢流坝段内，它的主要组成部分包括：进口段、闸门段、孔身段、出口段和下游消能设施等。

1. 坝身泄水孔的作用及工作条件

坝身泄水孔的进口全部淹没在水下，随时都可以放水。其作用有：①预泄库水，增大水库的调蓄能力；②放空水库，以便检修；③排放泥沙，减少水库淤积；④随时向下游放水，满足航运或灌溉等要求；⑤施工导流。

坝身泄水孔内的水流流速较高，容易产生负压、空蚀和振动；闸门在水下，检修较困难，闸门承受的水压力大，有的可达 20000~40000kN，启门力也相应加大；门体结构、止水和启闭设备都较复杂，造价也相应增高；水头越高，孔口面积越大，技术问题越复杂。因此，一般都不用坝身泄水孔作为主要的泄洪建筑物。泄水孔的过水能力主要根据预泄库容、放空水库、排沙或下游用水要求来确定。在洪水期可作为辅助泄洪之用。

2. 坝身泄水孔的形式及布置

按水流条件，坝身泄水孔可分为有压的和无压的；按泄水孔所处的高程，可分为中孔和底孔；按布置的层数，又可分为单层和多层的。

（1）有压泄水孔（图3.20）。有压泄水孔的工作闸门布置在出口，门后为大气，可以部分开启；出口高程较低，作用水头较大，断面尺寸较小。缺点是闸门关闭时，孔内承受较大的内水压力，对坝体应力和防渗都不利，常需钢板衬砌。因此，常在进口处设置事故检修闸门，平时兼用来挡水。我国安砂等工程就采用了这种形式的有压泄水孔。

（2）无压泄水孔（图3.21）。无压泄水孔的工作闸门布置在进口。为了形成无压水流，需在闸门后将断面顶部升高。闸门可以部分开启，闸门关闭后，孔道内无水。明流段可不用钢板衬砌，施工简便、干扰少、有利于加快施工进度；与有压泄水孔相比，对坝体的削弱较大。国内重力坝多采用无压泄水孔，如三门峡、丹江口、刘家峡工程等。

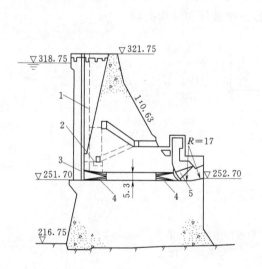

图 3.20　有压泄水孔（单位：m）
1—通气孔；2—平压管；3—检修门槽；
4—渐变段；5—工作闸门

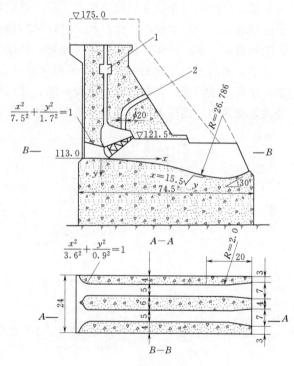

图 3.21　无压泄水孔（单位：m）
1—启闭机廊道；2—通气孔

3. 坝身泄水孔的组成部分

（1）进口段。泄水孔的进口高程一般应根据其用途和水库的运用条件确定。例如：对于配合或辅助溢流坝泄洪兼作导流和放空水库用的泄水孔，在不发生淤堵的前提下，进口高程尽量放低，以利于降低施工围堰或大坝的拦洪高程；对于放水用于下游灌溉或城市用水的泄水孔，其进口高程应与坝后引水渠首高程相适应；对于担负排沙任务的泄水排沙孔的进口高程，应根据水库不淤高程和排沙效果来确定。

有压泄水孔和无压泄水孔的进口段都是有压段。为了使水流平顺，减小水头损失、避免孔壁空蚀，进口形状应尽可能符合水流的流动轨迹。工程中常采用 1/4 椭圆曲线或圆弧曲线的三向收缩矩形进水口，如图 3.21 所示。进口顶部椭圆长轴可取为水平，但如有 12° 左右的倾角，则水流条件更好。根据国内外经验，椭圆长短轴之比 a/b 常为 $3\sim4$，水头高时可取大值，进口过水断面由大逐渐变小，其始末断面积之比常为 $1.8\sim2.0$，两断面之间的距离为 $80\%\sim100\%$ 的末端孔高。对于短进水口，事故检修闸门与工作闸门高度之比也要适当控制，这取决最后一段压板坡度和长度。

（2）闸门段。在坝身泄水孔中最常采用的闸门是平面闸门和弧形闸门。弧形闸门不设门槽，水流平顺，这对于坝身泄水孔是一个很大的优点，因为泄水孔中的空蚀常常发生在门槽附近；其次，弧形闸门的启闭力较平面闸门小，运用方便。缺点是闸门结构复杂，整体刚度差，门座受力集中，闸门启闭室所占的空间较大。而平面闸门则具有结构简单、布置紧凑、启闭机可布设在坝顶等优点。缺点是启门力较大，门槽处边界突变，易产生负压引起空蚀。对于尺寸较小的泄水孔，可以采用阀门，目前常用的是平面滑动阀门，闸门和启闭机连在一起，操作方便，抗震性能好，启闭室所占的空间也小。

平面闸门的门槽是最易产生负压和空蚀的部位。图 3.22（a）是门槽附近的水流流态，水流经过门槽，先是扩散，随即收缩，在门槽及其下游侧产生旋涡。随着水流流速的增大，旋涡中心的压力降低，导致负压增大，引起空蚀破坏和结构振动。

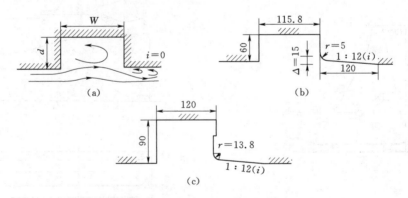

图 3.22　平面闸门槽附近的水流流态和形门槽的式（单位：cm）
（a）门槽附近的水流流态；（b）、（c）矩形收缩型门槽

矩形闸门槽适用于流速小于 10m/s 的情况。为了减免门槽空蚀，针对门槽形式进行了系统的研究，结果表明，矩形收缩型门槽较好，如图 3.22（b）、（c）所示，其尺寸为：门槽宽深比 $W/d=1.6\sim1.8$；错矩 $\Delta=(0.05\sim0.08)W$；下游边墙坡率为 $1:8\sim1:12$，圆角半径 $r=0.1d$。

（3）孔身段。有压泄水孔多用圆形断面，泄流能力较小的有压泄水孔常采用矩形断面。由于防渗和应力条件的要求，孔身周边需要布设钢筋，有时还需要采用钢板衬砌。

无压泄水孔通常采用矩形断面。为了保证形成稳定的无压流，孔顶应留有足够的空间，以满足掺气和通气的要求。孔顶距水面的高度可取通过最大流量不掺气水深的 $30\%\sim50\%$。门后泄槽的底坡可按自由射流水舌曲线设计，以获得较高的流速系数。为保证射流段为正压，可按最大水头计算。为了减小出口的单宽流量，有利于下游消能，在转入明流段后，两侧可以适当扩散。

（4）渐变段。泄水孔进口一般都做成矩形，以便布置进口曲线和闸门。当有压泄水孔断面为圆形时，在进口闸门后需设渐变段，以便水流平顺过渡，防止负压和空蚀的产生。渐变段可采用在矩形四个角加圆弧的办法逐渐过渡，见图 3.23（a）；当工作闸门布置在出口时，出口断面也需做成矩形，因此，在出口段同样需要设置渐变段，见图 3.23（b）。

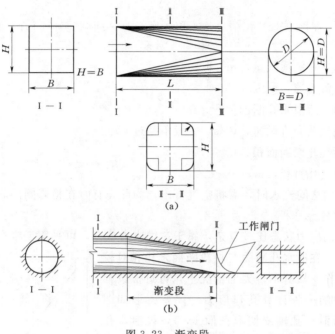

图 3.23　渐变段
（a）进口渐变段；（b）出口渐变段

渐变段施工复杂，所以不宜太长。为使水流平顺，渐变段也不宜太短，一般采用洞身直径的 1.5～2.0 倍。边壁的收缩率控制在 1:5～1:8。

在坝身有压泄水孔末端，水流从压力流突然变成无压流，引起出口附近压力降低，容易在该部位的顶部产生负压，所以，在泄水孔末端常插入一小段斜坡将孔顶压低，面积收缩比可取 0.85 左右，孔顶压坡取 1:10～1:5。

（5）竖向连接。坝身泄水孔沿轴线在变坡处，需要用竖曲线连接。对于有压泄水孔，可以采用圆弧曲线，曲线半径不宜太小，一般不小于 5 倍孔径。对于无压泄水孔，可以采用抛物线连接，如图 3.21 所示。曲线方程为

$$x = 15.5\sqrt{y} \tag{3.23}$$

一般应通过水工模型试验确定曲线形式。

（6）平压管和通气孔。为了减小检修闸门的启门力，应当在检修闸门和工作闸门之间设置与水库连通的平压管。开启检修闸门前，先在两道闸门中间充水，这样就可以在静水中启吊检修闸门。平压管直径根据规定的充水时间决定，控制阀门可布置在廊道内（图3.20）。

当充水量不大时，也可将平压管设在闸门上，充水时先提起门上的充水阀，待充满后再提升闸门。

当工作闸门布置在进口，提闸泄水时，门后的空气被水流带走，形成负压，因此在工作闸门后需要设置通气孔。通气孔直径 d 可按式（3.24）估算

$$Q_a = 0.09 V_w A \qquad (3.24)$$

$$a = \frac{Q_a}{[V_a]}$$

$$d = \sqrt{\frac{4a}{\pi}}$$

式中 Q_a——通气孔的通气量，m^3/s；

   V_w——水流流速，m/s；

   A——闸门后泄水孔断面面积，m^2；

   $[V_a]$——通气孔允许风速，m/s，一般不超过 45m/s；

   a——通气孔断面面积，m^2；

   d——通气孔直径，m。

在向两道闸门之间充水时，需将空气排出，为此，有时在检修闸门后也需设通气孔。

4. 泄水孔的应力分析

泄水孔附近的应力状态比较复杂，属于三维应力状态，可采用三维有限元法或结构模型试验进行分析。在泄水孔断面与坝段断面之比相对较小，坝段独立工作、横缝不传力的情况下，可近似按弹性理论无限域中的平板计算孔口应力。计算图形如图3.24 所示，垂直泄水孔轴线切取截面1—1，设泄水孔中心处在无泄水孔情况下垂直孔轴的应力为 σ_y，将 σ_y作为均布荷载作用在板的上、下端，根据弹性理论公式，可以求得孔周附近的应力。对有压泄水孔，除上述应力外，还应计入内水压力引起的孔周附近的应力。

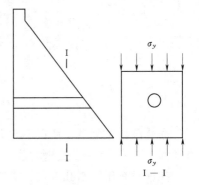

图 3.24 泄水孔的应力计算简图

3.3.2 拱坝的泄水孔

拱坝是一种空间整体结构，在坝体内布置泄水孔的技术问题较重力坝复杂。对于薄拱坝，为防止削弱坝体的整体性，通常将检修闸门设于拱坝的上游面，工作闸门设于拱坝下游面泄水孔的出口处。这样不仅便于布置闸门的启闭设备，而且结构模型试验资料表明，在坝的下游面孔口末端设置闸墩和挑流坎，也局部增加了孔口附近坝体的厚度，可以明显地改善孔口周边的应力状态。出口下游的挑流坎，除把水流挑射远离坝体外，还可改善孔底的拱向应力。对于较薄的拱坝，泄水中孔的断面一般都采用矩形。为了使水流平顺地通过泄水孔，避免发生空蚀和振动，应合理设计泄水孔的体型。大、中型工程的泄水孔体型（包括从进口到出口的形状和曲线），应通过水工模型试验确定。

工程实践和试验研究表明，拱坝坝身开孔除了对孔口周围的局部应力有影响外，对整个坝体的应力影响不大。应力集中区的拉应力可能使孔口边缘开裂，但只限于孔口附近，

不致危及坝的整体安全。考虑局部应力的影响，可在孔口周围适当地布置钢筋。考虑到孔口较大时对坝体断面有所削弱应力重分布的影响，孔口附近的坝体也可以适当加厚。

3.4 岸边溢洪道

在水利枢纽中，必须设置泄水建筑物，以宣泄规划所确定的库容不能容纳的多余水量，防止洪水漫溢坝顶，保证大坝安全。泄水建筑物有溢洪道和深式泄水建筑物两类。

溢洪道按位置不同，可分为河床式和岸边式两种类型，这里只介绍岸边溢洪道。

对于土坝、堆石坝以及某些轻型坝，一般不容许从坝身溢流或大流量溢流；或当河谷狭窄而泄洪量大，难以经混凝土坝泄放全部洪水时，则需在坝体以外的岸边或天然垭口处建造溢洪道（通常称为岸边溢洪道）或开挖泄水隧洞。

3.4.1 岸边溢洪道的形式

1. 正槽溢洪道

这种溢洪道的过堰水流与泄槽轴线方向一致。它结构简单，施工方便，工作可靠，泄水能力强，故在工程中应用广泛，见图3.25。

2. 侧槽溢洪道

这种溢洪道的泄槽轴线与溢流堰轴线接近平行，即水流过堰后，在很短距离内转弯约90°，再经泄槽泄入下游。侧槽溢洪道多设置在较陡的岸坡上，沿着等高线设置溢流堰和泄槽。此种布置形式可以加大堰顶长度，减小溢流水深和单宽流量，不需要大量开挖山坡，但对岸坡的稳定要求较高，特别是位于坝头的侧槽，直接关系到大坝安全，对地基要求也更严格。侧槽内的水流比较紊乱，要求侧壁有较坚固的衬砌，见图3.26。

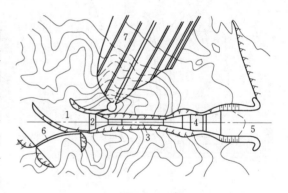

图 3.25 正槽溢洪道
1—进水渠；2—溢流堰；3—泄槽；4—消力池；
5—泄水渠；6—非常溢洪道；7—土坝

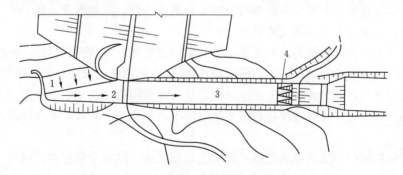

图 3.26 侧槽溢洪道
1—溢流堰；2—侧槽；3—泄水槽；4—出口消能段

3. 竖井式溢洪道

这种溢道在平面上，进水口为一环形的溢流堰，水流过堰后，经竖井和出水隧洞流入下游，见图 3.27。竖井式溢洪道适用于岸坡陡、地质条件良好的情况。如能利用一段导流隧洞，采用此种形式比较有利。缺点是水流条件复杂，超泄能力弱，泄小流量时易产生振动和空蚀。

4. 虹吸溢洪道

利用虹吸作用，使溢洪道在较小的堰顶水头下可以得到较大的单宽流量。水流出虹吸管后，经泄槽流入下游，见图 3.28。它的优点是不用闸门，就能自动地调节上游水位，缺点是构造复杂，泄水断面不能过大，水头较大时，超泄能力不大，工作可靠性差。虹吸溢洪道多用于水位变化不大而需随时调节的水库（如日调节水库），以及水电站的压力前池和灌溉渠道等处。

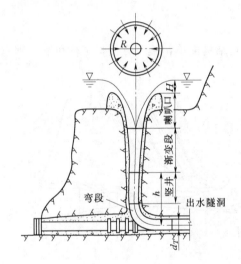

图 3.27　竖井式溢洪道

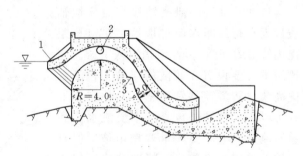

图 3.28　虹吸溢洪道（单位：m）
1—遮檐；2—通气孔；3—挑鼻坎

3.4.2　岸边溢洪道位置的选择

岸边溢洪道在枢纽中的位置，取决于地形、地质、枢纽总体布置、施工和运行等因素的综合影响，应通过技术经济比较确定。

布置溢洪道应选择有利的地形（如合适的垭口或岸坡）以减少工程量，并应尽量避开深挖形成的高边坡（特别是对于不利的地质条件），以免造成边坡失稳或处理困难。

溢洪道应布置在稳定的地基上，应考虑岩层及地质构造的性状，还应充分注意建库后水文地质条件的变化及其对建筑物和边坡稳定的不利影响。土基则必须进行适宜的地基处理和护砌。

在土石坝枢纽中，溢洪道的进口不宜距土石坝太近，以免冲刷坝体。同时，应将和其他建筑物（如坝、电站等）综合起来考虑，使各建筑运用灵活可靠，当溢洪道靠近坝肩时，其与大坝连接的导墙、接头、泄槽边墙等必须安全可靠。

从施工方面考虑，溢洪道出渣路线及堆料场布置要相互适宜，并尽量利用开挖出的土石方上坝。

图 3.29 为某土石坝枢纽的溢洪道布置图，它由土石坝、溢洪道、引水隧洞、压力管、水电站等部分组成。坝址附近地形狭窄，左岸山坡陡峻，右岸山坡在坝顶高程附近比较平缓，但没有高程适宜的垭口。根据以上地形特点，在比较平缓的右岸设置正槽式河岸溢洪道，其进口有曲线型引渠，出口离坝脚有较大距离，而且出口方向与原河道大致平行，使泄水不会危及对岸。

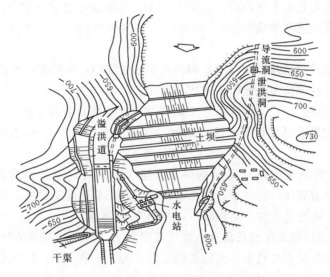

图 3.29　某土石坝枢纽溢洪道的布置（单位：m）

3.4.3　正槽溢洪道

正槽溢洪道包括进水渠、控制段、泄槽、消能防冲设施和出水渠等部分，见图 3.30。

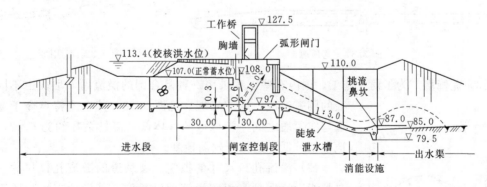

图 3.30　正槽溢洪道的组成部分（单位：m）

1. 进水渠

进水渠的作用是将水库的水平顺地引至溢流堰前。其设计原则是：在合理开挖方量的前提下，尽量减少水头损失，以增加溢洪道的泄水能力。进水渠的布置和设计应注意如下几个问题。

（1）平面布置。应选择有利的地形、地质条件，保证施工及运行期的岸坡稳定；在选择轴线方向时，应使水流平顺地进入控制段，避免出现横向水流或漩涡，最好布置成直线。

进水渠底一般为等宽或顺水流方向收缩，在与控制段连接处应与溢流前缘等宽。

（2）横断面。进水渠的横断面一定要大于控制段的过水断面。在不致造成过大挖方量的前提下，进水渠内流速一般控制在 $1\sim2m/s$，最大不宜超过 $4m/s$，以减少水头损失。

（3）纵断面。进水渠的纵断面一般做成平底坡或具有不大的逆坡。当溢流堰为实用堰时，渠底在溢流堰处宜低于堰顶至少 $0.5H_d$（H_d 为堰面定型设计水头），以保证堰顶水流稳定并具有较大的流量系数。

2. 控制段

溢洪道的控制段包括溢流堰（闸）和两侧连接建筑物，是控制溢洪道泄流能力的关键部位，因此必须合理选择溢流堰段的形式和尺寸。

（1）溢流堰的形式。溢流堰通常选用宽顶堰、实用堰，有时也用驼峰堰、折线形堰。溢流堰体型设计的要求是尽量增大流量系数，在泄流时不产生空蚀或诱发危险振动的负压等。

1）宽顶堰。宽顶堰的特点是结构简单，施工方便，但流量系数较低（为 $0.32\sim0.385$）。由于宽顶堰堰矮，荷载小，对承载力较差的土基适应能力强，在泄量不大或附近地形较平缓的中、小型工程中，应用较广，如图 3.31 所示。

2）实用堰。实用堰的优点是流量系数比宽顶堰大，且在相同泄流量条件下，需要的溢流前缘较短，工程量相对较小，但施工较复杂。大、中型水库，特别是岸坡较陡时，多采用此种形式，如图 3.32 所示。

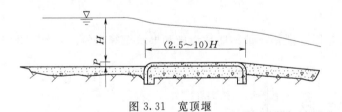

图 3.31　宽顶堰 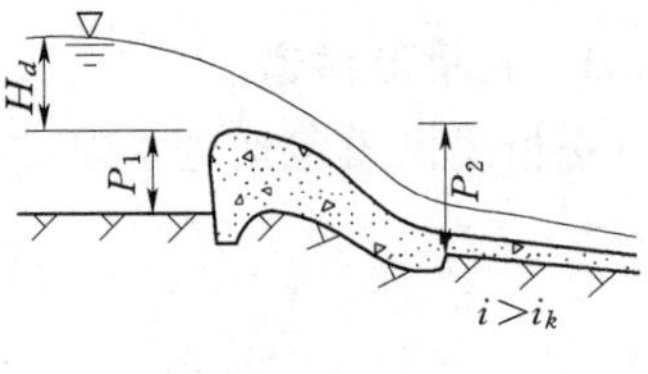　　　　　　　　　　　　　　　图 3.32　实用堰

3）驼峰堰。为了简化施工，国内有些工程采用一种复合圆的溢流堰，堰面由不同半径的圆弧组成，叫驼峰堰，见图 3.33。其水流特点介于宽顶堰与实用堰之间。驼峰堰的堰体低，流量系数约为 0.42，对地基要求低，适用于软弱地基。

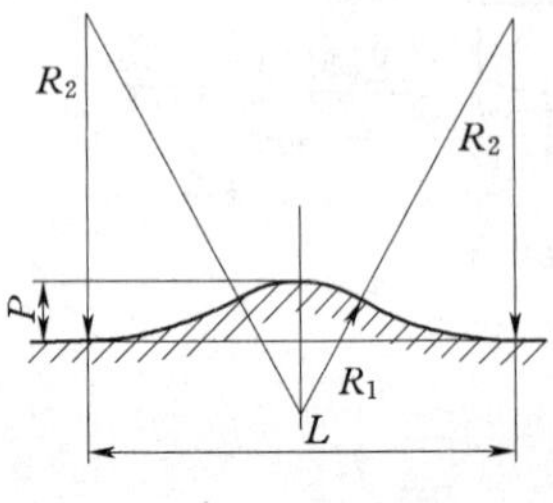

图 3.33　常见的驼峰堰剖面

甲型：$R_1=2.5P$，$R_2=6P$

　　　$L=8P$，$P=0.24H_d$

乙型：$R_1=1.05P$，$R_2=4P$

　　　$L=6P$，$P=0.34H_d$

（2）溢流孔口尺寸的拟定。溢洪道的溢流孔口尺寸，主要是指溢流堰顶高程和溢流前沿长度，其设计方法与溢流重力坝相同。这里需要指出的是，由于溢洪道出口一般离坝脚较远，其单宽流量可比溢流重力坝采用的数值大些。

3. 泄槽

洪水经溢流堰后，多用泄水槽与消能防冲设施连接。由于落差大，纵坡陡，槽内水流速度往往超过 $16m/s$，以致形成高速水流。高速水流有可能带来掺气、空蚀、冲击波和脉动等不利影响，因此设计时必须考虑，并在布置和构造上采取相应的措施。

（1）平面布置。使水流平顺，泄槽在平面上沿水流方向，宜尽量采取直线、等宽、对称的布置，避免弯道或横断面尺寸的变化。

实际工程中受地形、地质条件的限制，泄槽需设弯曲段。弯曲段的转弯半径不宜过小，一般应大于 10 倍槽底宽。泄槽平面布置见图 3.34。

（2）纵剖面布置。泄槽纵剖面设计主要是决定纵坡。为节省开挖方量，泄槽的纵坡通常随地形、地质条件变化，但为了使水流平顺和便于施工，坡度变化不宜太多，实践表明，在坡度由陡变缓处，泄槽易被动水压力破坏，在变坡处宜用反弧连接，反弧半径应不小于 8 倍水深。当坡度由

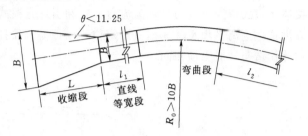

图 3.34　泄槽平面布置示意图

缓变陡时，水流易脱离槽底产生负压，在变坡处宜用符合水流轨迹的抛物线连接。

（3）横断面。泄槽横断面形状与地质条件紧密相关。在非岩基上，一般做成梯形断面，边坡比大约为 $1:1\sim1:2$，在岩基上的泄槽多做成矩形或近于矩形的横断面，边坡比大约为 $1:0.1\sim1:0.3$。泄槽的过水断面通过水力计算确定，边墙高度应在最大过水断面的水面以上另加超高。一般混凝土护面的泄槽超高采用 $30\sim50$cm，浆砌石护面采用 50cm。当流速 $v>6$m/s 时，边墙高度应按掺气后的水深加安全超高确定。

（4）泄槽的衬砌。为保护地基不受冲刷，岩石不受风化，以及防止高速水流钻入岩石缝隙后将岩石掀起，泄槽通常都需要衬砌。

对泄槽衬砌的要求是：衬砌材料能抵抗水流冲刷；在各种荷载作用下能够保持稳定；表面光滑平整，不致引起不利的负压和空蚀；做好底板下排水，以减小作用在底板上的扬压力；做好接缝止水，隔绝高速水流浸入底板下面，避免因脉动压力引起的破坏；要考虑温度变化对初砌的影响；在寒冷地区衬砌材料还应满足一定的抗冻要求。

4. 消能防冲设施及出水渠

溢洪道泄洪水，一般单宽流量大，流速高，能量集中。若消能措施考虑不当，高速水流与下游河道的正常水流不能妥善衔接，下游河床和岸坡就会遭受冲刷，甚至危及大坝和溢洪道的安全。

溢洪道出口的消能方式与溢流重力坝基本相同。出口消能设计可参考溢流坝。

出水渠是将经过消能后的水流比较平顺地泄入原河道。尾水渠应尽量利用天然冲沟或河沟，如无此条件则需人工开挖明渠。当溢洪道的消能防冲设施与下游河道距离很近时，也可不设出水渠。

3.4.4　非常泄洪措施

在建筑物运行期间，超过设计标准的洪水出现机会极少，所以可用构造简单的非常溢洪道来宣泄。一旦发生超过设计标准的洪水，即启用非常溢洪道泄洪，要求能保证大坝安全，水库不出现重大事故。

非常溢洪道一般分漫流式、自溃式和爆破引溃式 3 种，下面分别作简单介绍。

1. 漫流式非常溢洪道

这种溢洪道将堰顶建在准备开始溢流的水位附近，任其自由溢流。这种溢洪道的溢流水深一般取得较小，因而溢流堰较长，多设于垭口或地势平坦处，以减少土石方开挖量。

2. 自溃式非常溢洪道

它是利用一般低矮的副坝，使其在水位达到一定高程时自行溃决，以宣泄特大洪水。按溃决方式不同可分为漫顶溢流自溃式和引冲自溃式，见图 3.35 (a)、(b)。自溃式非常溢洪道应远离主坝及其他枢纽建筑物，以免溢流失控时危及枢纽安全。自溃式非常溢洪道坝体构造与一般土坝相同。

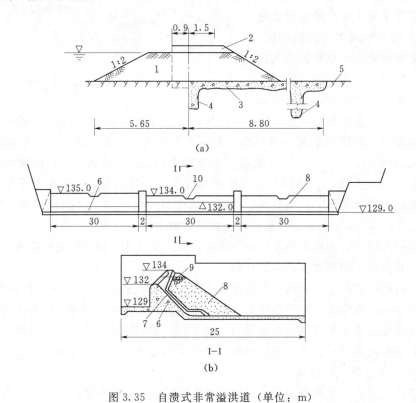

图 3.35 自溃式非常溢洪道（单位：m）

(a) 国外某水库漫顶自溃堤断面图；(b) 浙江南山水库引冲自溃堤布置图

1—土堤；2—隔墙；3—混凝土护面；4—混凝土截水墙；5—草皮护面；
6—混凝土溢流堰；7—黏土斜墙；8—子埝；9—引冲槽底；10—引冲槽

漫顶自溃式非常溢洪道的优点是构造简单、管理方便，缺点是泄流缺口的位置和规模有偶然性，无法进行人工控制，可能造成溃坝的提前或延迟，一般只适用于自溃坝高度较低，分担泄洪比重不大的情况。

引冲自溃式非常溢洪道的特点是在自溃坝的适当位置设置引冲槽，当库水位达到启溃水位后，水流即漫过引冲槽，冲刷下游坝坡形成口门，逐渐向两侧发展，使之在较短时间内溃决。其优点是在溃决过程中，泄量是逐渐增加的，对下游防护有利，在工程中应用较广泛。

3. 爆破引溃式非常溢洪道

爆破引溃式非常溢洪道是利用炸药的爆炸能量，使非常溢洪道进口的副坝坝体形成一定尺寸的爆破缺口，起引冲槽作用，并将爆破缺口范围以外的土体炸松、炸裂，然后通过坝体引冲槽作用使其溃决，从而达到溢洪的目的。爆破引溃式非常溢洪道得到我国一些大中型水库的重视和利用。这是因为爆破准备工作可在安全条件下从容进行，一旦出现异常情况，可迅速破坝，坝体溃决有可靠保证。图 3.36 为沙河水库副坝药室及导洞布置图。图 3.37 为岗南水库的破副坝泄洪设施，采用溢流堰及钢筋混凝土衬护的泄水槽，在溢流堰顶用土埝挡水，需要泄洪时可引爆预先埋设在廊道内的炸药，破埝泄洪。

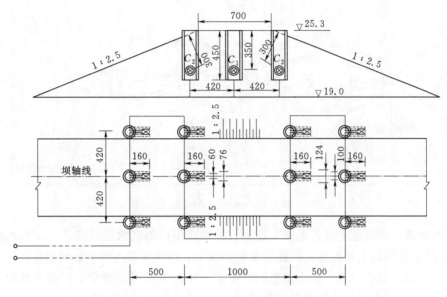

图 3.36　沙河水库副坝药室及导洞布置图（单位：高程为 m，其他为 cm）

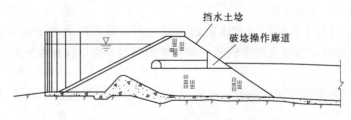

图 3.37　岗南水库破副坝泄洪设施

以上非常泄洪设施，其设计和运用还存在不少问题，如未必能按时把土坝冲开或炸开；一旦过水，又无法控制泄量，在库水放至堰顶高程前难以重新断流；启用时间不易确定，若启用不当，造成人为的洪峰，反而加重下游灾情。由于非常泄洪设施运用概率较小，设计理论也不完善，实践经验又不多，采用时要具体研究，慎重对待，使其既经济合理，又安全可靠。

3.5　水闸

3.5.1　概述

1. 水闸的功能与分类

水闸是一种低水头的水工建筑物,既能挡水,抬高水位,又能泄水,用以调节水位,控制泄水流量。多修建于河道、渠系及水库、湖泊岸边,在水利工程中的应用十分广泛。

(1) 水闸按其所承担的任务不同可分为 6 种,如图 3.38 所示。

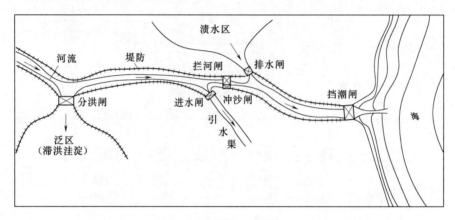

图 3.38　水闸分类示意图

1) 节制闸。在河道上或在渠道上建造,枯水期用以抬高水位以满足上游引水或航运的需要;洪水期控制下泄流量,保证下游河道安全。位于河道上的节制闸也称拦河闸。

2) 进水闸。建在河道、水库或湖泊的岸边,用来控制引水流量,以满足灌溉、发电或供水的需要。进水闸又称取水闸或渠首闸。

3) 分洪闸。常建于河道的一侧,用来将超过下游河道安全泄量的洪水泄入分洪区(蓄洪区或滞洪区)或分洪道。

4) 排水闸。常建于江河沿岸排水渠道末端,用来排除河道两岸低洼地区的涝渍水。当河道内水位上涨时,为防止河水倒灌,需要关闭闸门。所以这种水闸要能双向挡水且闸底板高程较低。

5) 挡潮闸。建在入海河口附近,涨潮时关闸,防止海水倒灌,退潮时开闸泄水,具有双向挡水的特点。

6) 冲沙闸(排沙闸)。建在多泥沙河流上,用于排除进水闸、节制闸前或渠系中沉积的泥沙,减少引水水流的含沙量,防止渠道和闸前河道淤积。冲沙闸常建在进水闸一侧的河道上,与节制闸并排布置或设在水渠内的进水闸旁。

(2) 水闸按闸室结构形式为开敞式和封闭(涵洞)式两种。见图 3.39。

1) 开敞式水闸:水闸闸室是露天的,上面没有填土。这种水闸又分为有胸墙和无胸墙两种。前者用于上游水位变幅较大,水闸净宽又为低水位过闸流量所限制,在高水位时尚需用闸门控制流量的情况。后者用于上游水位变幅不大或有通航、排冰、排污等特殊要

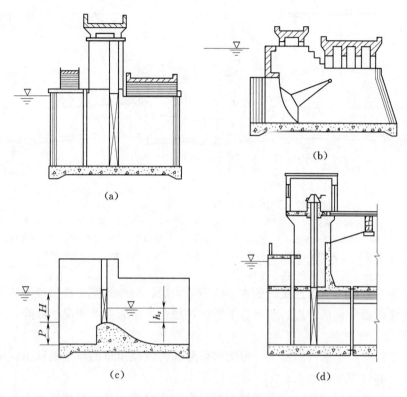

图 3.39 闸室结构形式

(a)、(b) 开敞式水闸；(c)、(d) 封闭（涵洞）式水闸

求的水闸。

2）封闭（涵洞）式水闸：封闭式水闸多用于穿堤取水或排水，闸室后有洞身段，洞身上面填土作为路基，两岸连接建筑物较开敞式简单。

另外，还可按过闸流量大小，将水闸划分为大、中和小型，如过闸流量在 $1000\mathrm{m}^3/\mathrm{s}$ 以上的为大型水闸，$100\sim1000\mathrm{m}^3/\mathrm{s}$ 的为中型水闸，小于 $100\mathrm{m}^3/\mathrm{s}$ 的为小型水闸。也可按设计水头高低划分水闸类型。

2. 水闸的组成部分

水闸一般由闸室、上游连接段和下游连接段三部分组成，如图 3.40 所示。

（1）闸室。闸室是水闸的主体，起着控制水流和连接两岸的作用。包括闸门、闸墩、底板、工作桥、交通桥等几个部分。底板是闸室的基础，闸室的稳定主要由底板与地基间的摩擦力来维持。底板同时还起着防冲防渗的作用。闸门用于控制水流。闸墩用以分隔闸孔和支承闸门、胸墙、工作桥、交通桥。工作桥用以安装启闭机械，交通桥用以保证河、渠两岸的交通。

（2）上游连接段。上游连接段处于水流行近区，其主要作用是引导水流平稳地进入闸室，保护上游河床及两岸免于冲刷，并有防渗作用。上游连接段一般包括上游防冲槽、铺盖、上游翼墙及两岸护坡等。

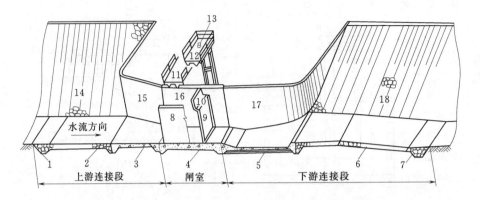

图 3.40　水闸的组成部分

1—上游防冲槽；2—上游护底；3—铺盖；4—底板；5—护坦（消力池）；6—海漫；

7—下游防冲槽；8—闸墩；9—闸门；10—胸墙；11—交通桥；12—工作桥；13—启闭机；

14—上游护坡；15—上游翼墙；16—边墩；17—下游翼墙；18—下游护坡

（3）下游连接段。下游连接段的主要作用是消能、防冲和安全排出经闸基至两岸的渗流。下游连接段通常包括护坦、海漫、下游防冲槽、下游翼墙及两岸护坡等。

3. 水闸的工作特点

水闸可以修建在土基或岩基上，但大多修建在河流或渠道的软土地基上。建在软土地基上的水闸具有以下工作特点。

（1）软土地基的压缩性强，承载能力低，在闸室自重和外荷载作用下，地基易产生较大的沉降或沉降差，造成闸室倾斜，闸底板断裂，甚至发生塑性破坏，引起水闸失事。

（2）水闸泄流时，水流具有较大的能量，而土壤的抗冲能力较低，可能引起水闸下游的冲刷。

（3）在上、下游水头差作用下，在闸基及两岸连接部分产生渗流，渗流对闸室及两岸连接建筑物的稳定不利，而且还可能产生有害的渗透变形。

4. 水闸的设计要点

基于上述特点，设计中需要解决以下几个问题。

（1）选择与地基条件相适应的闸室结构形式，保证闸室及地基的稳定。

（2）做好防渗设计，特别是上游两岸连接建筑物及其与铺盖的连接部分，要在空间上形成防渗整体。

（3）做好消能、防冲设计，避免危害性的冲刷。

3.5.2　闸址选择和闸孔设计

1. 闸址选择

闸址选择关系到工程建设的成败和经济效益的发挥，是水闸设计中的一项重要内容。应当根据水闸承担的任务，综合考虑地形、地质条件和水文、施工等因素，通过技术经济比较，选定闸址最佳方案。

壤土、中砂、粗砂和砂砾石适于作为水闸的地基。尽量避免使用淤泥质土和粉、细砂地基，必要时，应采取妥善的处理措施。

拦河闸宜建在河床稳定、水流顺直的河段上，闸的上、下游应有一定长度的平直段。进水闸应选在稳定的弯曲河段的凹岸顶点或稍偏下游，引水方向与河道主流方向闸的夹角，最好在 30°以内。分洪闸一般设在弯曲河道段的凹岸或顺直河段的深槽一侧。冲砂闸大多布置在拦河闸与进水闸之间，紧靠拦河闸河槽最深的部位，有时也建在引水渠内的进水闸旁。

2. 闸孔设计

闸孔设计的任务一般是根据规划的设计流量和闸上、下游水位，确定闸孔型式、闸底板顶高程和闸孔尺寸，以满足泄水或引水的要求。

(1) 闸孔形式的选择。常用的闸孔形式有宽顶堰、低实用堰和孔口型三种，分别见图 3.39 (a)、(c)、(b)。

宽顶堰是水闸中最常采用的一种形式。它有利于泄洪、冲沙、排污、排冰、通航，且泄流能力比较稳定，结构简单，施工方便；但自由泄流时流量系数较小，容易产生波状水跃。

低实用堰有梯形的、曲线形的和驼峰形的。低实用堰自由泄流时流量系数较大，水流条件较好，选用适宜的堰面曲线可以消除波状水跃；但泄流能力受尾水位变化的影响较为明显，$h_s > 0.6H$（h_s 为由堰顶算起的下游水深，H 为上游水深）以后，泄流能力将急剧降低，不如宽顶堰泄流时稳定，同时施工也较宽顶堰复杂。当上游水位较高，为限制过闸单宽流量，需要抬高堰顶高程时，常选用这种形式。

孔口型适应于上游水位变幅较大，且高水位需控制下泄流量的情况，此时孔口顶部设胸墙挡水，可减少闸门的高度。

(2) 闸底板高程的确定。闸底板高程与闸承担的任务、泄流或引水流量、上下游水位及河床地质条件等因素有关。

闸底板应置于较为坚实的土层上，并应尽量利用天然地基。在地基强度能够满足要求的条件下，闸底板高程定得高些，闸室宽度大，闸室与两岸连接建筑工程量相对较小。对于小型水闸，由于两岸连接建筑在整个工程量中所占比重较大，总的工程造价可能是经济的。在大、中型水闸中，闸室工程量所占比例较大，因而适当降低底板高程常常是有利的。当然，闸底板高程也不能定得太低，否则，由于单宽流量加大，将会增加下游消能防冲的工程量；闸门高度增加，启闭设备容量也随之加大；另外，还可能给基坑开挖带来困难。

一般情况下，拦河闸和冲沙闸的底板顶面可与河底齐平；进水闸的底板顶面在满足引用设计流量的条件下，应尽可能高一些，以防止推移质泥沙进入渠道；分洪闸的底板顶面也应较河床稍高；排水闸则应尽量定得低些，以保证将渍水迅速降至计划高程，但要避免排水出口被泥沙淤塞；挡潮闸兼作排水闸时，其底板顶面也应尽量定低一些。

(3) 计算闸孔总净宽。根据规划给定的设计流量、上下游水位和初拟的底板高程及闸孔形式，分别对不同的水流流态计算闸孔总净宽。

1) 当水流呈堰流时。

$$B_0 = \frac{Q}{\sigma \varepsilon m \sqrt{2g} H_0^{3/2}} \tag{3.25}$$

式中　Q——设计流量，m^3/s；

$\quad\quad B_0$——闸孔总净宽，m；

$\quad\quad H_0$——计入行近流速水头在内的堰顶水头，m；

σ、ε、m——淹没系数、侧收缩系数和流量系数，可由《水闸设计规范》（SL 265—2016）的附表中查得；

$\quad\quad g$——重力加速度，m/s^2。

2）当水流为孔流时。

当闸门开度（或胸墙下孔口高度）a 和堰上水头 H 的比值 $a/H \leqslant 0.65$ 时，即为闸孔出流。此时闸孔总净宽

$$B_0 = \frac{Q}{\sigma' \mu a \sqrt{2gH_0}} \tag{3.26}$$

式中　a——闸门开度或胸墙下孔口高度，m；

$\quad\quad \sigma'$、μ——孔流的淹没系数和流量系数，可由上述规范的附表中查得。其他闸孔总净宽 B_0 的增大或缩小，意味着过闸单孔流量 q 的减小或者加大。如上所述，过闸单宽流量将直接影响消能防冲的工程量和工程造价。为此，需要结合河床或渠道的土质情况、上下游水位差、下游水深等因素，选用适宜的最大过闸单宽流量。根据我国的经验，对粉砂、细砂地基可选取 $5\sim10\text{m}^3/(\text{s}\cdot\text{m})$；砂壤土地基 $10\sim15\text{m}^3/(\text{s}\cdot\text{m})$；壤土地基取 $15\sim20\text{m}^3/(\text{s}\cdot\text{m})$；坚硬黏土地基取 $20\sim25\text{m}^3/(\text{s}\cdot\text{m})$。

（4）确定闸室单孔宽度和闸室总宽度。闸室单孔宽度 b，根据闸门形式、启闭设备条件、闸孔的运用要求（如泄洪、排洪或漂浮物、过船等）和工程造价，并参照闸门系列综合比较选定。我国大、中型水闸的单孔宽度一般采用 $8\sim16\text{m}$。

闸孔孔数 $n = B_0/b$，设计中应取略大于计算要求值的整数，但总净宽不宜超过计算值的 3%。当孔数较少时，为便于闸门对称开启，使过闸水流均匀，避免偏流造成闸下的局部冲刷和使闸室结构受力对称，孔数宜采用单数。当孔数较多，如多于 6 时，采用单数或双数孔差别不大。

闸室总宽度 $B = nb + (n-1)d$，其中，d 为闸墩厚度。

闸室总宽度拟定后，尚需考虑闸墩的影响，根据设计和校核水位进一步验算水闸的过水能力。

3.5.3　水闸的防渗排水设计

1. 设计任务

水闸的防渗排水设计任务是经济合理地拟定闸的地下（及两岸）轮廓线的型式和尺寸，以消除和减小渗流对水闸产生的不利影响，保证闸基及两岸不产生渗透变形破坏。

水闸防渗排水设计的步骤一般是：①根据水闸作用水头的大小、地基地质和闸下游排水设施等条件，初拟地下（及两岸）轮廓线和防渗排水设施的布置；②通过渗流计算，验算地基土的抗渗稳定性和确定闸底所受的渗透压力；③如满足水闸的抗滑稳定性的要求，又不致产生渗透变形破坏，初拟的地下轮廓线即可采用，否则，需进一步修改设计，直至满足要求为止。

2. 闸基防渗长度确定

不透水的铺盖、板桩及底板与地基的接触线，即闸基渗流的第一根流线，称为地下轮廓线，其长度为闸基的防渗长度。闸基的防渗布置如图3.41所示。

《水闸设计规范》（SL 265—2016）规定，为保证水闸安全，所需的防渗长度可按式3.27拟定

$$L \geqslant CH \tag{3.27}$$

式中　L——水闸的防渗长度，即闸基轮廓线水平段和垂直段长度的总和，m；

　　　　H——上、下游水位差，m；

　　　　C——允许渗径系数值，依地基土的性质而定，见表3.6。

表 3.6　　　　　　　　　　　　　　渗径系数和容许坡降

排水条件	地 基 类 别									
	粉砂	细砂	中砂	粗砂	中砾、细砾	粗砾夹卵石	轻粉质砂壤土	轻砂壤土	壤土	黏土
有反滤层	9～13	7～9	5～7	4～5	3～4	2.5～3	7～11	5～9	3～5	2～3
	0.11～0.08	0.04～0.11	0.20～0.14	0.25～0.20	0.33～0.25	0.40～0.35	0.14～0.11	0.20～0.14	0.33～0.20	0.5～0.33
无反滤层	—	—	—	—	—	—	—	—	4～7	3～4
	—	—	—	—	—	—	—	—	0.25～0.14	0.33～0.25

注　当闸基设板桩时，C值可采用小值。地基土分类见《水闸设计规范》（SL 265—2016）附录 F。

表3.6中除了壤土和黏土以外的各类地基，只列出了有反滤层时的渗径系数和容许坡降值，因为在这些地基上建闸，不允许不设反滤层。

3. 地下轮廓线布置

水闸的地下轮廓可依地基情况并参照条件相近的已建工程的实践经验进行布置。按照防渗与排水相结合的原则，延长渗径以减小作用在底板上的渗透压力，降低闸基渗流的平均坡降。在下游侧设置排水反滤设施，如：面层排水、排水孔、减压井与下游连通，使地基渗水尽快排出，防止在渗流出口附近发生渗透变形。但必须指出：下游排水越强或排水设备向闸底上游伸入越多，对消减渗透压力固然有效，但却增大了平均渗透坡降，特别是排水出口处的逸出坡降，容易引起危害性的渗透变形，必须加强反滤或采取防止渗透破坏的专门措施。

（1）黏性土闸基地下轮廓线的布置。黏性土地基具有凝聚力，不易产生管涌，但摩擦系数较小。布置地下轮廓线时，主要考虑如何降低闸底渗透压力，以增加闸室稳定性。为此，防渗设施常采用水平铺盖，而不用板桩，以免破坏天然土的结构，造成集中渗流。排水设施可前移到闸底板下，以降低底板上的渗透压力，并有利于黏土加速固结。见图3.41（a）。

（2）砂性土闸基地下轮廓线的布置。当地基为砂性土时，因其与底板间的摩擦系数较大，而抵抗渗透变形的能力较差，渗透系数也较大，在布置地下轮廓时，应以防止渗透变形和减小渗漏为主。对砂层很厚的地基，如粗砂或砂砾，可将铺盖与悬挂式板桩相结合，

而将排水设施布置在消力池下面,见图 3.41(b);当砂层较薄,且下面有不透水层时,最好采用齿墙或板桩切断砂层,并在消力池下设排水,见图 3.41(c)。对于粉细砂地基,为了防止液化,大多采用封闭式布置,将闸基四周用板桩封闭起来,见图 3.41(d)。

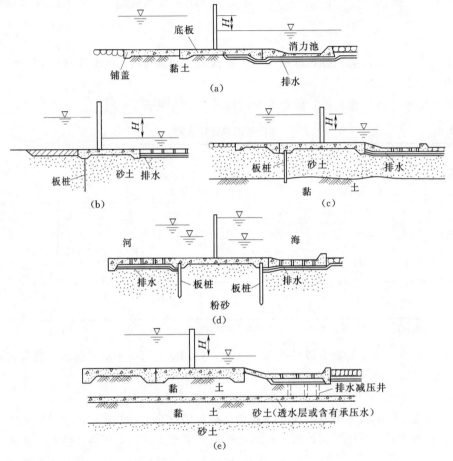

图 3.41 闸基的防渗布置

(3)特殊地基的地下轮廓线布置。当弱透水地基内有承压水或透水层时,为了消减承压水对闸室稳定的不利影响,可在消力池底面设置深入该承压水或透水层的排水减压井,见图 3.41(e)。

4. 渗流计算

闸基渗流计算的目的在于求解渗透压力,渗透坡降,并验证初拟地下轮廓线和排水布置是否满足要求。常用的渗流计算方法有流网法、直线法、改进阻力系数法、有限元法和电拟试验法。

(1)流网法。对于边界条件复杂的渗流场,很难求得精确的渗流解,工程上往往利用流网法解决任一点渗流要素。流网法绘制可以通过实验或图解来完成。前者用于大型水闸复杂的地下轮廓和土基,后者用于均质地基上的水闸,不仅简单易行,而且具有较高的精度。流网绘制的基本原理及方法,参阅水力学有关章节。

(2) 改进的阻力系数法。

1) 基本原理。改进的阻力系数法是在独立函数法、分段法和阻力系数法等方法的基础上综合发展起来的一种精度较高的近似计算方法。对于比较复杂的地下轮廓，可以在板桩与底板或铺盖相交处和桩尖处画等势线，将整个渗流区分成几个典型流段，如图3.43（a）所示。

如图3.42所示，有一简单的矩形渗流区，渗流段长度为 l_i，透水层厚度为 T，两断面间的水头差为 h_i。

根据达西定律，任一流段的单宽渗流量 q 为

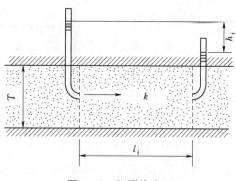

图 3.42 矩形渗流区

$$q = k\frac{h_i}{l_i}T \quad \text{或} \quad h_i = \frac{l_i}{T}\frac{q}{k}$$

令 $\dfrac{l_i}{T} = \zeta_i$，则得

$$h_i = \zeta_i \frac{q}{k} \tag{3.28}$$

式中　q——单宽渗流量，$\text{m}^3/(\text{s} \cdot \text{m})$；

　　　k——地基土的渗透系数，m/s；

　　　T——透水层深度，m；

　　　l_i——渗流段内流线的平均长度，m；

　　　h_i——渗流段的水头损失，m；

　　　ζ_i——渗流段的阻力系数，只与渗流段的几何形状有关。

总水头 H 应为各段水头损失之和，即

$$H = \sum_{i=1}^{n} h_i = \sum_{i=1}^{n} \zeta_i \frac{q}{k} = \frac{q}{k}\sum_{i=1}^{n}\zeta_i$$

或

$$q = \frac{kH}{\sum\limits_{i=1}^{n}\zeta_i} \tag{3.29}$$

将式（3.29）代入式（3.28），可得各流段的水头损失为

$$h_i = \zeta_i \frac{H}{\sum\limits_{i=1}^{n}\zeta_i} \tag{3.30}$$

这样，只要已知各个典型流段的阻力系数，即可算出任一流段的水头损失。将各段的水头损失由出口向上游依次叠加，即可求得各段分界线处的渗透压力以及其他渗流要素。

2) 典型流段阻力系数。水闸的地下轮廓可归纳为三种典型流段，即

a. 进口段和出口段，相当于图3.43（a）中的①、⑦段。

b. 内部垂直段，相当于图3.43（a）中的③、④、⑥段。

c. 内部水平段，相当于图3.43（a）中的②、⑤段。

每一种典型流段的阻力系数 ζ，可按表3.7中的计算公式确定。

表 3.7   典型流段的阻力系数

区 段 名 称	典型流段形式	阻力系数 ζ 的计算公式
进口段和出口段		$\zeta_0 = 1.5\left(\dfrac{S^{3/2}}{T}\right) + 0.441$
内部垂直段		$\zeta_y = \dfrac{2}{\pi}\text{lncot}\dfrac{\pi}{4}\left(1 - \dfrac{S}{T}\right)$
内部水平段		$\zeta_x = \dfrac{L - 0.7(s_1 + s_2)}{T}$

当地基不透水层埋藏较深时，需用一个有效计算深度 T_e，来代替实际深度 T，T_e 可按式（3.31）确定。

当 $L_0/S_0 \geqslant 5$ 时

$$T_e = 0.5L_0$$

当 $L_0/S_0 < 5$ 时

$$T_e = \frac{5L_0}{1.6L_0/S_0 + 2} \tag{3.31}$$

式中 L_0、S_0——地下轮廓在水平及垂直面上投影的长度，m。

若算出 T_e 值小于地基的实际深度，应以 T_e 代替 T；如 T_e 值大于地基的实际深度，则应按地基实际深度计算。

各分段的阻力系数确定后，可按式（3.30）计算各段的水头损失。假设各分段的水头损失按直线变化，依次叠加，即可绘出闸基渗透压力分布图 [图 3.43（b）]。

进、出口水力坡降呈急变曲线形式，由式（3.30）算得的进、出口水头损失与实际情况相比，误差较大，需进行必要的修正，见图 3.43（c）。修正后的水头损失 h_0' 为

$$h_0' = \beta h_0 \tag{3.32}$$

$$\beta = 1.21 - \frac{1}{\left[12\left(\dfrac{T'}{T}\right)^2 + 2\right]\left(\dfrac{S'}{T} + 0.059\right)}$$

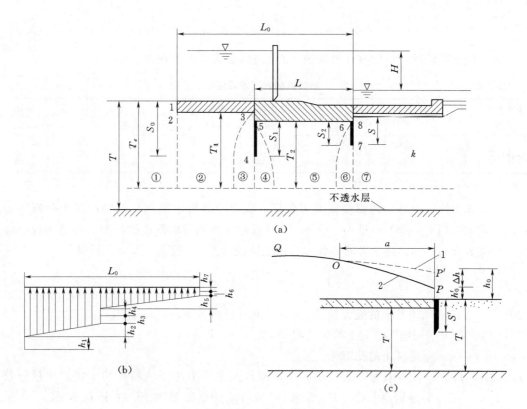

图 3.43 阻力系数法计算简图

(a) 典型流段；(b) 闸基渗透压力分布图；(c) 进、出口修正前后水头损失

1～8—铺盖、闸底板板桩与地基的交点

式中 h_0——按（3.25）式计算出的水头损失，m；

β——阻力修正系数；

S'——底板埋深与底面以下的板桩入土深度之和，m；

T'——板桩上游侧底板下的地基透水层深度，m。

当 $\beta > 1.0$ 时，取 $\beta = 1.0$。

修正后进、出口段水头损失的减少量为

$$\Delta h = h_0 - h_0' = (1-\beta)h_0 \qquad (3.33)$$

水力坡降呈急变形式的长度 a 可按式（3.34）计算

$$a = \frac{\Delta h}{H} T \sum_{i=1}^{n} \zeta_i \qquad (3.34)$$

图 3.43（c）中的 QP' 为修正前的水力坡降线，根据 Δh 及 a 值，可分别定出 P 点及 O 点，QOP 的连线即为修正后的水力坡降线。有关进、出口水头损失值的详细计算，可参阅《水闸设计规范》（SL 265—2016）。

3）逸出坡降的计算。为保证闸基的抗渗稳定性，要求出口段的逸出坡降必须小于规定的容许值。出口处的逸出坡降 J 为

$$J = \frac{h_0'}{S'} \tag{3.35}$$

防止流土破坏的出口段容许坡降值 $[J]$ 应满足表 3.8 的规定。

表 3.8　　　　　　　　　　　　出口段的容许坡降值

地基土质类别	粉砂	细砂	中砂	粗砂	中砾、细砾	粗砾夹卵石	砂壤土	（黏）壤土	软（黏）土	坚硬黏土
容许坡降	0.25～0.30	0.30～0.35	0.35～0.40	0.40～0.45	0.45～0.50	0.50～0.55	0.40～0.50	0.50～0.60	0.60～0.70	0.70～0.80

注　当渗流出口处有反滤层时，表列数值可加大 30%。

对于非黏性土地基，既要验算流土破坏，也要验算管涌破坏。例如，对于砂砾石地基，可按 $4P_f(1-n) > 1.0$ 和 $4P_f(1-n) < 1.0$ 作为判别破坏形式的标准，前者为流土破坏，后者为管涌破坏。防止管涌破坏的容许坡降值 $[J]$ 可按式 (3.36) 计算

$$[J] = \frac{7d_5}{Kd_f}[4P_f(1-n)] \tag{3.36}$$

式中　　　d_f——闸基土的最大粒径，mm，其计算值为 $d_f = 1.3\sqrt{d_{15}d_{85}}$；

　　　　　P_f——小于 d_f 的土粒的质量分数；

　　　　　n——闸基土的孔隙率，%；

d_5、d_{15}、d_{85}——土粒粒径，表示闸基土颗粒级配曲线上小于该粒径的土粒的质量分数分别为 5%、15% 和 85%，d_5 代表被冲动的土粒粒径，可采用 0.2mm；

　　　　　K——防止管涌破坏的安全系数，可采用 1.5～2.0。

5. 防渗及排水设施

防渗设施的类型包括水平防渗（铺盖）和垂直防渗（板桩、齿墙）两种。排水设施则是指铺设在护坦、浆砌石海漫底部或闸底板下游段起导渗作用的砂砾石层。排水常与反滤层结合使用。

(1) 铺盖。铺盖主要用来延长渗径，应具有一定的不透水性（一般要求铺盖的渗透系数是地基土的渗透系数的 1/100 以下）；为适用地基的变形，也要有一定的柔性；还要有一定的抗冲性。铺盖常用黏土、黏壤土做成，有时也可用混凝土或钢筋混凝土等作为铺盖材料。

1) 黏土和黏壤土铺盖。一般用于砂性地基。铺盖的长度应由地下轮廓设计方案比较确定，一般为闸上水头的 3～5 倍。铺盖的厚度 δ 可由 $\delta = \Delta H/[J]$ 确定，其中，ΔH 为铺盖顶、底面的水头差；$[J]$ 为材料的容许坡降，黏土为 4～8，壤土为 3～5。铺盖上游端的最小厚度由施工条件确定，一般 0.5～0.75m。铺盖与底板连接处为一薄弱部位，通常的处理措施是：在该处将铺盖加厚；将底板前端做成倾斜面，使黏土能借自重及其上的荷载与底板紧贴；在连接处铺设油毛毡等止水材料，一端用螺栓固定在斜面上，另一端埋入黏土中，见图 3.44。为了防止铺盖在施工期遭受破坏和运行期间被水流冲刷，应在其表面铺砂层，在砂层上再铺设单层或双层块石护面。

2) 钢筋混凝土铺盖。当缺少适宜的黏性土料或需要铺盖兼作阻滑板时，常采用钢筋

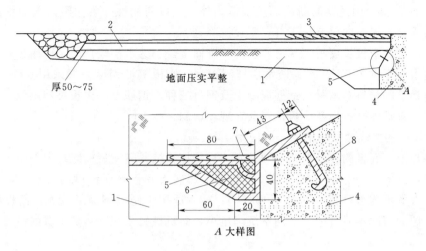

图 3.44 黏土铺盖的细部构造（单位：cm）

1—黏土铺盖；2—垫层；3—浆砌块石保护层（或混凝土板）；4—闸室底板；
5—沥青麻袋；6—沥青填料；7—木盖板；8—斜面上螺栓

混凝土铺盖。钢筋混凝土铺盖的厚度不宜小于 0.4m，在与底板连接处应加厚至 0.8～1.0m，并用沉降缝分开，缝中设止水，见图 3.45。在顺水流和垂直水流流向方向均应设沉降缝，间距不宜超过 20m。在接缝处局部加厚，并设止水。

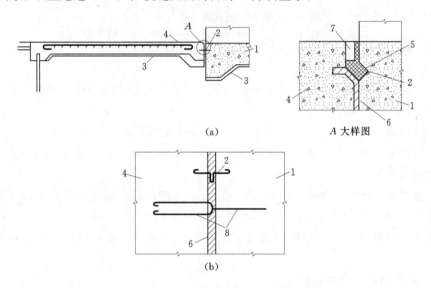

图 3.45 钢筋混凝土铺盖

（a）普通铺盖配筋图；（b）兼作阻滑板铺盖配筋图

1—闸底板；2—止水片；3—混凝土垫层；4—钢筋混凝土铺盖；
5—沥青玛蹄脂；6—油毛毡两层；7—水泥砂浆；8—铰接钢筋

钢筋混凝土铺盖内须双向配置构造钢筋（ϕ10mm，间距 25～30cm）。如利用铺盖兼作阻滑板，还须配置轴向受拉钢筋。受拉钢筋与闸室在接缝处应采用铰接的构造形式，见

图 3.45（b）。接缝中的钢筋断面面积要适当加大，以防锈蚀。用作阻滑板的钢筋混凝土铺盖，在垂直水流流向仅有施工缝，不设沉降缝。

（2）板桩。板桩长度视地基透水层的厚度而定。当透水层较薄时，可用板桩截断，并插入不透水层至少 1.0m；若不透水层埋藏很深，则板桩的深度一般采用 0.6～1.0 倍水头。用作板桩的材料有木材、钢筋混凝土及钢材三种。钢筋混凝土板桩使用较多，可用于各种地基，包括砂砾石地基。板桩一般在现场预制，厚 10～15cm，宽 50～60cm，长度为12～15m，桩的两侧做成舌槽形，以便相互贴紧。

板桩与闸室底板的连接形式有两种，一种是把板桩紧靠底板前缘，顶部嵌入黏土铺盖一定深度，见图 3.46（a）；另一种是把板桩顶部嵌入底板底面特设的凹槽内，桩顶填塞可塑性较大的不透水材料，见图 3.46（b）。前者适用于闸室沉降量较大，而板桩尖已插入坚实土层的情况；后者适用于闸室沉降量小，而板桩尖未达到坚实土层的情况。

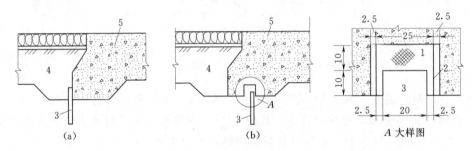

图 3.46　板桩与底板的连接（单位：cm）
（a）板桩紧靠底板连接；（b）板桩顶部嵌入底板底面特设的凹槽内连接
1—沥青；2—预制挡板；3—板桩；4—铺盖

（3）齿墙。闸底板的上、下游端一般均设有浅齿墙，用来增强闸室的抗滑稳定，并可延长渗径。齿墙深一般在 1.0m 左右。

（4）其他防渗设施。近年来，垂直防渗设施在我国有较大进展，就地浇筑混凝土渗墙、灌注式水泥砂浆帷幕、用高压旋喷法构筑防渗墙等方法已成功地用于水闸建设，详细内容可参阅有关文献。

（5）排水及反滤层。排水一般采用粒径 1～2cm 的卵石、砾石或碎石平铺在护坦和浆砌石海漫的底部，或伸入底板下游齿墙稍前方，厚约 0.2～0.3m。在排水与地基接触处（即渗流出口附近）容易发生渗透变形，应做好反滤层。有关反滤层的设计，参见第2 章。

3.5.4　水闸的消能、防冲设计

1. 水闸冲刷原因及消能方式

（1）水闸冲刷原因。水闸泄流时，闸下出流形式和下游流态比较复杂。初始泄流时，闸下水深较浅，随着闸门开度的增大而逐渐加深，在这个过程中，闸下泄流由孔流到堰流（对开敞式而言），由自由射流到淹没射流都会发生。特别是水闸上下水位差一般较小，相应弗劳德数 Fr 小，此时无强烈的水跃旋滚，水面波动水流不易向两侧扩散，致使两侧产生回流，消能效果差，具有较大的冲刷能力。或是由于布置和运用不当，出闸水流不能

均匀扩散，容易形成折冲水流，淘刷被极岸坡。

（2）水闸的消能方式。水闸的消能方式一般为底流消能。对于平原地区的水闸，由于水头低，下游水深大，土壤抗冲能力较小，无法采用挑流消能。又因水闸下游水深变化大，一般难以形成稳定的面流式水跃。

2. 消能防冲设施的形式、布置和构造

底流消能防冲设施，一般采用护坦、海漫和防冲槽。

（1）护坦。护坦是用来保护水跃范围内的河床不受水流冲刷，保证闸室安全的主要结构。为了利用水跃消减水流的动能，大都采用护坦促使出闸水流发生水跃。当下游水深不足时，常将护坦高程降低，形成消力池。如果地下水位较高而开挖困难，或者开挖太深会影响闸室的稳定，则采用在护坦上建造消力墙来壅高水位，或者采用消力池与消力墙相结合的综合消力池（图 3.47）。有关护坦长度、厚度、构造和消力池深度计算，可参阅溢流坝。

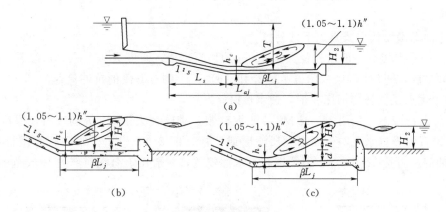

图 3.47　护坦的形式

(a) 消力池；(b) 消力墙式消力池；(c) 综合式消力池

（2）海漫。水流经过护坦消能后，仍有较大的剩余动能，紊动现象仍很剧烈，特别是流速分布仍不均匀，底部流速较大，具有一定的冲刷能力，故在消力池后面仍需采取防冲加固措施，如海漫和防冲槽。

海漫的作用是进一步消减水流剩余能量，保护护坦安全，并调整流速分布，保护河床，防止冲刷。

1）海漫长度。海漫长度取决于消力池出口的单宽流量、上下游水位差、地质条件、尾水深度及海漫本身的粗糙程度等因素。根据可能出现的最不利水位流量组合情况，《水闸设计规范》（SL 265—2016）建议用式（3.37）进行估算

$$L = k_s \sqrt{q_s \sqrt{\Delta H}} \quad (\text{m}) \qquad (3.37)$$

式中　q_s——消力池出口处的单宽流量，$\text{m}^3/(\text{s} \cdot \text{m})$；

　　　ΔH——上、下游水位差，m；

　　　k_s——河床土质系数，当河床为粉砂、细砂时，取 13～14，为中砂、粗砂及粉质壤土时，取 11～12，为粉黏土时，取 9～10，为坚硬黏土时，取 7～8。

2）海漫的布置与构造。一般在海漫起始段做 5～10m 长的水平段，其顶面高程可与护坦齐平或在消力池尾坎顶以下 0.5m 左右，水平段后做成不陡于 1∶10 的斜坡，以便水流均匀扩散，调整流速分布，保护河床不受冲刷，见图 3.48。

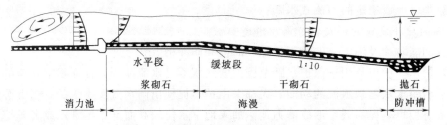

图 3.48　海漫布置及其流速分布示意图

海漫的构造要求有：①表面具有一定的粗糙度，以利进一步消除余能；②具有一定的透水性，以便使渗水自由排出，降低扬压力；③具有一定的柔性，以适应下游河床可能的冲刷变形。

常用的海漫结构形式有以下几种。

a. 干砌石海漫。一般由粒径大于 30cm 的块石砌成，厚度为 0.4～0.6m，下面铺设碎石、粗砂垫层，每层厚 10～15cm ［图 3.49 （a）］。干砌石海漫的抗冲流速为 2.5～4.0m/s。其最大优点是能适应河床变形，透水性好。

b. 浆砌石海漫。采用 M5 或 M7.5 水泥砂浆，砌粒径大于 30cm 的块石，厚度 0.4～0.6m，砌石内设排水孔，下面铺设反滤层或垫层 ［图 3.49 （b）］。浆砌石海漫抗冲能力强，抗冲流速可达 3～6m/s，但柔性和透水性较差，一般用于海漫前部约 10m 范围内。

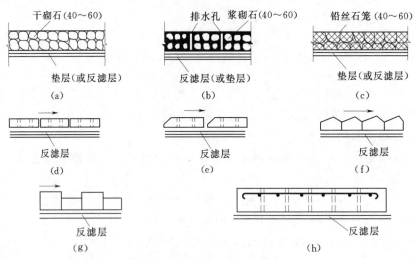

图 3.49　海漫构造示意图（单位：cm）

（a）干砌石海漫；（b）浆砌石海漫；（c）铅丝石笼海漫；（d）、（e）、（f）、（g）混凝土板海漫；
（h）钢筋混凝土板海漫

c. 混凝土板海漫。整个海漫由混凝土板块拼铺而成，每块板的边长为 2～5m，厚度为 0.1～0.3m，板中有排水孔，下面铺设反滤层或垫层 ［图 3.49 （d）、（e）］。混凝土板海漫的抗冲流速可达 6～10m/s，但造价较高。

d. 钢筋混凝土板海漫。当出池水流的剩余能量较大时，可在尾坎下游 5～10m 范围内采用钢筋混凝土板海漫，板中有排水孔，下面铺设反滤层或垫层 [图 3.49 (c)]。

(3) 防冲槽。水流经过海漫后，能量得到进一步消除，但仍具有一定冲刷能力，下游渠床仍难免遭受冲刷，为了防护海漫，常在海漫末端挖槽抛石加固，形成一道防冲槽，旨在下游河床冲刷到最大深度 (t_p) 时，海漫仍不遭破坏，见图 3.50。

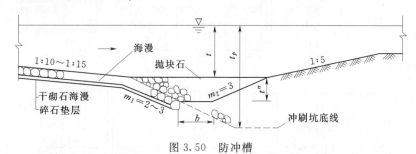

图 3.50 防冲槽

防冲槽尺寸可根据冲刷坑深度确定。海漫末端河床冲刷深度 (t'') 可按式 (3.38) 计算：

$$t'' = 1.1 \frac{q'}{[V_0]} - t \tag{3.38}$$

式中　q'——海漫末端的单宽流量，$m^3/(s \cdot m)$；

　　　$[V_0]$——河床土质的不冲流速，m/s；

　　　t——海漫末端的水深，m。

防冲槽多采用宽浅式梯形断面，槽底宽一般取槽深的 2～3 倍，上游坡率 $m_1 = 2～3$，下游坡率 $m_2 = 3$。

(4) 上下游护坡及上游河床防护。上游水流流向闸室，流速逐渐加大，为了保证河床和河岸不受冲刷，闸室上游的河床及岸坡应采取相应的防护措施。与闸室底板连接的铺盖，主要是为防渗而设，但因处于冲刷地段，其表层必须设防冲保护。上游翼墙通常设于铺盖段。紧邻铺盖段的河床和岸坡常用浆砌块石或干砌块石护面，护砌长度为 2～3 倍水头。

水闸下游河床和岸坡防护，除护坦、海漫、防冲槽和下游翼墙外，防冲槽以上两岸需护坡，其结构与海漫一致，在防冲槽下游两岸还应护砌 4～6 倍水头长度。护砌材料一般用干砌块石。

上、下游护坡段与河床、土坡交接处，护坡坡脚处应做一道深 50cm 左右的齿墙嵌入土中，以防水流淘刷。护砌层下面须铺设 10～20cm 厚的碎石、粗砂垫层。

3. 消能防冲设计条件的选择

消能防冲的设计，应根据不同的控制运用情况，选用最不利的水位和流量组合条件。当闸门全开时，泄放流量虽大，但上下游水位差较小，并不一定是控制条件。当闸门局部开启，下泄某一小流量时，可能发生远驱水跃，经常是控制条件。因此，设计时应结合安全运用、闸门操作管理和工程投资等因素，通过分析比较确定。

选取消能防冲设计条件时，应考虑水闸建成后上、下游河道发生淤积或冲刷等情况（使上、下游水位变动）对消能防冲措施产生的不利影响。

3.5.5 闸室的布置和构造

1. 闸底板

根据闸墩与底板的连接方式，闸底板可分为整体式［图 3.51（a）、（c）］和分离式 ［图 3.51（b）］两种。根据底板的结构形状可分为平底宽顶堰式和低实用堰式两种。

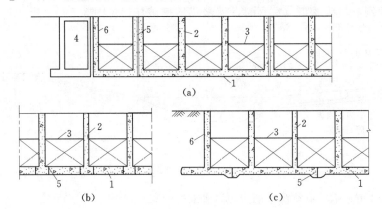

图 3.51　水平底板

（a）、（c）整体式；（b）分离式

1—底板；2—闸墩；3—闸门；4—空箱式岸墙；5—温度沉陷缝；6—边墩

（1）整体式底板。闸墩与底板浇筑成整体即为整体式底板。它的优点是闸孔两侧闸墩之间不会产生过大的不均匀沉陷，适用于地基承载力较差的土基。整体式底板具有将结构自重和水压等荷载传给地基及防冲、防渗等作用，故底板较厚。底板顺水流方向的长度可根据闸身稳定和地基应力分布较均匀等条件确定，同时应满足上部结构布置要求。水头越大，地基条件越差，则底板越长。初步拟定时，底板长对砂砾石和砾石地基可取（1.5～2.0)H（H 为上、下游最大水位差）；砂土和砂壤土地基，取（2.0～2.5)H；黏壤土地基，取（2.0～3.0)H；黏土地基，取（2.5～3.5)H。

底板厚度必须满足强度和刚度的要求，大、中型水闸可取闸孔净宽的 $1/8～1/5$，一般为 $1～2m$，最薄不小于 $0.6m$，但小型水闸也有取 $0.3m$ 的。底板内配置钢筋，但最大含钢率不宜超过 0.3%，否则不经济。底板混凝土还应满足强度、抗渗、抗冲等要求，一般选用 C15 或 C20。

（2）分离式底板。闸墩与底板设缝分开即为分离式底板。闸室上部结构的重量和水压力直接由闸墩传给地基，底板仅有防冲、防渗和稳定的要求，其厚度可根据自身稳定的要求确定。分离式底板一般适用于地基条件较好的砂土或岩石基础。由于分离式底板较薄，工程量比整体式底板小。

2. 闸墩

闸墩材料常用混凝土、少筋混凝土或浆砌石。闸墩上、下游端部形状多采用半圆形或流线形。

闸墩的长度取决于上部结构布置和闸门形式，一般与底板同长或稍短些。

闸墩高程应保证最高水位以上有足够的超高，下游部分的墩顶高程可适当降低，但应保证下游的交通桥底部高出泄洪水位 0.5m，且桥面能与闸室两岸道路衔接。

闸墩厚度必须满足稳定和强度要求，且与闸门形式有关，具体尺寸详见溢流坝。

3. 胸墙

当水闸挡水高度较大，闸孔尺寸超过泄流要求时，可设置胸墙挡水，胸墙顶部高程可按挡水要求确定，胸墙底缘高程的确定，一般应以不影响泄水为原则。

胸墙的位置，取决于闸门形式。对弧形闸门，胸墙位于闸门的上游侧，对于平面闸门，可设在闸门下游侧，也可设在闸门上游侧。后者止水较复杂，易磨损，但有利于闸门启闭，钢丝绳也不易锈蚀。

胸墙一般采用钢筋混凝土结构，小跨度的胸墙可做成上薄下厚的板式结构，大跨度水闸的胸墙可做成梁板式结构，见图 3.52。

4. 工作桥

为了安置闸门的启闭机械、满足操作管理的需要，常在闸墩上架设工作桥，若工作桥较高，可在闸墩上另建支墩或排架支承工作桥。

工作桥高度视闸门形式及闸孔水面线而定，对采用固定式启闭机的平面闸门，由于闸门开启后悬挂的需要，桥高应为门高的两倍再加足够的富裕高度；若采用活动式启闭机，桥高可适当降低。若采用升卧式平面闸门，由于闸门开启后接近平卧位置，工作桥可以做得较低。

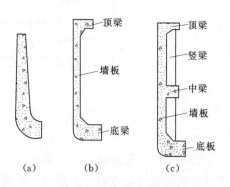

图 3.52 胸墙结构形式
(a) 板式结构胸墙；
(b)、(c) 梁板式结构胸墙

工作桥结构形式视水闸规模而定。大、中型水闸多采用装配式板梁结构，将桥面置于两根纵梁上，梁的布置应与启闭设备的布置、尺寸相适应。

5. 交通桥

建造水闸时，应考虑交通桥的设置，以供汽车、拖拉机、行人等通过。交通桥的位置应根据闸室稳定及两岸交通连接等条件确定，一般布置在低水位侧。桥面宽度视两岸交通要求而定，净宽一般为 2～7m，根据有关交通桥的设计规范设计。

6. 分缝与止水

(1) 分缝。水闸沿垂直于水流方向每隔一定距离，必须设置永久缝，以免闸室因地基不均匀沉降及伸缩变形而产生裂缝。缝的间距一般为 15～20m，缝宽 2～2.5cm。

整体式底板的永久缝设在闸墩中间，一孔、二孔或三孔成为一个独立单元，靠近岸边。为了减轻墙后填土对闸室的不利影响，特别是当地质条件较差时，最好采用单孔，而后再接二孔或三孔的闸室，如图 3.51 (a) 所示。若地基条件较好，也可将缝设在底板上，见图 3.51 (c)，这样可以减少工程量，还可减少底板的跨中弯矩。

分离式底板中，闸墩与底板设缝分开。

除了上述闸室分缝外，凡相邻结构荷载相差悬殊或结构较长、面积较大的地方，都需设缝分开。如在铺盖与闸底板连接处，翼墙与边墩及铺盖连接处，消力池护坦与闸底板、翼墙连接处都要设沉陷缝。此外，混凝土铺盖及消力池本身也需设缝分段、分块，见图 3.53。

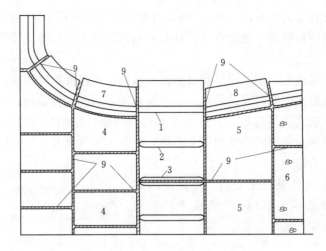

图 3.53　分缝的平面位置示意图

1—边墩；2—中墩；3—缝墩；4—钢筋混凝土铺盖；5—消力池；

6—浆砌石海漫；7—上游翼墙；8—下游翼墙；9—温度沉降缝

（2）止水。凡具有防渗要求的缝，都应设止水。止水分铅直止水及水平止水两种。前者设在闸墩中间，边墩与翼墙间，以及上游翼墙本身；后者设在铺盖与底板间，底板与闸墩间，以及混凝土铺盖本身的温度沉陷缝内。

图 3.54 为水闸上常用的铅直止水构造图。其中，图 3.54（a）、（c）的紫铜片、橡皮或塑料止水片浇在混凝土内。这种止水形式施工简便、可靠，采用较广。图 3.54（b）为沥青井型，井内设有加热管，供熔化沥青用，井的上、下游端设有角钢，以防沥青熔化后流失。这种止水形式能适应较大的不均匀沉降，但施工较为复杂。图 3.54（d）为沥青或柏油油毛毡井，适用于边墩与翼墙间的铅直止水。

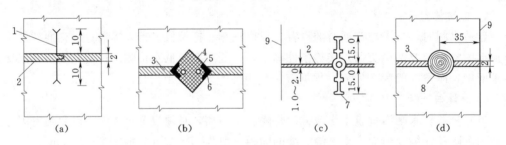

图 3.54　铅直止水构造（单位：cm）

1—紫铜片；2—沥青油毛毡；3—沥青油毛毡及沥青杉板；4—沥青填料；

5—加热设备；6—角钢；7—橡皮或塑料止水；8—沥青油毛毡；9—迎水面

如图 3.55 所示为常用的几种水平止水构造。其中，图 3.55（a）缝内设有紫铜片、橡皮或塑料止水，使用较多；图 3.55（b）多用于闸孔底板中的温度沉降缝；图 3.55（c）不设止水片或止水带，只铺沥青麻布封底止水，适用于地基沉降较小或防渗要求较低的情况。止水交叉处的止水必须做好，否则易形成渗漏通道。交叉形式有两种：一种是铅直缝与水平缝的交叉；另一种是水平缝与水平缝的交叉。常用的止水交叉连接方法有柔性连接和刚性连接两种。

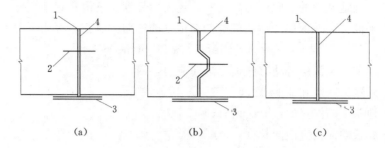

图 3.55 水平止水构造

(a)、(b) 有止水片、止水带；(c) 无止水片、止水岸

1—温度沉降缝；2—止水片或止水带；3—沥青麻布封底止水；4—沥青油毛毡

3.5.6 闸室稳定分析、沉降校核和地基处理

1. 闸室稳定分析

水闸的闸室，要求在施工、运行、检修等各个时期，都不产生过大的沉降和沉降差，不致沿地基表面发生水平滑动，不致因基底压力的作用使地基发生剪切破坏而失稳。因此，必须验算闸室在刚建成、运行、施工以及检修等不同工作情况下的稳定性。对于孔数较少而未分缝的小型水闸，可取整个闸室（包括边墩）作为验算单元；对于孔数较多设有沉陷缝的水闸，则应取两缝之间的闸室单元进行验算。

（1）荷载及其组合。水闸承受的主要荷载有：自重、水重、水平水压力、扬压力、浪压力、泥沙压力、土压力及地震力等。荷载计算可参阅重力坝和本节中渗流计算。

荷载组合分为基本组合和特殊组合。基本组合包括：正常蓄水位情况、设计洪水位情况和完建情况等。特殊组合包括校核洪水位情况、地震情况、施工情况和检修情况等。

（2）闸室的稳定性分析。闸室的稳定性是指闸室在各种荷载作用下：①不致沿地基面或深层滑动；②不发生明显的倾斜；③平均基底压力不大于地基的容许承载力。

（3）计算方法。

1）验算闸室基底压力。对于结构布置及受力情况对称的闸孔，如多孔水闸的中间孔或左右对称的单闸孔，可按式（3.39）计算基底最大和最小压应力 σ

$$\sigma_{\min}^{\max} = \frac{\sum W}{A} \pm \frac{6 \sum M}{AB} \quad (\text{kPa}) \tag{3.39}$$

$$\eta = \frac{\sigma_{\max}}{\sigma_{\min}} \tag{3.40}$$

式中 $\sum W$——铅直荷载的总和，kN；

A——闸室基底面的面积，m^2；

$\sum M$——作用在闸室的全部荷载对基底面垂直水流流向形心轴的力矩，$\text{kN} \cdot \text{m}$；

B——闸室底板的长度，m；

η——地基应力不均匀系数。应小于规定的容许值。

对于结构布置及受力情况不对称的闸孔（如多孔闸的边闸孔或左右不对称的单闸孔）应按双向偏心受压公式计算闸室基底压应力。

2) 验算闸室的抗滑稳定。对建在土基上的水闸，除应验算其在荷载作用下沿地基面的抗滑稳定外，当地基面的法向应力较大时，还需验算深层抗滑稳定性。

闸室产生平面滑动或深层滑动的可能性与地基的法向力有关，可用下列经验公式判别

$$\sigma_u = A\gamma_b B \tan\varphi + 2c(1+\tan\varphi) \tag{3.41}$$

式中　σ_u——地基产生深层滑动时的临界法向应力，kPa；

　　　A——系数，一般在 3～4 之间；

　　　γ_b——地基土的浮重度，kN/m^3；

　　　B——底板顺河流方向的长度，m；

　　　φ——地基土的内摩擦角，(°)；

　　　c——地基土的凝聚力，kPa。

当闸底最大压应力 $\sigma_{max} < \sigma_u$ 时，可只做平面滑动验算；如 $\sigma_{max} > \sigma_u$，还需进行深层滑动校核。

一般情况下，闸基面的法向应力较小，不会发生深层滑动。

水闸沿地基面的抗滑稳定，应按式 (3.42)、式 (3.43) 之一进行验算

$$K_c = \frac{f\sum W}{\sum P} \tag{3.42}$$

式中　$\sum P$——作用在闸室底面以上全部水平荷载的总和，kN；

　　　$\sum W$——作用在闸室底面以上全部荷载铅直分力的总和，kN；

　　　f——底板与地基土间的摩擦系数。

$$K_c = \frac{\tan\varphi_0\sum W + c_0 A}{\sum P} \tag{3.43}$$

式中　φ_0——底板与地基土间的摩擦角，(°)；

　　　c_0——底板与地基土间的凝聚力，kPa；

其他符号意义同前。

对于黏性土基上的大型水闸，宜用式 (3.43) 计算。当闸室受双向水平力作用时，应验算其在合力方向上的抗滑稳定性。

当闸室沿基底面的抗滑稳定安全系数小于规定的容许值时，可采取以下抗滑措施。

a. 增加铺盖长度，或在不影响抗渗稳定的前提下，将排水设施向水闸底板靠近，以减小作用在底板上的渗透压力。

b. 利用上游钢筋混凝土铺盖作为阻滑板，但闸室本身的抗滑稳定安全系数仍应大于 1.0。计算由阻滑板增加的抗滑力时，考虑到土体变形及钢筋拉长对阻滑板阻滑效果的影响，应采用 0.8 的折减系数，即

$$s \approx 0.8f(W_1 + W_2 - U) \tag{3.44}$$

式中　s——阻滑板的抗滑力，kN；

　　　W_1——阻滑板上的水重，kN；

　　　W_2——阻滑板的自重，kN；

　　　U——阻滑板底面的扬压力，kN；

　　　f——阻滑板与地基土间的摩擦系数。

c. 将闸门位置略向下游一侧移动，或将水闸底板向上游一侧加长，以便多利用一部分水重。

d. 增加闸室底板的齿墙深度。

3）验算闸基的整体稳定。在竖向荷载作用下的地基承载力，可根据基础的宽度和埋置深度以及地基土的重度和抗剪强度指标，按《水闸设计规范》（SL 265—2016）给定的公式计算。

在竖向荷载和水平荷载共同作用下，地基整体稳定可按 C_K 法进行核算。见《水闸设计规范》（SL 265—2016）。

对建在软土地基上或地基内有软弱夹层的水闸，应对软弱土层进行整体稳定验算，参见土石坝。对复杂地基上大型水闸的整体稳定计算应做专门研究。

2. 沉降校核

如果闸室沉降太大，则闸顶高程下降过多，达不到设计要求。如闸室沉降差太大，则引起闸室倾斜、断裂，影响其正常运行。因此，在研究地基稳定的同时，还应考虑地基的沉降，通过计算，分析地基的变形情况，以便选择合理的结构形式和尺寸，安排好施工进度和先后顺序，或进行适当的地基处理。

地基沉降校核，一般采用分层总和法，每层厚度不宜超过 2m，计算深度根据实践经验，通常计算到该处的附加应力 $\sigma_z \leqslant 0.2\sigma_s$（$\sigma_s$ 为土体自重应力）时为止。

如果将计算土层分为 n 层，每层的沉降量为 S_i，则总的沉降量应为

$$S = \sum_{i=1}^{n} S_i = \sum_{i=1}^{n} \frac{e_{1i} - e_{2i}}{1 + e_{1i}} h_i \quad (\text{cm}) \qquad (3.45)$$

式中　e_{1i}、e_{2i}——分别为底板以下第 i 层土在平均自重应力及平均自重应力加平均附加应力作用下，由压缩曲线查得的相应孔隙比；

h_i——底板以下第 i 层土的厚度，cm。

根据各计算点沉降计算成果，可绘制每个断面的沉降曲线，如图 3.56 中曲线 abc，然后考虑结构刚性影响进行适当调整。调整的方法是：连接直线 ac，贯穿曲线 abc 作平行 ac 的直线 de，并使面积 A 等于面积 B_1 与 B_2 之和，则 de 为该断面经调整后的最终沉降线，可读出各计算点的最终沉降量。岸墙、翼墙的沉降计算选点、计算和成果调整方法同上所述。

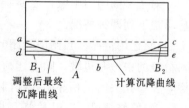

图 3.56　沉降计算成果调整示意图

为了减少不均匀沉降。可从闸室和地基两个方面采取措施。

（1）采取轻型结构并加长底板长度，以减小作用在地基上的压应力。

（2）调整结构布置，尽量使地基上压力均匀分布。

（3）尽量减少相邻建筑物的重量差，重的建筑物先施工，使其提前沉降。

（4）进行地基处理，以提高地基承载力。

3. 地基处理

根据工程实践，当黏性土地基标准贯入击数大于 5，砂性土地基标准贯入击数大于 8

时，对于中、小型水闸，可直接在天然地基上建闸，一般不需进行处理。对于软弱地基，常用的地基处理方法有以下几种。

（1）换土垫层法。这种方法是将基地附近一定深度的软土挖除，换以紧密黏土，分层夯实而成垫层。垫层的主要作用是减小地基的沉降量。垫层的厚度一般为 1.5～3.0m。此外，还应有适当的防渗措施。若建闸地区缺少砂土，可用壤土代替，这种垫层能起防渗作用，不必另外采取防渗措施。

（2）桩基。当水闸传至地基的荷载很大，而闸基为厚度较深的淤泥、软黏土、粉细砂等软弱土层，不能满足稳定和沉降要求时，可采用桩基，即在地基中打桩或钻孔灌注钢筋混凝土桩（井柱桩）。在桩顶上设台以支承上部结构。桩基可以大大提高地基的承载能力。因而采用桩基的水闸可以采用分离式底板。我国山东、河北沿海地区有许多水闸采用灌注桩基。

（3）高速旋喷法。高速旋喷法是用钻机以射水法钻进至设计高程，然后由安装在钻杆下端的特殊喷嘴把高压水、压缩空气和水泥浆或其他化学浆液高速喷出，搅动土体，同时钻杆边旋转边提升，使土体与浆液混合，形成柱桩，以达到加固地基的目的。

高速旋喷法可用来加固黏性土及砂性土地基，也可用作砂卵石层的防渗帷幕，适用范围较广。

3.5.7　闸室的结构计算

闸室为一受力情况比较复杂的空间结构，可用有限元法对两道沉降缝之间的一段闸室进行整体分析。为简化计算，一般将其分解为若干个部件（如闸墩、胸墙、底板、工作桥及交通桥）分别进行计算，但计算时考虑它们之间的相互作用。

3.5.7.1　闸墩的结构计算

闸墩可视为固结于闸底板上的悬臂结构。水平截面应力控制于墩底截面，其应力一般按偏心受压公式计算，见图 3.57。

1. 平面闸门闸墩应力计算

对于平面闸门闸墩，需要验算水平截面（主要是墩底）上的应力和门槽应力。计算时应考虑下列两种情况。

1）运用情况。当闸门关闭时，不分缝的中墩主要承受上、下游水压力和自重等荷载；对分缝的中墩和边墩，除上述荷载外，还将承受侧向水压力或土压力等荷载。不分缝的中墩，在一孔关闭，相邻闸孔闸门开启时，其受力情况与分缝的中墩相同。

2）检修情况。一孔检修、相邻闸孔运行（闸门关闭或开启）时，闸墩也将承受侧向水压力，与分缝的中墩一样，需要验算在双向水平荷载作用下的应力。

（1）闸墩水平截面上的正应力和剪应力。闸墩水平截面上的正应力可按材料力学的偏心受压公式计算

$$\sigma = \frac{\sum W}{A} \pm \frac{\sum M_x}{I_x} x \pm \frac{\sum M_y}{I_y} y \quad (kPa) \tag{3.46}$$

式中　　$\sum W$——计算截面以上竖向力的总和，kN；

　　　　A——计算截面的面积，m^2；

$\sum M_x$、$\sum M_y$——计算截面以上各力对截面形心轴 y 和 x 的力矩总和，kN·m；

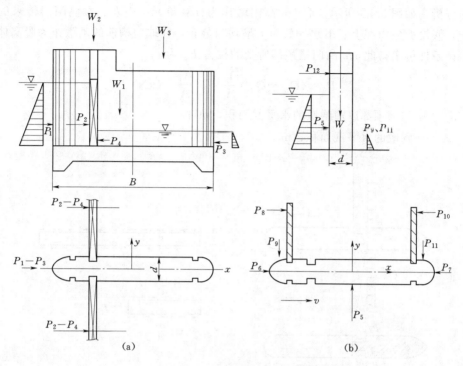

图 3.57　闸墩结构计算简图

(a) 运行期闸墩结构计算简图；(b) 检修期闸墩结构计算简图

$P_1 \sim P_4$—运行期上、下游顺水流流向水压力；$P_5 \sim P_{11}$—检修期作用于闸墩不同部位的水压力；

P_{12}—交通桥上车辆刹车动力；W_1—闸墩自重；W_2—工作桥重；W_3—交通桥重

I_x、I_y——计算截面对其形心轴 y 和 x 的惯性矩，m^4；

x、y——计算点至形心轴沿 x 和 y 向的距离，m。

计算截面上顺水流向和垂直水流流向的剪应力分别为

$$\left.\begin{array}{l} \tau_x = \dfrac{Q_x S_x}{I_x d} \quad (\text{kPa}) \\[3mm] \tau_y = \dfrac{Q_y S_y}{I_y B} \quad (\text{kPa}) \end{array}\right\} \tag{3.47}$$

式中　Q_x、Q_y——分别为计算截面上顺水流流向和垂直水流流向的剪力，kN；

$\quad\quad S_x$、S_y——分别为计算点以外的面积对形心轴 y 和 x 的面积矩，m^3；

$\quad\quad d$——闸墩厚度，m；

$\quad\quad B$——闸墩长度，m。

对缝墩或一侧闸门开启，另一侧闸门关闭的中墩，各水平力对水平截面形心还将产生扭矩 M_T，位于 y 轴边缘的最大扭剪应力 $\tau_{T\max}$ 可近似用式 (3.48) 计算

$$\tau_{T\max} = \dfrac{M_T}{0.3Bd^2} \tag{3.48}$$

式中符号意义同前。

(2) 门槽应力计算。门槽承受闸门传来的水压力后将产生拉应力，故需对门槽颈部进

行应力分析。如图 3.58 所示，取 1m 高闸墩作为计算单元。由左、右侧闸门传来的水压力为 P，假设剪应力在上、下水平截面上呈均匀分布，并取门槽前的闸墩作为脱离体，由力的平衡条件可求得此 1m 高门槽颈部所受的拉力 P_1 为

$$P_1 = (Q_{下} - Q_{上}) \frac{A_1}{A} = P \frac{A_1}{A} \quad (kN) \tag{3.49}$$

式中　A_1——门槽颈部以前闸墩的水平截面积，m^2；

　　　A——闸墩的水平截面积，m^2。

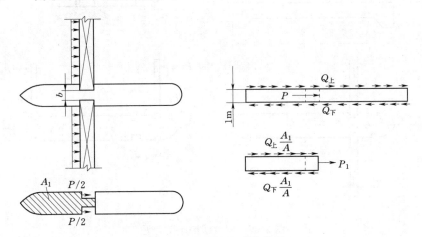

图 3.58　门槽应力计算简图

从式（3.49）可以看出，门槽颈部所受拉力 P_1 与门槽的位置有关，门槽越靠下游，P_1 越大。

1m 高闸墩在门槽颈部所产生的拉应力 σ 为

$$\sigma = \frac{P_1}{b} \quad (kPa) \tag{3.50}$$

式中　b——门槽颈部厚度，m。

当拉应力小于混凝土的容许拉应力时，可按构造配筋；否则，应按实际受力情况配筋。由于水压力是沿高度变化的，应分段计算钢筋用量。

门槽承受的荷载是由滚轮或滑块传来的集中力，因而还应验算混凝土的局部承压强度或配以一定数量的构造钢筋。

对于实体闸墩，除闸墩底部及门槽外，一般不会超过闸墩材料的容许应力，只需配置构造钢筋。

2. 弧形闸门闸墩应力计算

对弧形闸门的闸墩，除计算底部应力外，还应验算牛腿及其附近的应力。

弧形闸门的支承铰有两种布置形式。一种是在闸墩上直接布置铰座；另一种是将铰座布置在伸出闸墩体外的牛腿上，后者结构简单，制造、安装方便，应用较多。

牛腿轴线呈斜向布置，与闸门关闭时的门轴作用力方向接近，牛腿轴线与水平线的斜度一般为 1:2.5～1:3.5，宽度 $b \geq 50cm$，高度 $h \geq 80cm$，端部做成 1:1 的斜坡，见图 3.59，牛腿承受力矩、剪力和扭矩作用，可按短悬壁梁计算内力，用于配置钢筋和验算牛

腿与闸墩的接触面积。

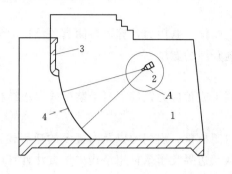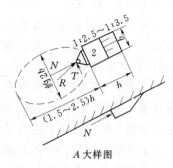

图 3.59　弧形门牛腿布置及其附近的应力集中区
1—闸墩；2—牛腿；3—胸墙；4—弧形门

作用在弧形闸门上的水压力通过牛腿传递给闸墩，远离牛腿部位的闸墩应力仍可用前述方法进行计算，但牛腿附近的应力集中现象需采用弹性理论进行分析。有人把闸墩当作底部固定的矩形板，用有限元法分别计算各种单位荷载作用下闸墩各点的应力，并编制了计算用表。三向偏光弹性试验结果表明：仅在牛腿前 2 倍牛腿宽，1.5～2.5 倍牛腿高范围内（如图 3.59 中虚线所示）的主拉应力大于混凝土的容许应力，需要配置受力钢筋，其余部位的位应力较小，可按构造配筋。上述成果只能作为中、小型弧形门闸墩牛腿附近的配筋依据，大型弧形闸门闸墩的配筋需要深入研究。

3.5.7.2　整体式平底板内力计算

整体式平底板的平面尺寸远比厚度大，是地基上的一块板，受力情况比较复杂。目前工程上仍用近似简化计算方法进行强度分析。一般认为闸墩刚度较大，底板顺水流方向弯曲变形远比垂直水流方向小，故常在垂直水流方向截取单宽板条进行内力计算。对于相对紧密度小于或等于 0.50 的砂土地基，可采用反力直线分布法；对于黏性土地基或相对紧密度大于 0.50 的砂土地基，可采用弹性地基梁法。

用弹性地基梁法分析闸底板内力时，需要考虑可压缩土层厚度的影响。当压缩土层厚度 T 与计算闸段长度一半 $L/2$ 的比值（即 $2T/L$）<0.25 时，可按基床系数法（文克尔假定）计算；当 $2T/L>2.0$ 时，可按半无限深的弹性地基梁法计算；当 $2T/L=0.25\sim2.0$ 时，可按有限深的弹性地基梁法计算。具体参照《水闸设计规范》（SL 265—2016）。

3.5.7.3　胸墙的结构计算

胸墙承受的荷载，主要为静水压力和浪压力。计算图形应根据其结构形式和边界支承情况而定。

1. **板式胸墙**

选取 1m 高的板条，板条上承受均布荷载 q（板条中心的静水压力及浪压力强度），按简支或固端梁计算内力，并进行配筋。

2. **梁板式胸墙**

梁板式胸墙一般为双梁式结构，板的上、下端支承在梁上，两侧支承在闸墩上。

当板的长边与短边之比小于或等于 2 时，为双向板，可按承受三角形荷载的四边支承板计算内力。当板的长边与短边之比大于 2 时，为单向板，可以沿长边方向截取宽为 1m 的板条进行内力计算与配筋。

顶梁与底梁可视为简支或固接在闸墩上的梁，其内力计算可参阅有关结构力学教程。

胸墙经常处于水下，必须严格限制裂缝开展的宽度。

3.5.7.4 工作桥与交通桥的结构计算

大、中型水闸的工作桥多采用钢筋混凝土或预应力钢筋混凝土装配式梁板结构。由主梁、次梁（横梁）、面板等部分组成。

作用在工作桥上的荷载主要有自重、启闭机重、启门力以及面板上的活荷载。工作桥的面板、主梁和次梁，分别按其承受的荷载及边界支承条件用结构力学方法计算内力。

水闸闸顶的交通桥通常采用钢筋混凝土板桥或梁式桥，常用单跨简支的形式。板桥适用于跨径较小的小型水闸，梁式桥多用于跨径较大（8m 以上）的大、中型水闸。

3.5.8 水闸与两岸的连接建筑物

1. 连接建筑物的作用

水闸与河岸或堤、坝等连接时，须设置岸墙和翼墙（有时还有防渗刺墙）等连接建筑物。其作用如下。

（1）挡两侧填土，保证岸土的稳定及免遭过闸水流的冲刷。

（2）当水闸过水时，引导水流平顺入闸，并使出闸水流均匀扩散。

（3）控制闸身两侧的渗流，防止土壤产生渗透变形。

（4）在软弱地基上设岸墙，以减少两岸地基沉降对闸室结构的不利影响。

两岸连接建筑物约占水闸工程量的 15％～40％，闸孔数越少，所占的比例越大。因此，水闸设计中，对两岸连接建筑物的形式选择与布置应予以重视。

2. 两岸建筑物的布置

（1）闸室与河岸的连接形式。水闸闸室与两岸（或土坝等）的连接形式主要与地基条件及闸身高度有关。当地基较好、闸身高度不大时，可用边墩直接与河岸连接，见图 3.60。当闸身较高，地基软弱时，如仍采用边墩直接挡土，边墩与闸身地基的荷载相差悬殊，可能发生严重的不均匀沉降，影响闸门启闭，并在底板内产生较大的内力。此时，可在边墩后面设置轻型岸墙，边墩只起支承闸门及上部结构的作用，而土压力全由岸墙承担，见图 3.61。这种连接形式可以减小边墩和底板的内力，同时使作用在闸室上的荷载比较均衡，以减少不均匀沉降。当地基承载力过低，可采用护坡岸墙的结构形式，见图 3.62。这种布置形式在河北省根治海河工程中广泛应用。其优点是：边墩既不挡土，也不设岸墙和翼墙挡土，因此闸室边孔受力状态得到改善，适用于软弱地基。其缺点是防渗和抗冻性能较差。为了满足挡水和防渗需要，在岸坡段设刺墙，其上游设防渗铺盖。

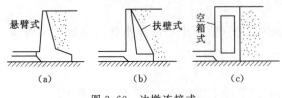

图 3.60　边墩连接式

(a) 悬臂式；(b) 扶壁式；(c) 空箱式

（2）上、下游翼墙的平面布置。翼墙平面布置通常有下列几种形式。

1）反翼墙。如图 3.63 (a) 所示，翼墙由两段墙体组成。顺水流方向翼墙长度，上游为水闸水头的 3～5 倍，或与铺盖同长，下游长达消力池末端，

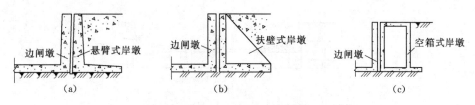

图 3.61　岸墙连接式

(a) 悬臂式岸墩；(b) 扶壁式岸墩；(c) 空箱式岸墩

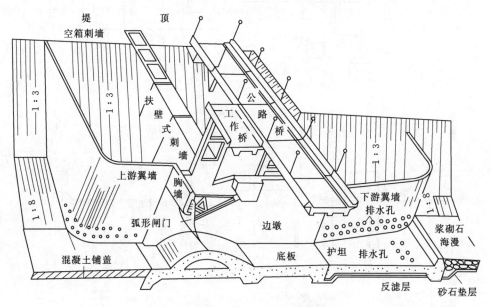

图 3.62　护坡（刺墙）连接式

然后分别垂直插入堤岸内，插入长度 0.3～0.5m。两段墙体相连的转角处，常用半径 $R=2\sim5$m 的圆弧段连接。为改善水流条件，上游翼墙的收缩角 θ 不宜大于 $12°$，下游扩散角 β 不大于 $7°$。这种布置形式水流条件和防渗效果好，但工程量较大，一般适用于大、中型工程。对于渠系小型水闸，为节省工程量，可采用一字形布置形式，即翼墙自闸室边墩上、下游端垂直插入堤岸 [图 3.63 (b)]。这种布置形式虽节省工程量，但进出水流条件较差。为了改善水流条件，在进口角墙截 $30°$ 小切角 [图 3.63 (c)]，可提高 8% 的流量系数值。

2）圆弧翼墙。这种布置从边墩两端开始，用圆弧形直墙与河岸相连，上游圆弧半径 15～20m，下游圆弧半径 30～40m，见图 3.63 (a)。其优点是水流条件好，但施工复杂，模板用量大，适用于水位差、单宽流量大、闸身高、地基承载力较低的大、中型水闸。

3）扭曲面翼墙。扭曲面翼墙的迎水面从边墩端部的铅直面，向上、下游延伸渐变成为与其相连的河岸（或渠道）坡度相同为止，成为扭曲面，见图 3.63 (b)。其特点是进、出闸水流平顺，工程量较省，但施工复杂。这种布置在渠系工程中应用最广。

4）斜降式翼墙。斜降式翼墙如图 3.64 (c) 所示。这种布置的特点是工程量省，施工简便，但水流在闸孔附近容易产生立轴漩滚，冲刷岸坡，且岸墙后渗径较短，有时需要另设刺墙，只能用于小型水闸。对边墩不挡水的水闸，也可不设翼墙，采用引桥与两岸连接。

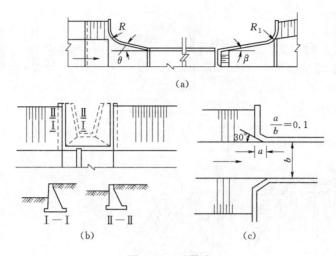

(a)

(b)　　　　　　(c)

图 3.63　反翼墙

(a) 反翼墙；(b) 一字（直角）墙；(c) 截 30°切角一字墙

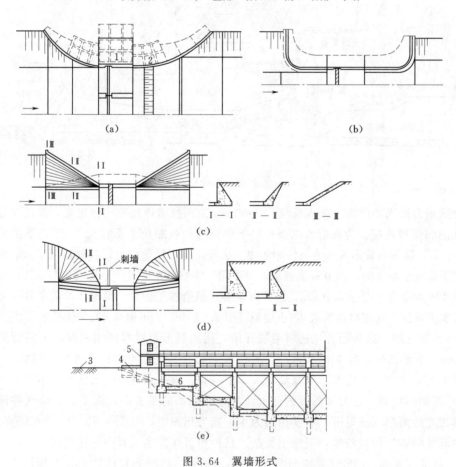

(a)　　　　　　(b)

(c)

(d)

(e)

图 3.64　翼墙形式

(a)、(b) 圆弧翼墙；(c) 斜降式翼墙；(d) 扭曲面翼墙；(e) 无翼墙

1—空箱岸墙；2—空箱翼墙；3—回填土面；4—浆砌石墙；

5—启闭机操纵室；6—钢筋混凝土挡水墙

3. 两岸连接建筑物的结构形式

连接建筑物结构主要是挡土墙，挡土墙可做成悬臂式、扶壁式及空箱式，当挡土高度小于 5m 时，也可做成重力式。

4. 侧向绕渗及防渗、排水设施

(1) 侧向绕渗计算。水闸与两岸或土坝连接部分的渗流称为绕渗。绕渗不利于翼墙、边墩和岸墙的结构强度和稳定，有可能使填土发生危害性的渗透变形，增加渗漏损失。

侧向绕流有自由水面，属于三维无压渗流，计算方法很多，但计算多近似且较繁琐。墙后土层的渗透系数小于或等于地基土的渗透系数时，墙后侧向渗透压力近似地采用相应部位的闸基渗透压力数值，这样计算既简便，又有一定的安全度；当前者大于后者时，应用数值计算可按闸基二维有压渗流相似的方法求解。具体计算参阅有关文献。

(2) 防渗、排水设施。两岸防渗布置必须与闸底地下轮廓线的布置协调，要求上游翼墙与铺盖以及翼墙插入岸坡部分的防渗布置在空间上连成一体。若铺盖长于翼墙，在岸坡上也应设铺盖，或在伸出翼墙范围的铺盖侧部加设垂直防渗设施，以保证铺盖的有效防渗长度，防止在空间上形成渗漏通道。

在下游翼墙的墙身上设置排水设施，可以有效地降低边墩及翼墙后的渗透压力。排水设施多种多样，可根据墙后回填土的性质选用排水孔、连续排水垫层等不同的形式。

1) 排水孔。在稍高于地面的下游翼墙上，每隔 2~4m 留一下直径 5~10cm 的排水孔，以排除墙后的渗水。这种布置适用于透水性较强的砂性回填土，见图 3.65 (a)。

2) 连续排水垫层。在墙背上覆盖一层用透水材料做成的排水垫层，使渗水经排水孔排向下游，见图 3.65 (b)。这种布置适用于透水性很差的黏性回填土。连续排水垫层也可沿开挖边坡铺设，见图 3.65 (c)。

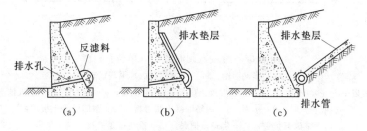

图 3.65　下游翼墙后的排水设施

3.5.9　橡胶坝

橡胶坝是以高强度合成纤维做胎（布）层，用合成橡胶粘合成袋，锚固在闸底板上，用水或气充胀挡水的建筑物，也可称为水闸橡胶，见图 3.66。橡胶水闸是 20 世纪 50 年代末，随着高分子合成材料的发展而出现的一种新型水工建筑物，1957 年建成了世界上第一座橡胶水闸。实践表明，橡胶水闸具有结构简单、抗震性能好、可用于大跨度、施工期短、操作灵活、工程造价低等优点，因此，很快在许多国家得到了应用和发展，特别是日本，从 1965 年至今已建成 2500 多座，我国从 1966 年至今也建成了 400 余座。已建成的橡胶水闸高度一般为 0.5～3.0m，少数为 4～7m，在我国，最高已达 5.0m。橡胶水闸的缺点是橡胶材料易老化，要经常维修，易磨损，不宜在多泥沙河道上修建。

橡胶水闸由三部分组成：①土建部分，包括底板、两岸连接建筑（岸墙）及护坡、上游防渗铺盖或截水墙、下游消力池、海漫等；②闸体（即橡胶闸袋）；③控制及观测系统，包括充胀闸体的充排设备、安全及观测装置。

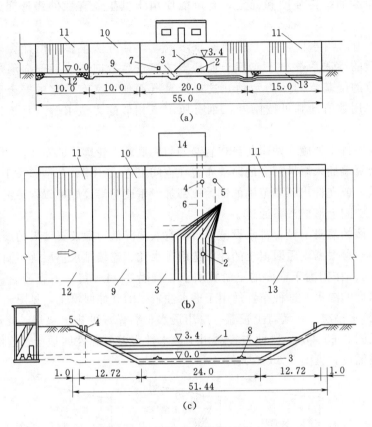

图 3.66 橡胶水闸布置图（单位：m）

(a) 横剖面图；(b) 平面图；(c) 纵剖面较

1—闸袋；2—进、出水口；3—钢筋混凝土底板；4—溢流管；5—排气管；6—泵吸排水管；
7—泵吸排水口；8—水帽；9—钢筋混凝土防渗板；10—钢筋混凝土板护坡；
11—浆砌石护坡；12—浆砌石护底；13—铅丝石笼护底；14—泵房

橡胶水闸有单袋、多袋、单锚固和双锚固等形式，如图 3.67 所示。闸袋可用水或气充胀，前者用于经常溢流的闸袋，为防止充水冰冻也可以充气。

闸袋设计主要是：根据给定的挡水高度和挡水长度，拟定闸袋充水（气）所需的内水（气）压力，进而计算闸袋周长、充胀容积和袋壁拉力，并以此选定橡胶帆布的型号。计算方法可采用壳体理论或有限元法。

随着高分子合成工业的发展，橡胶水闸有着广阔的发展前途，据推测，其挡水高度可达 10m。

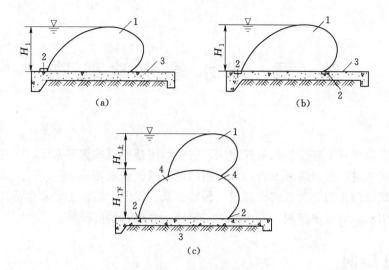

图 3.67　橡胶闸袋的形式

（a）单袋单锚固；（b）单袋双锚固；（c）双袋双锚固

1—闸袋；2—锚固点；3—混凝土底板；4—锚接点

第4章 取水输水建筑物

取水建筑物是输水建筑物的首部建筑，它的作用是控制和调节水流，常见的取水建筑物有引水隧洞的进口段、灌溉渠首和供水用的进水闸、扬水站等。

输水建筑物的作用是为各需水部门（包括灌溉、发电、城市工业和生活用水等）输送所需要的有用水，如引水隧洞、引水涵管、渠道、渡槽、倒虹吸等。

4.1 水工隧洞

4.1.1 概述

1. 水工隧洞的作用和类型

为了满足水利水电工程各项任务而设置的隧洞称为水工隧洞，其功用是：

（1）配合溢洪道宣泄洪水，有时也可作为主要泄洪建筑物使用；

（2）引水发电，或为了达到灌溉、供水、航运等目的输水；

（3）排放水库泥沙，延长水库使用年限，有利于水电站的正常运行；

（4）放空水库，用于战备或检修建筑物；

（5）在水利枢纽施工期间用来施工导流。

按上述功用，水工隧洞可以分为泄洪隧洞、输水隧洞、施工导流隧洞、排沙隧洞和放空隧洞。

根据隧洞内的水流状态，又可将其分为有压隧洞和无压隧洞。

在设计水工隧洞时，应按照枢纽的设计规划，遵循一洞多用的原则，尽量设计多用途的隧洞，以降低工程造价。

2. 水工隧洞的工作特点

（1）水流特点。输水隧洞的水流流速一般较低，但一般要求有光滑的外形，尽量减小水头损失，从而保证隧洞出口的水头。泄水隧洞流速一般很高，如果体型设计不当或施工存在缺陷，可能引起空蚀破坏，且出口单宽流量大，能量集中会造成下游冲刷。为此，应采取适宜的防止空蚀和消能的措施。

1）结构特点。隧洞为地下结构，开挖后破坏了原来岩体内的应力平衡，引起应力重分布，导致围岩产生变形甚至崩塌，为此，常需设置临时支护和永久性衬砌，以承受围岩压力。承受较大内水压力的隧洞，要求围岩具有足够的厚度和进行必要的衬砌，否则一旦衬砌破坏，内水外渗，将危害岩坡稳定及附近建筑物的正常运行。外水压力大也可使埋藏式压力钢管失稳。故应做好勘探工作，使隧洞尽量避开不利的地质、水文地质地段。

2）施工特点。隧洞是地下结构，而且断面小、洞线长、工序多、干扰大。虽然工程量不一定很大，但因施工条件差，工作面受限制，往往工期较长。尤其是兼作导流用的隧洞，其施工进度往往影响整个工程的工期。因此，改善施工条件、改进施工方法、加快施工进度、提高施工质量是隧洞建设的重要课题。

3. 水工隧洞的组成

水工隧洞一般有下面 3 个主要组成部分（图 4.1）。

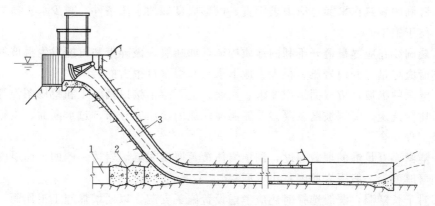

图 4.1　水工隧洞的组成
1—导流洞；2—混凝土堵头；3—水面线

（1）进口段。位于隧洞进口部位。进口形状为喇叭口，在此处设置有拦污栅、闸门室及渐变段。

（2）洞身段。在岩石内开挖而成，用于输送水流。

（3）出口段。泄水隧洞出口设消能建筑物，发电隧洞末端由高压管道通入发电厂房。压力泄水隧洞的出口设有渐变段及工作闸门室。

各种水工隧洞的工作条件、设计方法虽有不同，但基本相似。本节主要讲述泄水隧洞的布置、结构形式、构造等内容。

4.1.2　水工隧洞的布置及线路选择

1. 总体布置

隧洞的总体布置应在枢纽建筑物总体规划的基础上进行，一般应注意以下几个方面。

（1）当枢纽中同时采用岸边溢洪道和泄水隧洞时，宜将其分别布置在枢纽的两岸，以便于施工和运行。

（2）隧洞进出口的位置选择应当注意地形、地质和水流条件，保证施工和运行安全以及水流顺畅。出口还应注意水流的消能问题。

（3）洞身主要选择其纵坡、断面形状和尺寸。选择时除了要注意地形、地质情况，还应考虑泄流量、水位变化情况等。

在设计水工隧洞时，应根据枢纽的规划任务，考虑一洞多用，如常将枢纽中的泄洪、排沙、放空隧洞相结合。施工导流洞应争取改建后与永久隧洞结合，引水发电后的尾水可用于工农业供水，做到一水多用。有时为了简化枢纽布置，节省工程量，可将发电洞和泄洪洞结合，采用主洞泄洪、支洞发电，或主洞发电、支洞泄洪。但这样做，隧洞的工作条件比较复杂，泄洪时电站出力降低很多，而且不稳定，因此大、中型工程不宜采用。

2. 线路选择

泄水隧洞的线路选择是设计中的重要内容，关系到隧洞的造价、施工难易和施工安全、工程进度和运用可靠性等，因此必须在认真勘测的基础上拟定不同的方案，考虑各种因素，进行技术经济比较后确定。影响隧洞线路选择的因素很多，如地形、地质、施工条件等。下面我们介绍隧洞线路选择时应注意的一般原则。

（1）隧洞的线路在平面上应力求短直，以形成良好的水流条件，减少水头损失并减少工程量，便于施工。

（2）隧洞线路应尽量避开不利的地质构造，如断层、破碎带和可能发生滑坡的不稳定地段，同时应尽量避开山岩压力很大、地下水头和渗水量很大的岩层。

（3）隧洞的纵坡，应根据运用要求、用途、上下游衔接以及施工和检修条件等，通过技术经济比较选定。隧洞坡度主要涉及隧洞泄流能力、压力分布、过水断面、工程量、空蚀特性及工程安全。

（4）隧洞要有足够的埋藏深度，洞顶岩体覆盖厚度或隧洞岩边一侧的岩体厚度统称为隧洞的围岩厚度。一般围岩厚度不小于洞径。

（5）对于长隧洞，洞线选择时还应考虑设置施工支洞，以便增加施工工作面，有利于改善施工条件，加快施工进度。

3. 闸门在隧洞中的布置

水工隧洞一般需要设置工作闸门和检修闸门，其作用和布置方式与坝身泄水孔闸门基本相同。

4.1.3　进口段

1. 进水口的形式

进口建筑物按其布置及结构形式不同，可分为竖井式、塔式、岸塔式和斜坡式等。

（1）竖井式进口。在隧洞进口附近的岩体中开挖竖井，井壁一般进行衬砌，闸门安置在竖井中，竖井的顶部布置启闭机及操纵室［图 4.2（a）］，渐变段之后接隧洞洞身。这种布置的优点是结构比较简单，不受风浪和冰冻的影响，受地震影响也较小，比较安全可靠。其缺点是竖井之前的隧洞段不便检修，竖井开挖也较困难。适用于工程地质条件较好，岩体比较完整，山坡坡度适宜，易于开挖平洞和竖井的情况。

设置弧形闸门的竖井，井后为无压洞段，故井内无水，称为"干井"；压力隧洞设置平面闸门的竖井，井内有水，称为"湿井"，只在检修时，井内才无水。

（2）塔式进口。当进口处山岩较差，而岸坡又比较平缓时，可采用塔式进水口。进水塔独立于岸坡或坝体，用工作桥与河岸或坝顶相连。塔的横断面一般为矩形封闭结构或框架结构［图 4.2（b）］，塔顶设操纵平台和启闭机室。塔式进口不涉及岸边自然条件，明挖又较少，只要库底有足够的承载力就可以建塔，所以应用很普遍。刘家峡、走马庄泄水洞进口均为塔式结构。其缺点是结构受风浪、冰、地震的影响大，稳定性相对较差，需要桥梁与库岸或大坝相接，运行管理及交通不便。

（3）岸塔式进口。当隧洞进口处地质条件较好，但岸坡较陡时，若开挖竖井工程量比较大，可以采用岸塔式进口，将进口段、闸门段和闸门竖井均布置在山岩之外，形成一个单独的靠在开挖后洞脸岩坡上的进水塔。此种进水塔可以是直立的或倾斜的，如图

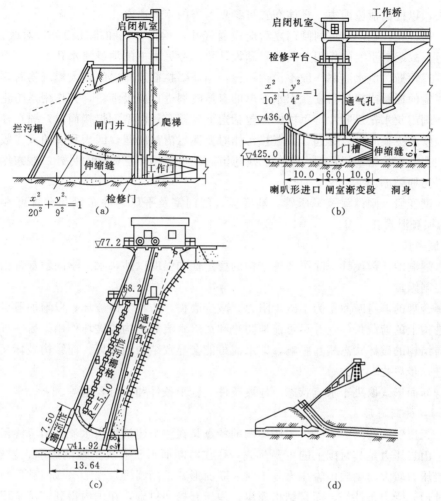

图 4.2　进水口的类型

（a）竖井式进水口；（b）塔式进水口；（c）岸塔式进水口；（d）斜坡式进水口

4.2（c）所示。岸塔式进口的稳定性比塔式好，施工、安装工作比较方便，且不需桥梁与岸坡连接，因此在地形、地质条件适合时，应尽量采用。

（4）斜坡式进口。在较为完整的岩坡上进行平整开挖、护砌而成斜坡式进口，见图 4.2（d）。闸门的轨道直接安装在斜坡的护砌上。其优点是结构简单，施工、安装方便，稳定性好，工程量小。其缺点是如果隧洞进口段过于倾斜，则闸门面积要加大，关门时不易依靠自重下降，需另加关门力。斜坡式进口一般只用于中、小型工程，或仅作为安装检修闸门的进口。

2. 进口段的组成

进口段一般由进水喇叭口、闸门室、通气孔、拦污栅、平压管和渐变段等几部分组成。

（1）进水喇叭口。隧洞的进水口常采用顶板和边墙顺水流方向三面收缩的平底矩形断面，其体型应符合孔口泄流的形态，避免产生不利的负压和空蚀破坏，同时还应尽量减少局部损失，以提高泄流能力。具体布置可参见本书的坝身泄水孔。

（2）通气孔。在泄水隧洞闸门之后应设通气孔，承担补气和排气任务，对改善流态、避免运行事故起着重要的作用。其布置和设计要求参见本书的坝身泄水孔。

（3）拦污栅。泄水隧洞一般不设拦污栅，当需要拦截水库中的较大浮沉物时，可在进口设置固定的栅梁或粗拦污栅。引水发电的有压隧洞进口应设细栅，其作用是防止污物阻塞和破坏阀门及水轮机叶片。每块栅片包括边框和栅条，由型钢焊接而成，插在柱墩和横梁间，检修和更换时可以提起。设置拦污栅时要注意清污问题，因为我国的大多数河流中漂浮物较多，容易堵塞拦污栅，不仅影响过流，还可能压坏拦污栅。另外，在寒冷地区还要防止拦污栅结冰。

（4）渐变段、闸门室及平压管。渐变段、闸门室及平压管的布置和设置可参见本书3.3 节的坝身泄水孔一节。

4.1.4　洞身段

泄水隧洞的体形设计，除了考虑结构的稳定性和强度以外，水力学问题常常构成极为重要的控制因素。

选择合理的洞身断面是为了减少阻力，减少磨损，防止气蚀破坏，以增加泄量，改善作用在结构上的荷载条件，并尽可能地防止和消除水流对结构的破坏作用。另一方面，水流状态与结构的破坏状态相互影响，即水流可能会导致结构的破坏，而结构破坏又会使水流状态进一步恶化。

洞身断面形式取决于水流状态、地质条件、施工条件和运行要求等。

1. 洞身的断面形式

（1）无压隧洞的断面形式。无压隧洞的特点是在整个建筑物内水流自始至终保持着自由水面，山岩压力是其衬砌上的主要荷载，往往对断面形状有决定性的影响。岩层坚硬、垂直山岩压力较大而侧向山岩压力较小时，断面形式采用圆拱直墙形（城门洞形）比较合适。这种形式受力条件好，而且结构简单，便于开挖和衬砌，在国内得到广泛采用。其断面形状见图 4.3（d）、（i），顶拱中心角多在 90°～180°之间。垂直山岩压力越大，选用的中心角也应越大。

断面的宽高比一般为 1:1～1:1.5，当洞内水位变化较大时，宜采用较小的宽高比。

为了减小或消除作用在边墙上的侧向围岩压力，也可把边墙做成倾斜的［图4.3（e）］。如围岩条件较差，还可以采用马蹄形断面［图 4.3（f）、（h）］。当围岩条件差，又有较大的外水压力时，也可采用圆形断面。

（2）有压隧洞的断面形式。有压隧洞的断面多为圆形，见图 4.3（a）、（b）、（c）、（g）。这是因为圆形断面的水力条件好，适于承受均匀内水压力。当围岩条件好，且洞径和内水压力不大时，也可采用圆形断面或更便于施工的其他断面形状。

2. 洞身断面尺寸

洞身断面尺寸应根据运用要求、泄流量、作用水头及纵剖面布置，通过水力计算确定，有时还要进行水工模型试验验证。

（1）无压隧洞的断面尺寸。无压隧洞断面尺寸的确定，首先应满足运用的要求，主要是泄流能力和洞内水面线的要求，当洞内水流流速大于 15m/s 时，还应研究由于高速水

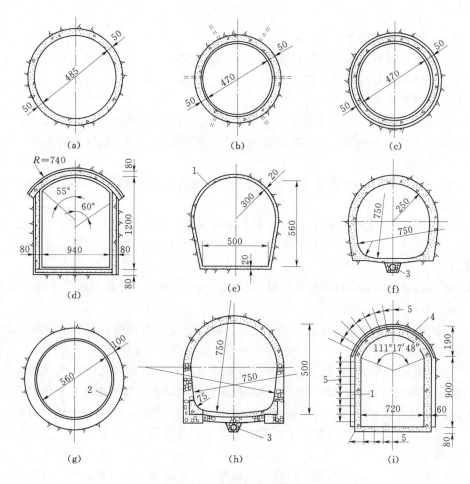

图 4.3　隧洞的典型断面

(a)～(f) 单层衬砌；(g)～(i) 组合衬砌

1—喷混凝土；2—δ=16mm 钢板；3—ϕ=25cm 排水管；4—20cm 钢筋网喷混凝土；5—锚筋

流引起的掺气、冲击波及空蚀等问题。

隧洞按无压明流工作状态设计时，为了防止发生满流工作情况，水面以上需留有足够的空间余幅。在低流速的无压隧洞中，若通气条件良好，隧洞断面内水面线以上的空间不宜小于隧洞断面面积的 15%，且其高度应不小于 40cm。高流速的无压隧洞，其掺气水面以上所留的空间一般为隧洞横断面面积的 15%～25%。当采用圆拱直墙式断面时，水面线不应超出直墙范围；当水流有冲击波时，应将冲击波波峰限制在直墙范围内。美国波尔德泄洪洞的空间余幅达到 64% 洞高，我国刘家峡水电站泄洪洞的空间余幅则为洞高的 25%。

考虑到施工的需要，非圆形隧洞横断面的最小尺寸，高度不宜小于 1.8m，宽度不宜小于 1.5m。圆形洞的断面内径不宜小于 1.8m。

（2）有压隧洞的断面尺寸。有压隧洞的断面尺寸根据水力计算确定，水力计算的主要任务是核算泄流能力及沿程压坡线。有压隧洞的泄流能力按管流计算，计算公式为

$$Q = \mu\omega\sqrt{2gH} \tag{4.1}$$

式中　Q——有压隧洞的泄流量，m^3/s；

　　　μ——考虑隧洞沿程阻力和局部阻力的流量系数；

　　　ω——隧洞出口的断面面积，m^2；

　　　H——计算水头，m。

有压隧洞的压坡线，应根据能量方程分段推求。为了保证洞内水流处于有压状态，洞顶应有 2m 以上的压力余幅。对于高流速的有压泄水隧洞，压力余幅应适当提高。

3. 洞身衬砌

(1) 衬砌的功用。为了保证水工隧洞安全有效地运行，通常需要对隧洞进行衬砌。衬砌的功用是：

1) 承受荷载。衬砌承受山岩压力、内水压力等各种荷载。

2) 加固围岩。衬砌和围岩共同承受内、外水压力和其他荷载，使围岩保持稳定，不至于塌落。

3) 减小表面糙率。由衬砌形成光滑、平整的表面，可以减小隧洞的糙率和水头损失，改善水流条件。

4) 保护围岩。衬砌可以防止水流、空气、温度、湿度变化等对围岩的冲刷、风化和侵蚀等破坏作用。

5) 防止渗漏。当围岩坚硬完整，开挖不需要支护，岩石抗风化能力强，透水性较弱时，有些导流隧洞也可以不做衬砌或只在开挖表面喷混凝土。如在水流及其他因素长期作用下，岩石不致遭到破坏时，引水隧洞也可考虑不衬砌。但是，不衬砌的隧洞糙率大，水头损失增加，往往需要加大断面尺寸。因此，不衬砌的隧洞是否经济合理，需要经过技术经济论证确定。

(2) 衬砌的类型。衬砌的类型按设置衬砌的目的可分为平整衬砌和受力衬砌两类。按衬砌所用材料不同，分为混凝土衬砌、钢筋混凝土衬砌和浆砌石等。除此之外，还有预应力衬砌、装配式衬砌和喷锚衬砌、限裂衬砌和非限裂衬砌等。

1) 平整衬砌。当围岩坚固，内水压力不大时，可以用混凝土、浆砌石等材料或喷浆等方式做成平整的护面。它不承受荷载，只起减小糙率、防止漏水、抵抗冲蚀和防止岩石风化等作用。

2) 混凝土、钢筋混凝土衬砌。这是我国应用最多的受力衬砌。围岩坚硬、内水压力不大时，可采用混凝土衬砌。当采用混凝土衬砌不能满足要求时，应采用钢筋混凝土衬砌。衬砌的厚度（不包括围岩超挖部分）应根据强度计算和构造要求，并结合施工方法分析确定。衬砌的最小厚度，对于混凝土和单筋混凝土衬砌不宜小于 25cm，对于双层钢筋混凝土衬砌不宜小于 30cm。混凝土的抗拉强度较低，靠增加混凝土的厚度提高其抗弯能力是不经济的，并且在增加衬砌厚度的同时，增加了山岩压力和自重以及岩石的开挖量，所以衬砌厚度应尽量小。衬砌所用混凝土的标号不应低于 C15。

3) 预应力衬砌。预应力衬砌是对混凝土或钢筋混凝土衬砌施加预压应力，以便抵消内水压力产生的拉应力，克服混凝土抗拉强度低的缺点，可使衬砌厚度减薄，节省材料和开挖量。其缺点是施工复杂，工期较长。

最简单的预加应力方法是在衬砌与围岩之间进行压力灌浆，使衬砌产生预压应力。为了保证灌浆效果，围岩表面应用混凝土进行修整，并与衬砌之间留有 2~3cm 的空隙，以便灌浆。浆液应采用膨胀性水泥，以防干缩时预压应力降低。这种预加应力方法要求围岩比较坚硬完整，必要时可先对围岩进行固结灌浆。

4）锚喷衬砌。锚喷衬砌是指利用锚杆和喷混凝土进行围岩加固的总称。喷混凝土的优点如前所述，对于坚固完整的围岩，可单独使用。由于喷射混凝土能紧跟掘进工作面施工，缩短了围岩暴露时间，使围岩的风化、潮解和应力松弛等不致有大的发展，不仅可以做成平整衬砌，还能给围岩的自身稳定创造有利条件。

锚杆支护是用特定形式的锚杆锚定于岩石内部，把原来不够完整的围岩固结起来，以增强围岩的整体性和稳定性。为施工安全而施加的临时喷锚设施一般称为喷锚支护。锚杆支护也可单独使用，其对围岩的加固作用可概括为悬吊、组合和固结三个方面。对于块状围岩，利用锚杆将可能塌落的岩块悬吊在稳定的岩体上；对于层状岩体，利用锚杆将围岩组合在一起，形成组合梁或组合拱，增加其抗弯和抗剪的能力；对于软弱岩体，通过锚杆的加固作用，使其形成整体。

工程实践证明，采用锚喷支护可以减少混凝土衬砌量，不用模板，施工安全，造价降低，是一种多、快、好、省的施工方法。但需注意研究内外水压力、抗渗、允许流速以及糙率等问题。

（3）衬砌形式的选择。衬砌形式的选择与围岩条件紧密相关。当水工隧洞的内水外渗会引起一些严重危害（如围岩失稳、边坡失稳、周围建筑物失稳等）时，防渗常常是需考虑的重要因素之一。另外，隧洞的运行条件、施工方法等也都是衬砌形式选择要考虑的方面。例如，不衬砌及喷锚衬砌的糙率大，运行中产生的水头损失也大，只适用于流速较小的隧洞。

4.1.5　出口段的结构布置

在有压隧洞的出口，绝大多数设有工作闸门和启闭机室，闸门前设有渐变段，洞身从圆形断面渐变为矩形孔口，出口之后是消能设施。图 4.4（a）为冯家山水库右岸有压泄洪洞的出口段结构图。

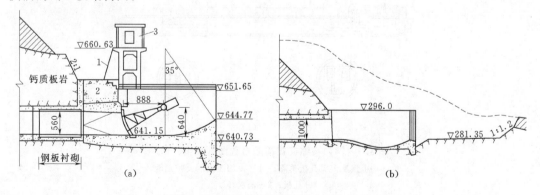

图 4.4　隧洞出口段结构图（高程单位：m，尺寸单位：cm）

(a) 有压隧洞；(b) 无压隧洞

1—钢梯；2—混凝土压重；3—启闭机塞

有压泄水隧洞自由出流时，主流下跌，在出口段一定长度范围内，洞顶易出现负压。因此，为了防止出口段出现负压，出口断面应该收缩，如沿程边界无显著变化，出口收缩比可采用 0.85～0.9。

无压隧洞的出口段仅设有门框，以防洞脸及其上部岩石崩塌，并与消能设施的两侧边墙相衔接。图 4.4 (b) 为陆浑水库无压泄洪洞的出口段结构图。

4.1.6 隧洞的消能设施

泄水隧洞大多采用挑流消能和底流消能。近年来国内也在研究采用新型消能工，如窄缝挑流消能及洞内突扩突缩消能等（图 4.5）。泄水隧洞出口的消能方式和岸边溢洪道相似，只是隧洞出口宽度小，单宽流量大，能量集中，故常在出口后设置扩散段，以扩散水流，减小单宽流量。

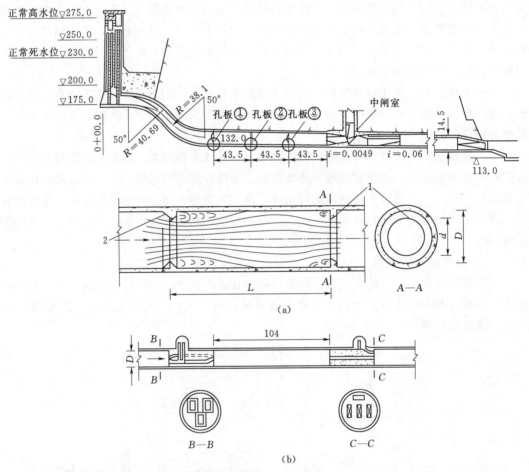

图 4.5 洞内突缩突扩消能布置图（单位：m）
(a) 小浪底多级孔板消能；(b) 麦加泄洪洞突扩消能
1—孔板；2—消涡环

洞中突扩消能是在有压隧洞中分段，造成出流突然扩散，与其周围水体之间产生大量漩涡、掺混而消能。

高水头枢纽中利用高程相对较低的导流隧洞改建为泄洪洞后，泄洪时必然使洞内流速很高。为了防止高速水流引起的空蚀及高速含沙水流的磨损破坏，可在洞内采用突扩消能。黄河小浪底水利枢纽设计中将导流洞改建为压力泄洪洞，采用多级孔板消能方案，在直径 D 为 14.5m 的洞中布置了五级孔径为 10m 的孔板，孔板的间距为 $3D=43.5m$。由模型试验得知，水流通过孔板突扩消能，可将 140m 的水头削减 80%，洞壁最大流速仅为 10m/s 左右。加拿大麦加堆石坝左岸泄洪洞也是由导流洞改建而成，在 180m 水头作用下，如不采取措施，洞内流速可高达 52m/s。为了减小流速，在直径为 13.8m 的洞内修建了两段混凝土塞，净距离为 104m，塞内设 3 根钢管。水流在两个混凝土堵塞段之间进行扩散消能，可使流速降到 35m/s。

4.1.7 隧洞衬砌上的荷载及其组合

作用在衬砌上的荷载，按其作用的情况不同，分为基本荷载和特殊荷载两类。基本荷载有：围岩压力、衬砌自重、设计水位洞内的静水压力、稳定渗流情况下的地下水压力等长期作用荷载；特殊荷载有：校核水位时的内水压力和相应的地下水压力、施工荷载、温度应力、灌浆压力及地震荷载等不经常作用荷载。

所有荷载中，衬砌自重和内水压力可以较精确地计算。对于地下水压力（也称外水压力）、温度荷载、灌浆压力、地震荷载等，则常假定一些基本数据，然后作近似的计算。岩石和衬砌之间的作用力（围岩压力和岩层对衬砌的弹性抗力），因地质条件、衬砌形式和施工条件的不同而不同，目前还不能十分精确地计算。

计算荷载应根据上述两类荷载同时存在的可能性进行组合，分别组合为基本组合和特殊组合。在衬砌计算中应采用最不利的组合情况，并分别采用不同的安全系数。

1. 山岩压力（围岩压力）

隧洞的开挖破坏了岩体本来的平衡状态，引起围岩的应力重分布，并随之产生相应的变形。隧洞开挖后因围岩变形或塌落作用在支护上的压力称为山岩压力。

影响山岩压力的因素很多，如岩体的强度、岩层的产状、裂缝的组合、风化程度、地下水状况、隧洞断面形状和尺寸、采用的施工方法、支护或衬砌的方式及时间等。因此，这是一个错综复杂的问题，很难用一个简单的理论公式概括。对于重要的、地质条件复杂的工程，应尽可能通过现场试验和观测确定山岩压力。

2. 围岩的弹性抗力

在荷载的作用下，衬砌向外变形时受到围岩的抵抗，这种围岩抵抗衬砌变形的作用力，称为围岩的弹性抗力。围岩压力是作用在衬砌上的主动力，而弹性抗力是被动力，并且是有条件的。围岩考虑弹性抗力的重要条件是岩石本身的承载能力，而充分发挥弹性抗力作用的主要条件是围岩与衬砌的接触程度。弹性抗力的作用表明围岩能与衬砌共同承受荷载，从而使衬砌的内力减小，对衬砌的工作状态是有利的。因此，充分地估计岩石抗力，对减少衬砌工程量有很大的作用，但如果对弹性抗力估计过高，将不适当地减弱衬砌设计。因此，必须认真研究确定围岩弹性抗力的大小，并采取适当措施，保证衬砌与围岩紧密结合。

3. 内外水压力

内水压力是有压隧洞衬砌上的主要荷载。当围岩坚硬完整，洞径小于 6m 时，可只按内水压力进行衬砌的结构设计。内水压力可根据隧洞压力线或洞内水面线确定。在有压隧洞的衬砌计算中，常将内水压力分为均匀水压力和无水头洞内满水压力两部分，分别进行计算。对于发电的有压引水隧洞，还应考虑水击引起的水压力。对于无压隧洞的内水压力，则由洞内的水面线来计算。

外水压力也是水工隧洞的基本荷载之一，其数值取决于水库蓄水后形成的地下水位线，因其与地形、地质、水文地质条件以及防渗、排水等措施有关，很难准确计算。一般来说，位于水库下面的隧洞，在防渗帷幕上游部分，地下水位线与水库正常挡水位一致；在防渗帷幕下游，如衬砌不漏水或排水正常工作，则地下水水头约为 $(0.3\sim0.5)H$，H 为水库正常挡水水头；在隧洞出口处为零；中间按直线变化。如衬砌漏水或排水失效，则地下水水头约等于内水压力水头。如天然地下水位高于上述数值，则应按天然地下水位线计算外水压力。无压隧洞一般采用排水措施消除外水压力。考虑到地下水渗流过程的水头损失，外水压力的数值应等于地下水的水头乘以折减系数 β。根据我国工程经验，β 值一般在 $0.25\sim1.0$ 之间，实际工程中应根据地下水的活动情况，按表 4.1 选用，当围岩裂隙发育时取大值，反之取小值。

工程设计中，当与内水压力组合时，外水压力常用偏小值；当隧洞放空时，外水压力常采用偏大值。

表 4.1　　　　　　　　　　　　　　　　　　　外水荷载折减系数 β

级别	影响	地下水活动情况	地下水对围岩稳定的影响	建议的 β 值
1	无	洞壁干燥或潮湿	无影响	$0\sim0.20$
2	微弱	沿结构面有渗水或滴水	风化结构面充填物质，地下水降低结构面的抗剪强度，对软弱岩体有软化作用	$0.10\sim0.40$
3	显著	沿裂隙或软弱结构面有大量滴水、线状流水或喷水	泥化软弱结构面充填物质，地下水降低结构面的抗剪强度，对中硬岩体有软化作用	$0.25\sim0.60$
4	强烈	严重滴水，沿软弱结构面有少量滴水	冲刷结构面中充填物质，加速岩体风化，对断层等软弱带软化泥化，并使其膨胀崩解，以及产生机械管涌。有渗透压力，能鼓开较薄的软弱层	$0.40\sim0.80$
5	剧烈	严重股状流水，断层等软弱带有大量涌水	冲刷携带结构面充填物质，分离岩体，有渗透压力，能鼓开一定厚度的断层等软弱带，能导致围岩塌方	$0.65\sim1.00$

4. 灌浆压力

隧洞衬砌施工时，由于岩石和模板的变形及混凝土干缩，顶部衬砌与围岩间常存在空隙，需进行回填灌浆，回填灌浆孔主要布置在隧洞的顶拱部分。而围岩的固结灌浆孔则常沿洞周均匀对称地布置。灌浆压力的大小，与地质条件和施工方法关系很大，需要根据灌浆试验确定。

根据一般经验，回填灌浆压力一般为 $0.2\sim0.5\mathrm{MPa}$，分布在隧洞顶部中心角（为 $90°\sim120°$）范围内，计算中常将其简化为作用范围为 $90°$ 的均匀压力。固结灌浆压力可达 $0.3\sim1.0\mathrm{MPa}$，对高水头压力隧洞，还应适当加大。固结灌浆对衬砌的作用与外水压力相似，使衬砌受压。其浆液凝固后，作用于衬砌上的灌浆压力逐渐消失，所以灌浆荷载为施工临时荷载，一般运用情况均不符合固结灌浆压力。

5. 温度荷载和地震荷载

隧洞衬砌一般较薄，散热条件好，因此混凝土的水化热很容易散发，一般可不考虑温度荷载的作用，而主要通过衬砌分缝、养护、保温等构造措施和施工措施予以处理。当按其他荷载计算后不需配筋或配筋较少，而温度变化又较大时，可以适当加置温度钢筋。

隧洞衬砌因埋置在地下，受地震影响很小，故设计中一般可不考虑地震作用。如1976年唐山大地震时，地面建筑物破坏严重，而开滦煤矿井巷混凝土棚架和喷锚支护的完好率达 95%～100%。但隧洞线路应尽量避开晚、近期活动性断裂带，在设计烈度为 8、9 度的地区，不宜在风化和裂隙发育的傍山岩体中修建大跨度的隧洞。对于进出口建筑物，应考虑地震的影响。此外，还应注意洞口附近较陡边坡在地震时有无发生滑塌的可能，必要时应采取适宜的加固措施。

6. 荷载组合

衬砌计算时，应根据荷载特点及同时作用的可能性，按不同情况进行组合。

(1) 正常运用情况：围岩压力＋衬砌自重＋宣泄设计洪水时的内水压力＋外水压力。

(2) 施工、检修情况：围岩压力＋衬砌自重＋可能最大外水压力。

(3) 非常运用情况：围岩压力＋衬砌自重＋宣泄校核洪水时的内水压力＋外水压力。

正常运用情况和非常运用情况均可能有几种不同组合，在设计计算中可根据具体情况分析确定。正常运用情况属于基本组合，用以设计衬砌的厚度、材料标号和配筋量，其他情况用作校核。

4.1.8 衬砌计算

衬砌的计算，包括确定衬砌厚度、配置钢筋数量和校核衬砌强度。

衬砌计算的一般步骤是：①拟定衬砌形式和厚度，一般衬砌厚度为洞径的 1/12～1/8，也可应用工程类比法初步确定厚度；②分别计算各种荷载生产的内力，按不同的荷载组合叠加内力；③进行强度校核，修改结构和配筋。

衬砌计算应根据隧洞沿线荷载和断面形状尺寸的变化情况分为数段，每段选一有代表性的断面进行结构计算。

目前衬砌的结构计算方法有三大类。第一类是结构力学法，将衬砌与围岩分开考虑，围岩的弹性抗力是围岩变形的函数，按超静定结构求解衬砌结构的应力。此种计算方法的主要问题是围岩的弹性抗力难以准确确定。第二类是用弹性理论分析无限弹性介质中的轴对称受力的圆管。第三类是有限元计算法，将围岩和衬砌一起计算，可以考虑复杂的地质条件以及混凝土和围岩材料的弹塑性特性。有限元计算法虽然方法比较精确，但围岩的地质力学常数以及初始应力不易确定，直接影响到计算数值的可靠性，而且有限元计算工作量比较大。

4.1.9 水工隧洞的构造

1. 衬砌的分缝和止水

在混凝土及钢筋混凝土衬砌中，一般设有施工工作缝和永久性的横向变形缝。

设置变形缝是为了防止不均匀沉陷。其位置应设在由于荷载大小、断面尺寸和地质条件等因素发生变化而容易产生不均匀沉陷的部位。例如洞身与进口、渐变段等接头处以及断层破碎带的变化处，均需设置变形缝。在断层破碎带处，山岩压力较大，应增加衬砌厚度并配置钢筋。缝面不需凿毛,缝内贴沥青毡并做好止水,其构造如图 4.6 所示。

围岩地质条件比较均一的洞身段,只设置施工缝。施工缝有纵向与横向两种。横向施工缝间距应根据混凝土的浇筑能力和温度收缩可能对衬砌产生的影响等因素分析确定,一般可用 6～12m。底拱和边、顶拱和缝面不得错开。无压隧洞的横向施工缝,一般不设止水,混凝土也不凿毛,分布钢筋可不穿过横向施工缝。对有压隧洞和有防渗要求的无压隧洞,横向缝应根据具体情况采取必要的接缝处理措施。

纵向工作缝的位置及数目则应根据结构形式及施工条件决定,一般应设在内力较小的部分。无论是无压洞还是有压洞,其纵向施工缝均须凿毛处理,可设一些插筋以加强其整体性,必要时还可设置止水片(图 4.7)。

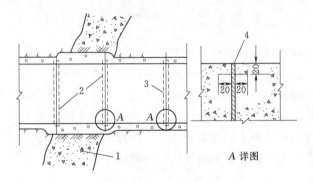

图 4.6　衬砌变形缝
1—断层破碎带;2—变形缝;3—沥青油毡;4—止水片

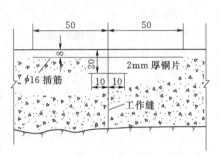

图 4.7　工作缝构造

2. 隧洞灌浆与排水

(1)灌浆。隧洞灌浆有回填灌浆和固结灌浆两种。

回填灌浆的目的是将衬砌与围岩之间的空隙充填密实,改善衬砌结构的传力条件,以便衬砌与围岩共同承受荷载。回填灌浆的范围、孔距、排距、灌浆压力及浆液浓度等,应根据衬砌的结构形式、隧洞的工作条件及施工方法等分析确定。对于混凝土和钢筋混凝土衬砌,回填灌浆一般在顶拱中心角 90°～120°范围内进行,孔距和排距一般为 2～6m,灌浆压力为 200～500kPa。通过预埋管进行灌浆,灌浆时应加强观测,防止衬砌产生不容许的变形。

固结灌浆的目的是提高围岩的强度和整体性,得到可靠的弹性抗力,以改善衬砌结构的受力条件,并减少渗漏。固结灌浆孔的布置和灌浆压力,应根据地质条件、水头大小以及对围岩加固和防渗的要求而定。一般固结灌浆孔的孔排距为 2～4m,孔深可取 0.5 倍的隧洞直径(或洞宽)。灌浆压力为 1.0～2.0 倍的内水压力。

(2)排水。设置排水的目的是降低作用在衬砌上的外水压力。对于无压隧洞衬砌,当地下水位高时,外水压力可能成为衬砌的主要荷载,为此,可在洞内水面线以上通过衬砌设置排水孔,将地下水直接引入洞内(图 4.8)。

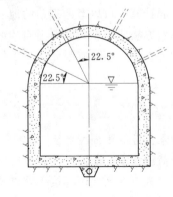

图 4.8　无压隧洞排水

排水孔的间距、排距和孔深，一般为2～4m。

有压隧洞是否需要采取排水措施，可根据外水压力是否控制衬砌的承载能力来考虑。必须时，宜研究设置排水措施。设置排水设施时，应避免内水外渗，恶化围岩和衬砌的受力条件，加大水量损失。有压隧洞的排水方式，可在衬砌底部设置纵向排水暗管（图4.9），将渗水排向下游。纵向排水暗管由无砂混凝土管或多孔缸瓦管做成。为了改善排水效果，可沿洞轴线每隔6～8m设一道环向排水。环向排水可用砾石铺筑而成，将收集的渗水汇入纵向排水暗管。

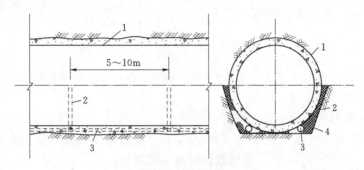

图4.9　有压隧洞排水
1—隧洞；2—环向排水；3—纵向排水；4—卵石

当围岩中软弱面充填物有被水溶解和带走的危险，影响围岩稳定时，不宜设置排水设施。这时可用固结灌浆加强围岩的方法来减轻外来水压力对衬砌的不利影响。

4.2　渠首

为了满足农田灌溉、水力发电、工业及生活用水的需要，在河道适宜地点修建由几个建筑物组成的水利枢纽，称为取水的水利枢纽。因其位于引水渠之首，又称渠首或渠首工程。

引水枢纽工程的级别划分，应参照《灌溉与排水工程设计标准》（GB 50288—2018）划分标准，具体指标见表4.2。

表4.2　　　　　　　　　　　　　渠系建筑物的分级指标

渠系建筑物级别	1	2	3	4	5
设计流量/（m³/s）	＞300	300～100	100～20	20～5	＜5

取水枢纽有两种取水方式：一是自流引水；二是提水引水。对于自流引水枢纽按有无拦河坝（闸）又分为无坝取水和有坝取水两种类型。

4.2.1　无坝取水枢纽

当引水比（引水流量与天然河道之比）不大，防沙要求不高，取水期间河道的水位和流量能够满足或基本满足要求时，只需在河道岸边的适宜地点选定取水口，即可从河道侧面引水，而无需修建拦河闸（坝）的取水方式，称为无坝取水。这是最简单的取水方式，其工程简单、投资少、工期短，易于施工，但不能控制河道的水位和流量，受河道水流和泥沙运动的影响，取水保证率低。

1. 无坝取水枢纽位置的选择

选定适宜的渠首位置，对于保证引水，减少泥沙入渠，起着决定性作用。为此，在确定渠首位置时，必须掌握河岸的地形、地质资料，研究水文、泥沙特性及河床演变规律，并遵循以下几项原则。

（1）根据弯道环流原理，取水口应选在稳固的弯道凹岸顶点以下一定距离，以引取表层较清的水流，防止或减少推移质泥沙进入渠道（图 4.10），取水口距离弯道起点为河宽的 4～5 倍，可用下式初步拟定

$$L = mB\sqrt{4\frac{R}{B}+1} \tag{4.2}$$

式中　m——系数，根据试验 $m=0.6\sim1.0$，当 $m=0.8$ 时，取水口的进沙量最少；

B——河道的水面宽，m；

R——弯道的中心线半径，m。

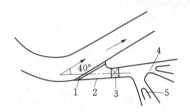

图 4.10　无坝渠首
1—导沙坎；2—引水渠；3—进水闸；
4—东沉沙条渠；5—西沉沙条渠

（2）尽量选择短的干渠线路，避开陡坡、深谷及塌方地段，以减少工程量。

（3）对有分汊的河段，不宜将渠首设在汊道上，因主流摆动不定，容易导致汊道淤塞，造成引水困难。必要时，应对河道进行整治，将主流控制在汊道上。

2. 无坝取水枢纽的布置原则

（1）引水角（引水渠轴线与河道主流轴线的夹角）应为锐角。

为了使水流平稳地进入引水渠，减少入渠泥沙，引水角应尽量减小，但不应小于 30°，否则会使结构布置大为复杂。一般采用 30°～45°。

（2）在保证安全的前提下，尽量缩短闸前引水渠的长度，以减少水头损失和泥沙的淤积。

（3）进水闸前一般都设拦沙导流坎，以减少入渠泥沙。

（4）冲沙闸与引水渠中的夹角一般选用 30°～60°。

4.2.2　有坝取水枢纽

当河道水量丰沛，但水位较低或引水量较大，无坝取水不能满足要求时，应建拦河闸或溢流坝，用以抬高水位，保证引取需要的水量。

1. 有坝取水枢纽位置的选择

（1）有坝渠首的位置一般在灌区的上游，以减小闸（坝）高，使灌区的农田大部分能自流灌溉。渠首的位置应尽可能距灌区近些，使干渠长度缩短，以减少输水损失，降低工程造价。

（2）在多泥沙河流上，有坝渠首的位置应选在河床稳定的河段；在弯曲河道上，取水口应选在弯道的凹岸；在顺直河段上，取水口应位于主流靠近河岸的地方。

（3）渠道位置应选择河岸稳固、高程适宜的地段，以减小护岸工程，避免增加渠首土

石方的开挖量。

（4）坝址应有较好的地质条件。最好是岩基，其次是砂卵石和坚实的黏土，砂砾石及沙基亦可，但淤泥和泥沙不宜作为坝基。

（5）河道的宽窄适宜。河道过宽，坝轴线长度增加，工程量大；过窄，施工及建筑物的布置比较困难。

（6）当河流有支流汇入时，渠首位置宜选在支流汇入处的上游，以免渠首受支流泥沙的影响。

2. 有坝取水枢纽的布置

由于河流特性、渠首运用等条件的不同，有坝取水渠首有着许多不同的布置形式。主要包括沉沙（冲沙）槽式、人工弯道式、分层取水式（冲沙廊道式）及底栏栅式四种。

（1）沉沙槽式。利用导水墙与进水闸翼墙在闸前形成的沉沙槽沉淀粗颗粒泥沙，丰水期开启冲沙闸，将泥沙排向下游，见图 4.11（a）。

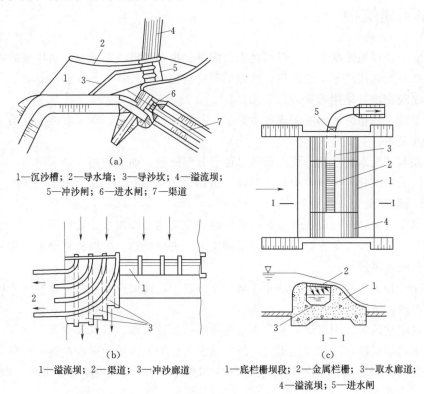

（a）

1—沉沙槽；2—导水墙；3—导沙坎；4—溢流坝；
5—冲沙闸；6—进水闸；7—渠道

1—溢流坝；2—渠道；3—冲沙廊道

1—底栏栅坝段；2—金属栏栅；3—取水廊道；
4—溢流坝；5—进水闸

图 4.11　有坝渠首

（a）沉沙槽式渠首；（b）底部冲沙廊道式渠首；（c）底栏栅式渠道

（2）人工弯道式。利用人工弯道产生的环流减少泥沙入渠。

（3）分层取水式。利用含沙量沿水深分布不均的特点，在进水闸下部设冲沙廊道，从上面引取表层较清的水，泥沙经由冲沙廊道排向下游，见图 4.11（b）。

（4）底栏栅式。在溢流坝体内设置输水廊道，顶面有金属栏栅。过水时，部分水流由栏栅间隙落入廊道，然后进入渠道或输水隧洞。这种布置形式可防止大于栏条间隙的砂石进入廊道，适用于坡陡流急、水流挟有大量推移质的山区河流，见图 4.11（c）。

4.2.3　沉沙池

为防止泥沙入渠，常在取水口附近或引水渠前段的适宜地段设置沉沙池，将沉淀后较清的水引入渠道。

沉沙池是一个断面远大于引水渠道断面的静水池。挟沙水流进入池内，由于流速低，大部分较粗颗粒的泥沙逐渐下沉。需要沉淀的泥沙，视引水的用途而异：若用于发电，为防止泥沙磨损水轮机、缩短水轮机的使用寿命和降低效率，要求沉淀 $80\% \sim 90\%$ 粒径大于 0.2mm 的泥沙；用于灌溉，需将 $80\% \sim 90\%$ 粒径大于 0.03mm 的泥沙沉淀下来。沉沙池按冲洗泥沙的方法不同，分为定期冲洗沉沙池和连续冲洗沉沙池，后者结构较复杂，适用于含沙量较大、泥沙颗粒较粗、不允许停止供水的情况。当没有条件进行水力冲洗时，也可采用机械清淤。

4.3　渠系建筑物

为了安全合理地输配水量，以满足农田灌溉、水力发电、工业及生活用水的需要，在渠道（渠系）上修建的水工建筑物，统称渠系建筑物。

渠系建筑物按其作用可分为以下几种。

（1）渠道。是指为农田灌溉或排水渠道，一般分为干、支、斗、农四级，构成渠道系统，简称为渠系。

（2）调节及配水建筑物。用以调节水位和分配流量，如节制闸、分水闸等。

（3）交叉建筑物。渠道与山谷、河流、道路、山岭等相交时修建的建筑物，如渡槽、倒虹吸管、涵洞等。

（4）落差建筑物。在渠道落差集中处修建的建筑物，如跌水、陡坡等。

（5）泄水建筑物。为保护渠道及建筑物安全或进行维修，用以放空渠水的建筑物，如泄水闸、虹吸泄洪道等。

（6）冲沙和沉沙建筑物。为防止和减少渠道淤积，在渠首或渠系中设置冲沙和沉沙设施，如冲沙闸、沉沙池等。

（7）量水建筑物。用以计量输配水量的设施，如量水堰、量水管嘴等。

渠系中的建筑物，一般规模不大，但数量多，总的工程量和造价在整个工程中所占比重较大。为此，应尽量简化结构，改进设计和施工，以节约原材料和劳力，降低工程造价。

以下仅就渠道、渡槽、倒虹吸管、涵洞、跌水及陡坡作简要介绍。

4.3.1　渠道

渠道按用途可分为：灌溉渠道、动力渠道（引水发电用）、供水渠道、通航渠道和排水渠道等。在实际工程中常一渠多用，如发电与通航、供水结合，灌溉与发电结合等。

渠道设计的主要内容有：选定渠道线路、确定断面形状和尺寸、确定渠道的防渗设施等。

渠道线路选择是渠道设计的关键，可结合地形、地质、施工、交通等条件初选几条线路，通过技术经济比较，择优选定。渠道选线的一般原则是：①尽量避开挖方或填方过大的地段，最好能做到挖方和填方基本平衡；②避免通过滑坡区、透水性强和沉降量大的地段；③在平坦地段，线路应力求短直，受地形条件限制必须转弯时，其转弯半径不宜小于渠道正常水面宽的 5 倍；④通过山岭，可选用隧洞，遇山谷，可用渡槽或倒虹吸管穿越，应尽量减少交叉建筑物。

渠道断面形状在土基上呈梯形，两侧边坡根据土质情况和开挖深度或填筑高度确定，一般采用 1:1～1:2，在岩基上接近矩形，见图 4.12。

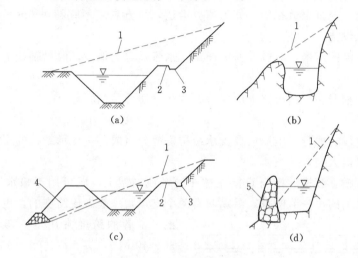

图 4.12　渠道的断面形状

(a) 土基上的梯形挖方渠道；(b) 岩基上的矩形挖方渠道；(c) 土基上的梯形
半挖半填渠道；(d) 岩基上的矩形半挖半填渠道
1—原地面线；2—马道；3—截水沟；4—渠堤；5—渠墙

断面尺寸取决于设计流量和不冲、不淤流速，可根据给定的设计流量、纵坡等，用明渠均匀流公式计算确定。不冲、不淤流速与土的性质、水中悬浮泥沙的粒径和水深有关，黏性土渠道的不冲流速一般不超过 1.0m/s，人工护面渠道的不冲流速依护面材料而定。为防止渠道淤积和生长水草，要求流速不小于 0.5m/s。在实际工程中，受自然条件、施工和运行条件的限制，渠道断面往往不能按经济断面设计，如：在地势较为平坦的地段，采用宽浅形断面较为有利，而在深挖方及山坡较陡的地段或寒冷地区宜采用窄深形的断面。人工开挖的渠道底宽，一般不小于 0.5m；机械开挖的，应根据设备情况适当加宽，一般不小于 1.5m；对通航渠道，还应满足航运要求。堤顶高程为渠内最高水位加超高，超高值一般不小于 0.25m。堤顶宽度根据交通要求和维修管理条件确定。

通过非密实黏土层、无黏性土层或裂隙发育的岩石层，长渠道的渗漏量有的可达引水量的 50%～60%。渗漏不仅会降低工程效益，还将抬高通水区的地下水位，造成土壤次生盐碱化、沼泽化，严重的还可使填方渠道出现滑坡。为减小渗漏量和降低渠床糙率，一般需在渠床加做护面，护面材料主要有：砌石、黏土、灰土、混凝土以及防渗膜等。

4.3.2　渡槽

当渠道与山谷、河流、道路相交，为连接渠道而设置的过水桥，称为渡槽。

渡槽设计的主要内容有：选择适宜的渡槽位置和形式，拟定纵横断面，进行细部设计和结构设计等。

1. 位置选择

在渠系（渠道）总体规划确定之后，对长度不大的中、小型渡槽，其槽身位置即可基本确定，并无太多的选择余地。但对地形、地质条件复杂，长度较长的渡槽，常需在一定范围内对不同方案进行技术经济比较。定位的一般原则是：

（1）渡槽宜置于地形、地质条件较好的地段。要尽量缩短槽身长度，降低槽墩高度。进、出口应力求与挖方渠道相接，如为填方渠道，填方高度不宜超过 6m，并需做好夯实加固和防渗排水设施。

（2）跨越河流的渡槽，应选在河床稳定、水流顺直的地段，渡槽轴线尽量与水流流向正交。

（3）渠道与槽身在平面布置上应保持一直线，切忌急剧转弯。

2. 形式选择

渡槽由进口段、槽身、出口段及支承结构等部分组成。按支承结构的形式可分为梁式渡槽和拱式渡槽两大类，见图 4.13。

（1）梁式渡槽。渡槽的槽身直接支撑在槽墩或槽架上，既可用于输水又起纵向梁作用。各伸缩缝之间的每一节槽身，沿纵向有两个支点，一般做成简支的，也可做成双悬臂的，前者的跨度常用 8～15m，后者可达 30～40m。

支承结构可以是重力墩或排架，见图 4.14。重力墩可以是实体的或空心的，实体墩用浆砌石或混凝土建造，由于用料多，自重大，仅用于槽墩不高、地质条件较好的情况；空心墩壁厚20cm 左右，由于自重小、刚度大、省材料，在较高的渡槽中得到了广泛应用。槽架有单排架、双排架和 A 字形排架等形式。单排架的高度一般在 15m 以内；双排架高度可达 15～25m；A 字形排架稳定性好，适应高度大，但施工复杂，造价高，用得较少。

基础形式与上部荷载及地质条件有关，根据基础的埋置深度，可分为浅基础和深基础，埋置深度小于 5m 的为浅基础（图 4.14）；大于 5m 的为深基础，深基础多为桩基和沉井。

槽身横断面常用矩形和 U 形。矩形槽身可用浆砌石或钢筋混凝土建造。对无通航要求的渡槽，为增强侧墙稳定性

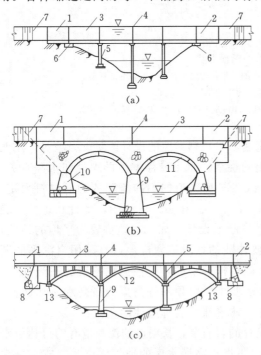

图 4.13　各式渡槽

（a）梁式渡槽；（b）板拱渡槽；（c）肋拱渡槽

1—进口段；2—出口段；3—槽身；4—伸缩缝；5—排架；6—支墩；7—渠道；8—重力式槽台；9—槽墩；10—边墩；11—砌石板拱；12—肋拱；13—拱座

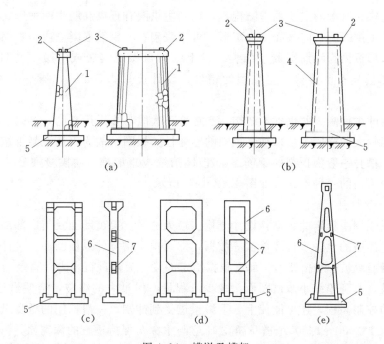

图 4.14　槽墩及槽架

（a）浆砌石重力墩；（b）空心重力墩；（c）单排架；（d）双排架；（e）A 字形排架

1—浆砌石；2—混凝土墩帽；3—支座钢板；4—预制块砌空心墩身；5—基础；6—排架柱；7—横梁

和改善槽身的横向受力条件，可沿槽身在槽顶每隔 $1\sim2m$ 设置拉杆。如有通航要求，可适当增加侧墙厚度或沿槽长每隔一定距离加肋，如图 4.15 所示，槽身跨度采用 $5\sim12m$。

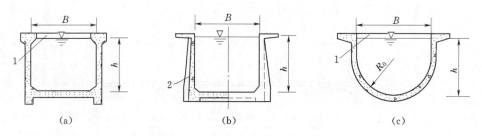

图 4.15　矩形及 U 形槽身横断面

（a）设拉杆的矩形槽；（b）设肋的矩形槽；（c）设栏杆的 U 形槽

1—栏杆；2—肋

U 形槽身是在半圆形的上方加一直段构成，常用钢筋混凝土或预应力钢筋混凝土建造。为改善槽身的受力条件，可将底部弧形段加厚。与矩形槽身一样，U 形槽身也可在槽顶加设横向拉杆。

矩形槽身常用的深宽比为 $0.6\sim0.8$，U 形槽身常用的深宽比为 $0.7\sim0.8$。

（2）拱式渡槽。当渠道跨越地质条件较好的窄深山谷时，选用拱式渡槽较为有利。拱式渡槽由槽墩、主拱圈、拱上结构和槽身组成。

主拱圈是拱式渡槽的主要承重结构，常用的主拱圈有板拱和肋拱两种形式。

板拱渡槽主拱圈的径向截面多为矩形，可用浆砌石、钢筋混凝土或预制钢筋混凝土块砌筑而成。箱形板拱为钢筋混凝土结构。拱上结构可做成实腹或空腹，见图 4.13（b）。我国湖南省郴县乌石江渡槽，主拱圈为箱形，设计流量为 $5\mathrm{m}^3/\mathrm{s}$，槽身为 U 形，净跨达 110m。

肋拱渡槽的主拱圈为肋拱框架结构，当槽宽不大时，多采用双肋，拱肋之间每隔一定距离设置刚度较大的横梁系，以加强拱圈的整体性。拱圈一般为钢筋混凝土结构。拱上结构为空腹式。槽身一般为预制的钢筋混凝土 U 形槽或矩形槽。肋拱渡槽是大、中跨度拱式渡槽中广为采用的一种形式，如图 4.13（c）所示。

3. 纵横断面设计

根据渠系规划中给定的数据：设计流量、最大流量、渠道断面及其底部高程、水位流量关系和通过渡槽的允许水位降落值等数据，即可拟定槽身的纵横断面。设计步骤是：先拟定适宜的槽身纵坡 i 和槽宽 B，而后根据给定的设计流量进行水力计算。

加大纵坡，有利于缩小渡槽断面，减少工程量，但过大的纵坡，会使沿程损失加大，降低渠水位的控制高程，还可能使上、下游渠道受到冲刷。一般选用的槽身纵坡应略大于渠道纵坡，为 1/2000～1/500。槽身净宽 B 应与水深 h 保持适宜的深宽比。

水流通过渡槽的水面线如图 4.16 所示，z 为由于进口段流速增大、水流位能的一部分转化为动能及进口水头损失之和；槽内水流为均匀流，沿程水头损失为 $z_1 = iL$；L 为槽底长度，z_2 为由于出口段流速减小，水流的一部分动能转化为位能减去出口水头损失后的水面回升值，根据实际观测和模型试验 $z_2 \approx \dfrac{1}{3}z$。

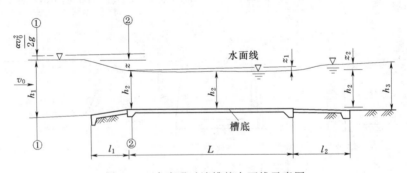

图 4.16　水流通过渡槽的水面线示意图

根据图示的水流条件，有

$$Q = \omega C \sqrt{Ri} \quad (\mathrm{m}^3/\mathrm{s}) \tag{4.3}$$

$$\Delta z = (z - z_2) + z_1 \quad (\mathrm{m}) \tag{4.4}$$

z 值可按淹没宽顶堰计算：

$$z = \frac{Q^2}{(\varepsilon \varphi \omega \sqrt{2g})^2} \quad (\mathrm{m}) \tag{4.5}$$

式中　ω——过水断面面积，m^2；

　　　　C——谢才系数；

R——水力半径，m；

ε、φ——侧收缩系数和流速系数，均可取 0.9~0.95；

g——重力加速度，m/s²。

试算时，先由假设的水深 h 和拟定的净宽 B 求出水力半径，再将水力半径与纵坡 i 代入式（4.3），要求计算所得的流量等于或稍大于设计流量，然后计算 Δz，如果 Δz 等于或略小于规定允许的水位降落值，则 i、B 和 h 相应确定。否则，需另行拟定 i、B 和 h，重复上述计算，直到满足要求为止。

净宽 B、水深 h、底坡 i 确定后，即可定出槽身的断面尺寸和首末端的底面高程。槽壁顶面高程等于通过设计流量时的水面高程加超高。最后还需以通过最大流量对所拟定的断面进行验算。

4. 槽身纵向结构计算要点

槽身纵向结构计算，一般按满槽水情况进行，弯矩及剪力求出后，对于矩形渡槽，可将侧墙作为纵梁考虑，按受弯构件计算其纵向正应力和剪应力，并进行配筋和抗裂或限制裂缝宽度的验算。

对于 U 形槽身纵向应力计算，需先求出其截面形心轴位置以及形心轴至受压区和受拉区边缘的距离，再计算其拉应力和压应力。按纵向抗裂要求，拉应力不能超过规定的数值。对较重要的工程应按《水工混凝土结构设计规范》（SL 191—2008）进行抗裂验算。具体计算方法与公式，可参考有关资料和规范。

5. 槽身横向结构计算要点

槽身横向一般按满槽水情况计算，沿槽长方向取单位长度，按平面问题进行分析，如图 4.17 所示。

作用在单位长度脱离体上的荷载除 q（槽身及水重等）外，两侧有剪力 Q_1 和 Q_2，差值 $\Delta Q (= Q_1 - Q_2)$ 与 q 维持平衡，即 $\Delta Q = q$。对于槽身，ΔQ 在截面上沿高度呈抛物线形分布，方向向上，绝大部分分布在两边侧墙截面上，工程设计中一般不考虑底板截面上的剪力，且侧墙截面上的剪力对结构不产生弯矩，故将它集中作用在侧墙底面而按支承连杆来考虑。P_0 为槽顶荷载（包括人行桥在内），M_0 为槽顶荷载 P_0 对侧墙中心所产生的弯矩。由此得无拉杆的矩形槽计算简图，如图 4.18 所示，图中 q_2 为按满槽水计算的槽内水压力。根据图中条件可得 N_a 和 M_a 等，并求得底板中点的弯矩 M_c 值。

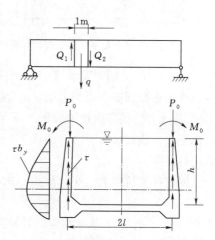

图 4.17 脱离体上的荷载示意图

侧墙底部最大弯矩值为

$$M_a = M_b = 1/6 q_1 h^2 + M_0 \tag{4.6}$$

底板跨中最大弯矩值为

$$M_c = 1/2 q_2 l^2 - M_a - M_0 \tag{4.7}$$

底板跨中弯矩在满槽水深 h 时不一定为最大值，当 $h=1$（半槽水深）时，M_c 达最大值，故跨中配筋时，应分别按满槽水和半槽水进行计算，取最大值进行配筋。

有拉杆的矩形槽身，计算时假定拉杆处的横向内力与不设拉杆处的横向内力相同，将拉杆"均匀化"。拉杆截面尺寸一般较小，不计其抗弯作用和轴力对变位的影响。这样就可根据沿槽长方向所取的单位长度槽身，按平面问题进行计算。此时结构属一次超静定结构，可用结构力学方法求解。

有拉杆加肋、无拉杆加肋及多纵梁式和箱式等矩形槽的结构计算可参考有关资料。

U 形槽身一般设拉杆，与矩形槽一样，也沿槽长取单位长度槽身，按平面问题进行求解。作用荷载有槽身及水的重量 q 及两侧截面上的剪力 Q_1 和 Q_2，差值 ΔQ 与 q 维持平衡。结构是对称的，可取一般计算横向弯矩 M（以槽壳外侧受拉为正）和轴力 N（使槽壳受压为正），如图 4.19 所示。

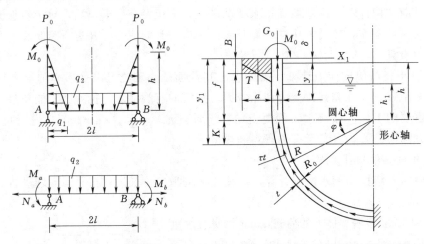

图 4.18　无拉杆矩形槽计算简图　　图 4.19　设拉杆的 U 形槽壳计算简图

图中，G_0 为槽顶荷载（包括拉杆、人行道和槽顶部加大部分重量等），M_0 为槽顶荷载对槽壳直段顶部中心的力矩，δ 为拉杆厚度的一半。为简化计算，槽顶加厚部分用矩形面积（$a \cdot B$）代替原梯形面积。截面重心轴到圆心轴的距离 K、槽壳横截面对重心轴的惯性矩 J、截面总面积 A、截面形心轴至受拉区边缘的距离 y_1 等，可参考有关资料与文献进行计算。

因拉杆的抗弯能力小，故按一次超静定结构求解未知力 X_1

$$X_1 = -\Delta_{1p}/\delta_{11} \tag{4.8}$$

式中　Δ_{1p}、δ_{11}——基本结构（计算简图）的载变位和形变位，按有关资料与文献计算。

由（4.7）式求得"拉杆均匀化"条件下的拉力 X_1 后，即可计算槽壳直段上的横向内力 M_y（弯矩）、N_y（轴力）及圆弧段的横向内力 M_ψ（弯矩）和 N_ψ（轴力）。其中 ψ 以弧度计；弯矩以槽壳外侧受拉为正，轴力以使结构受压为正。计算得出横向内力，则可进行配筋计算。

以上计算中，X_1 只是"均匀化拉杆"的拉力，若拉杆的间距为 S，则拉杆的实际拉力为 $X_1 S$；无拉杆 U 形槽的横向计算，只需令 $X_1=0$。

为使槽身便于支承在槽墩（槽架）上，常设支承肋，对于简支梁式槽身则是端肋。支撑肋上力的传递比较复杂，可参考相关资料文献。

在大风地区，若槽身较轻，受风面积大，且高度大时，应验算槽身空槽时的倾覆稳定性，以防止槽身在风荷载作用下倾倒掉落。

对于跨宽比小于4，大于0.5的梁式U形槽身，一般属于中长壳体，根据梁理论按平面问题求解内力及应力的误差随跨宽比的减小而迅速增大，此时按空间问题求解较合理。

6. 进口与渠道的连接

为使槽内水流与渠道平顺衔接，在渡槽的进、出口需要设置渐变段，渐变段长 l_1 和 l_2 可分别采用进、出口渠道水深的4倍和6倍。

渐变段的结构形式，可参见本书"水闸"一节。

除小型渡槽外，由于以下原因，常在渐变段与槽身之间另设一节连接段：①对 U 形槽身需要从渐变段末端的矩形变为 U 形；②为停水检修，需要在进口预留检修门槽（有时出口也留）；③为在进、出口布置交通桥或人行桥；④便于观察和检修槽身进、出口接头处的伸缩缝。连接段的长度可根据布置要求确定，见图4.20。

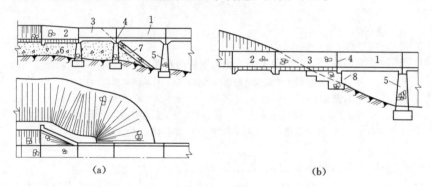

图 4.20　槽身与渠道的连接
1—槽身；2—渐变段；3—连接段；4—伸缩缝；5—槽墩；6—回填土；
7—砌石护坡；8—底座

对抗冲能力较低的土渠，为防止渠道受冲，需在靠近渐变段的一段渠道上加做砌石护面，长度约等于渐变段的长度。

相关结构计算及细部设计可参阅有关论著。

4.3.3　倒虹吸管

倒虹吸管是当渠道横跨山谷、河流、道路时，为连接渠道而设置的压力管道，其形状如倒置的虹吸管。渠道与山谷、河流等相交，既可用渡槽，也可用倒虹吸管。当所穿越的山谷深而宽，采用渡槽不经济，或交叉高差不大，或高差虽大但允许有较大的水头损失时，一般来说，采用倒虹吸管比渡槽工程量小，造价低，施工方便。但倒虹吸管水头损失大，维修管理不如渡槽方便。

1. 倒虹吸管的布置

选定倒虹吸管位置时应遵循的原则与渡槽基本相同，即：①管路与所穿过的河流、道路等保持正交，以缩短长度；②进、出口应力求与挖方渠道相连，如为填方渠道，需做好夯实加固和防渗排水设施；③为减少开挖，管身宜随地形坡度敷设，但弯道不能过多，以减少水头损失，也不宜过陡，以便施工。

倒虹吸管可做如下布置：对高差不大的小倒虹吸管，常用斜管式和竖井式；对高差较大的倒虹吸管，当跨越山沟时，管路一般沿地面敷设；当穿过深河谷时，可在深槽部分建桥，见图 4.21。

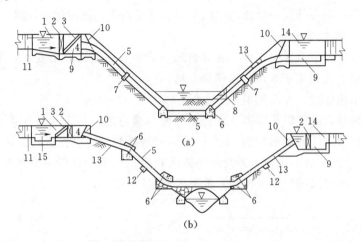

图 4.21　倒虹吸管的布置

（a）埋设于地面以下的倒虹吸管；（b）桥式倒虹吸管

1—进口渐变段；2—闸门；3—拦污栅；4—进水口；5—管身；6—镇墩；
7—伸缩接头；8—冲沙放水孔；9—消力池；10—挡水墙；11—进水渠道；
12—中间支墩；13—原地面线；14—出口段；15—沉沙池

倒虹吸管由进口段、管身和出口段三部分组成。

（1）进口段。进口段包括渐变段、闸门、拦污栅，有的工程还设有沉沙池。进口段要与渠道平顺衔接，以减少水头损失。渐变段可以做成扭曲面或八字墙等形式（参见"水闸"），长度为 3～4 倍渠道设计水深。闸门用于管内清淤和检修。不设闸门的小型倒虹吸管，可在进口侧墙上预留检修门槽，需用时临时插板挡水。拦污栅用于拦污和防止人畜落入渠内被吸进倒虹吸管。

在多泥沙河流上，为防止渠道水流携带的粗颗粒泥沙进入倒虹吸管，可在闸门与拦污栅前设置沉沙池，如图 4.22 所示。对含沙量较小的渠道，可在停水期间进行人工清淤；对含沙量大的渠道，可在沉沙池末端的侧面设冲沙闸，利用水力冲淤。沉沙池底板及侧墙可用浆砌石或混凝土建造。

（2）出口段。出口段的布置形式与进口段基本相同。单管可不设闸门；若为多管，可在出口段侧墙上预留检修门槽。出口渐变段比进口渐变段稍长。倒虹吸管的作用水头一般都很小，管内流速仅在 2.0m/s 左右，因而渐变段的主要作用在于调整出口水流的流速分布，使水流均匀平顺地流入下游渠道。

（3）管身。管身断面可为圆形或矩形。圆形管因水力条件和受力条件较好，大、中型工程多采用这种形式。矩形管仅用于水头较低的中、小型工程。根据流量大小和运用要求，倒虹吸管可以设计成单管、双管或多管。管身与地基的连接形式及管身的伸缩缝和止

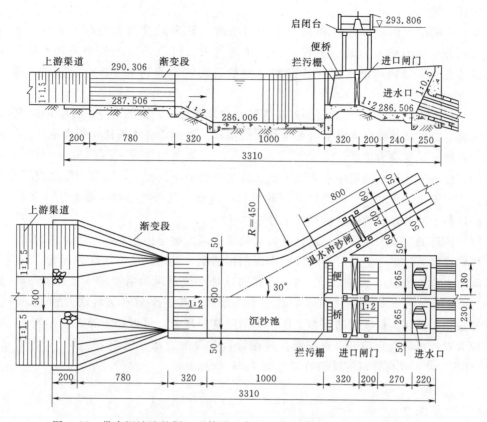

图 4.22　带有沉沙池的倒虹吸管进口布置（高程单位：m；尺寸单位：cm）

水构造等与土坝坝下埋设的涵管基础相同。在管路变坡或转变处应设置镇墩。为防止管内淤沙和为放空管内积水，应在管段上或镇墩内设冲沙放水孔（可兼作进入孔），其底部高程一般与河道枯水位齐平。管路常埋入地下或在管身上填土。当管路通过冰冻地区，管顶应在冰冻层以下；穿过河床时，应置于冲刷线以下。管路所用材料可根据水头、管径及材料供应情况选定，常用浆砌石、混凝土、钢筋混凝土及预应力钢筋混凝土，其中，后两种应用较广。

2. 倒虹吸管的水力计算

水力计算的任务是在给定的设计流量和最大、最小流量，允许的水位降落值，渠道断面上游渠底高程和水位流量关系的条件下，利用压力流公式，选定虹吸管的断面尺寸，检验上、下游水位差和进口水位的衔接情况

$$Q = \mu\omega\sqrt{2gz} \tag{4.9}$$

式中　Q——通过虹吸管的流量，m^3/s；

ω——倒虹吸管的断面面积，m^2；

z——上、下游水位差，m；

μ——计入局部损失和沿程摩阻损失的流量系数；

g——重力加速度，m/s^2。

159

计算步骤如下。

（1）根据给定的设计流量和初选的管内流速，算出需要的管身断面面积。加大流速，可以缩小管身断面，减少工程量，但流速过大，将会增加水头损失和冲刷下游渠道；流速过小，管内可能出现泥沙淤积。一般选用管内流速为 1.5～2.5m/s，最大不超过 3.5m/s。

（2）利用式（4.8）计算通过倒虹吸管的水位降落值 z，如果 z 等于或略小于允许值，即认为满足要求，并据以确定下游水位及渠底高程。否则，应重新拟定管内流速，再进行计算，直到满足要求为止。

（3）校核通过最小流量时管内流速是否满足不淤流速的要求，即管内流速应不小于挟沙流速。当流速过小时，可以采用双管或多管，这样，既可在通过小流量时，关闭 1～2 条管路，利于冲沙，又能保证检修时不停水。

（4）计算通过最大流量时，通过进口处的壅水高度确定挡水墙和上游渠顶的高程。

（5）验算通过最小流量时进口段的水面衔接情况。设通过最小流量时，上、下游渠道水面间的水位差为 z_1，而按式（4.8）计算通过最小流量时所需的水位差为 z_2，见图 4.23（a），若 $z_2 < z_1$，表明进口水位低于上游渠道水位，渠道水流将跌入管道，可能引起管身振动，破坏倒虹吸管的正常工作。为消除这种现象，可做如下布置：①当 z_1 与 z_2 相差较大时，可降低管路进口底高程，并在管口前设消力池 ［图 4.23（b）］；②当 z_1 与 z_2 相差不大时，可在管口前设斜坡段 ［图 4.23（c）］。

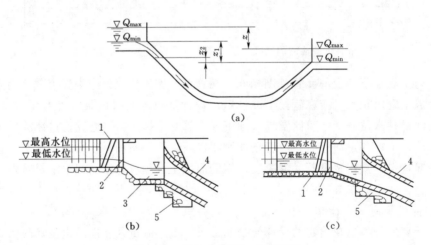

图 4.23　倒虹吸管进口水面衔接

1—最高水位；2—最低水位；3—拦污栅；4—检修门槽；5—消力池

倒虹吸管的结构计算和细部设计可参阅有关论著。

4.3.4　涵洞

当渠道与道路相交而又低于路面时，可设置输水用的涵洞；当渠道穿过山沟或小溪，而沟溪流量又不大时，可用一段填方渠道，下面埋设用于排泄沟、溪水流的涵洞，见图 4.24。前者称为输水涵洞，后者称为排水涵洞。

涵洞由进口段、洞身和出口段三部分组成。进口、出口段是洞身与渠身或沟、溪的连

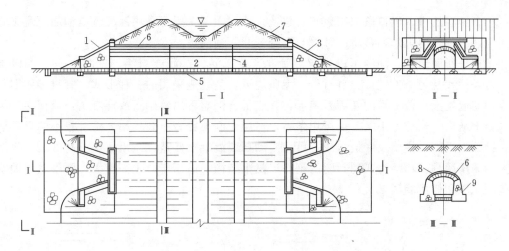

图 4.24 填方渠道下的石拱涵洞

1—进口；2—洞身；3—出口；4—沉降缝；5—沙垫层；

6—防水层；7—填方渠道；8—拱圈；9—侧墙

接部分，应使水流平顺地进出洞身，以减小水头损失，常用的形式如图 4.25 所示。为防止水流冲刷，进口段需做一段浆砌石或干砌石护底与护坡，长度不小于 3m。出口段应结合工程的实际情况决定是否需要采取适当的消能防冲措施。

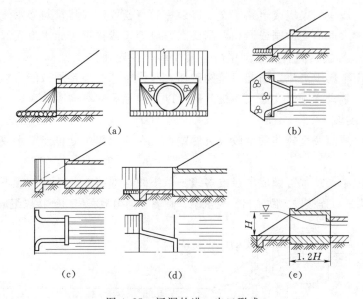

图 4.25 涵洞的进、出口形式

（a）一字墙式；（b）八字形斜降墙式；（c）反翼墙走廊式；

（d）八字墙伸出填土坡外；（e）进口段高度加大

洞内水流形态可分为无压、有压或半有压。为减小水头损失，输水涵洞多是无压的。排水涵洞可以是无压的，有时为缩小洞径，也可设计有压或半有压的，但有压涵洞泄洪时，可能出现明、满流交替作用的水流状态而引起振动，应予注意。

小型涵洞的进、出口段都用浆砌石建造。大、中型工程可采用混凝土或钢筋混凝土结构。为适应不均匀沉降，常将沉降缝与洞身分开，缝间设止水。

按洞身断面形状，涵洞可以做成圆管涵、盖板涵、拱涵或箱涵，见图 4.26。圆管涵因水力条件和受力条件较好，且有压、无压均可，是普遍采用的一种形式，管材多用混凝土或钢筋混凝土。盖板涵的断面呈矩形，其底板、侧墙可用浆砌石或混凝土，盖板多为钢筋混凝土结构，当跨度小时，也可用条石，适用于洞顶铅直荷载较小、跨度较小的无压涵洞。拱涵由拱圈、侧墙及底板组成，可用浆砌石或混凝土建造，适用于填土高度大、跨度较大的无压涵洞。箱涵为四周封闭的钢筋混凝土结构，适用于填土高度大、跨度大和地基较差的无压和低压涵洞。

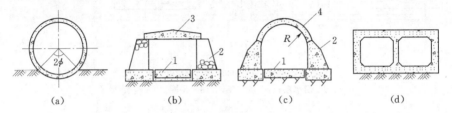

图 4.26　涵洞的断面形式

(a) 圆管涵；(b) 盖板涵；(c) 拱涵；(d) 箱涵

1—底板；2—侧墙；3—盖板；4—拱圈

涵洞轴线一般应与渠堤或道路正交，以缩短洞身长度，并尽量与来水流向一致。为防止涵洞上、下游水道遭受冲刷或淤积，洞底高程应等于或接近于原水道底部高程，洞底纵坡一般为 1‰～3‰。当涵洞穿过土渠时，其顶部至少应比渠底低 0.7m，否则渠水下渗，容易沿管周围产生集中渗流，引起建筑物破坏。洞线应选在地基承载能力较大的地段，在松软的地基上，常设置刚性支座或用桩基础，以加强涵洞的纵向刚度。

4.3.5　跌水及陡坡

当渠道通过地面坡度较陡的地段或天然跌坎，在落差集中处可建跌水或陡坡。

1. 跌水

根据落差大小，跌水可做成单级或多级。单级跌水的落差较小，一般不超过 5m。

单级跌水由进口连接段、跌水口、跌水墙、侧墙、消力池和出口连接段组成，见图 4.27。

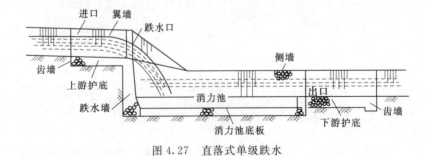

图 4.27　直落式单级跌水

（1）进口连接段。进口连接段是上游渠道和跌水口的连接部分，常做成扭曲形或八字形。连接段应做防渗铺盖，长度不小于 2 倍跌水口前水深，为防止冲刷，表面应加护砌。

（2）跌水口。跌水口又称控制缺口，用于控制上游水位，使通过不同流量时，上游渠道水面不致过分壅高或降低。跌水口可做成矩形或梯形。梯形缺口较能适应流量变化，在实际工程中使用较广。有时在缺口处设闸门，以调节上游水位。

（3）跌水墙。跌水墙用于承受墙后填土的土压力，可做成竖直的或倾斜的。

（4）消力池。消力池用于消除水流中的多余能量，消力池断面可做成矩形或梯形，其深度和长度由水跃条件确定。

（5）出口连接段。出口连接段位于消力池出口和下游渠道之间，用于调整流速和进一步消除余能。出口连接段的长度应比进口连接段略长。出口段及其以后的一段渠道（一般不小于消力池长度）需加护砌。

如跌差较大，可采用多级跌水，如图 4.28 所示。多级跌水的组成与单级相似，级数及每级的高差应结合地形、工程量及管理运用等条件比较确定。

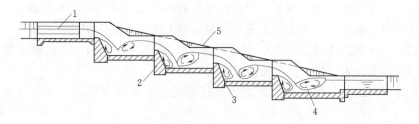

图 4.28　多级跌水

1—进口连接段；2—跌水墙；3—沉降缝；4—消力池；5—原地面

跌水多用浆砌石或混凝土建造。

2. 陡坡

陡坡和跌水的主要区别在于前者是以斜坡代替跌水墙。一般来说，当落差较大时，陡坡比跌水经济。

4.4　泵站取水建筑物与泵站枢纽布置

提水枢纽工程的等别应根据单站装机流量或单站装机功率的大小，按表 4.3 确定，当提水枢纽工程按单站装机流量和单站装机功率分属两个不同等别时，应按其中较高的等别确定。

表 4.3　　　　　　　　　　　　　　提水枢纽工程分等指标

工程等别	Ⅰ	Ⅱ	Ⅲ	Ⅳ	Ⅴ
规模	大（1）型	大（2）型	中型	小（1）型	小（2）型
单站装机流量/(m³/s)	＞200	200～50	50～10	10～2	＜2
单站装机功率/MW	30	30～10	10～1	1～0.1	＜0.1

注　"装机"系指包括备用机组在内的全部机组。

4.4.1　泵站取水建筑物布置

泵站取水建筑物按取水水源及取水位置可分为岸边取水建筑物、河床取水建筑物、水库和湖泊取水建筑物等几种形式。下面主要介绍这些建筑物的位置选择及布置。

1. 泵站取水建筑物的位置选择

泵站取水建筑物位置的选择，直接影响取水的水质、水量、取水安全可靠性、投资、施工、运行管理以及河流的综合利用，因此正确选择泵站取水建筑物的位置是设计中一个十分重要的问题。应根据取水河段的水文、地形、地质及卫生等条件全面分析、综合考虑，既要满足当前工业和生活用水的需要，又要考虑到将来的发展，应提出几个可能取水位置方案，进行经济比较，从中选择最优的方案，必要时，还应进行水工模型试验。

选择泵站取水建筑物的位置时，应考虑以下基本要求。

（1）泵站取水建筑物的位置尽可能选择在弯曲河道的凹岸，以防止泥沙和漂浮物进入取水建筑物。

（2）在顺直河段取水时，应选在主流靠岸、河道较窄、流速较大、河岸稳定的河段。

（3）有支流汇入河段时，由于干、支流涨水的幅度先后不同，容易形成壅水，致使支流泥沙大量淤积。相反，支流水位上涨，干流水位不涨时，将沉积的泥沙冲刷下来，使支流含沙量剧增，导致在支流入口处，因流速降低，泥沙大量沉积，形成泥沙堆积锥。因此，取水口应离支流入口处上、下游有足够的距离。

（4）在分汊河道上，取水口位置应选在较稳定或发展的汊道上，不应选在衰亡的汊道上。

（5）考虑河流上人工建筑或天然障碍物对取水建筑物的影响。河流上常见的人工建筑物有桥梁、码头、丁坝、拦河闸坝、污水排出口等，天然障碍物为矶头、石包等，它们将引起河流的流速、流向、水深的改变，从而使河床发生冲刷或淤积，或使水质污染，故在选择取水建筑物位置时，应尽量避免人为和天然的各种不利因素。

（6）考虑冰凌的影响。在北方寒冷地方的河道建造取水工程时，应考虑冰凌的影响。一般取水口应设在急流、水穴、水洞及支流入口的上游河段。对于有流冰的河道，取水口尽量避免设在流冰容易堆积的浅滩沙洲、回流区和桥孔附近。对冰凌较多的河流，取水口不宜设在冰水混杂的地段，而应设在冰水分层地段，以便从冰层下取水。

（7）泵站取水建筑物的位置应选在河水水质及卫生条件良好的地段。取水工程应位于城镇及工业、企业上游清洁的河段，污水排放口的上游约 100m 以上，避免设在污水排出口、码头、弃渣场、尾矿坝及垃圾场等的下游，如果岸边水质较差时，则应从江心取水。

对生活用水，要求水质符合《生活饮用水卫生标准》（GB 5749—2022），企业用水应满足《工业企业设计卫生标准》（GB Z1—2010）的要求。

对沿海地区一些河流建造取水建筑物时，应避免潮汐引起咸水倒灌或污水回流，使水质恶化。

2. 岸边式取水建筑物

直接从河流岸边取水的建筑物称为岸边式取水建筑物，由进水间和泵站组成。适用于河岸较陡、主流靠近河岸，并有一定的水深，水位变幅不太大，水质及地质条件较好的情况。

根据进水间与泵站是否合建，岸边取水建筑物分为合建式和分建式两类。

（1）合建式岸边取水建筑物。合建式岸边取水建筑物是将进水间与泵站合建，设在岸边，河水经过进水孔进入进水间的进水室，再经过格网进入吸水室，然后由水泵抽送至水厂或用户，在进水孔上设有格栅，用以拦截水中粗大的漂浮物。设在进水室的格网用以拦截水中较细的漂浮物。

合建式的优点是布置紧凑，占地面积小，水泵吸水管路短，运行管理方便，因而被广泛采用。但合建式结构复杂，施工较困难。

当地基条件较好时，进水间与泵房基础可以建在不同高程上，呈阶梯式（图 4.29），以减少泵房部分埋深，便于施工。但水泵启动需要抽真空。

当地基条件较差时，为了减少不均匀沉陷，并使水泵能自灌启动，将进水间与泵房的基础布置在同一高程上。但泵房较深，土建费用增加，通风及防潮条件较差。

（2）分建式岸边取水建筑物。当岸边地质条件较差时，进水间与泵房分开建筑，进水间设于岸边，泵房建在岸内，但不宜过远，以免吸水管过长（图 4.30）。进水间与泵房可采用引桥连接，有时也可采用堤坝连接。分建式土建结构简单，施工容易，但操作管理不便，吸水管路较远，水头损失较大，运行安全不如合建式。

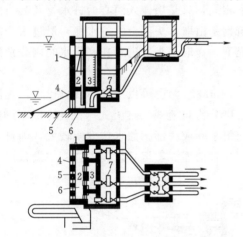

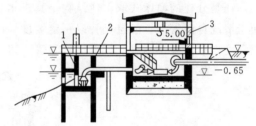

图 4.29　合建式岸边取水建筑物
1—进水间；2—进水室；3—吸水室；4—进水孔；
5—格栅；6—格网；7—泵房

图 4.30　分建式岸边取水建筑物
1—进水间；2—引桥；3—泵房

3. 山区河流低坝式岸边泵站取水建筑物

山区河流坡陡、流急，流量和水位变幅较大，水位暴涨暴落，枯水期内流量很小，水深较浅，甚至断流。暴雨后，山洪暴发，洪水量约为枯水流量数十倍，甚至数百倍。

山区河流洪水期水质浑浊，推移质较多，漂浮物也多，枯水期水流清晰见底，在寒冷地区，水面不易形成冰盖。

枯水期流量较少，水深较浅，故需要筑坝抬高水位和拦截所需的水量，以满足取水要求，为了排除坝上淤积的泥沙，一般在坝旁建冲沙闸。取水建筑物可采用岸边式取水建筑物泵站（图 4.31）或建进水间，用明渠引水，或采用底栏栅取水枢纽。

4. 河床式取水建筑物

当枯水期主流远离河岸、岸边水深较浅或水质不好，而河心水深及水质均能满足取水

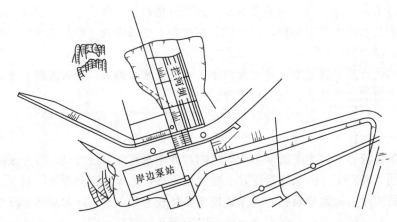

图 4.31　低坝式岸边泵站取水建筑物

要求时，可采用伸入河心的河床式取水建筑物。

河床式取水建筑物与岸边式取水建筑物基本相同，只是用伸入河心的进水管及其头部来代替岸边式的进水孔。因此，河床式取水建筑物是由取水头部上的进水孔，沿进水管流入集水间，然后由水泵抽水送往用户。一般情况下，在取水头部进水孔和集水间内分别设格栅和格网。

河床式取水建筑物集水间与泵房可以合建（图 4.32），也可以分建（图 4.33），无论合建，还是分建的河床式取水建筑物，其进水管可分为自流式、虹吸式（图 4.34）两类。为便于清洗自流管，一般自流管以一定坡度坡向集水间或头部。如水位变幅较大，则自流埋设深度也大，施工困难。如采用虹吸管，可减少管道埋深，但必须设置抽真空设备。

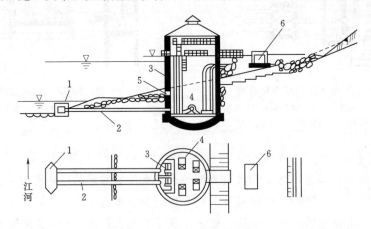

图 4.32　河床式取水建筑物（合建式）

1—取水头部；2—自流管；3—集水间；4—泵房；5—进水孔；6—阀门井

当河流水位变幅较大，洪水期历时较长，水中含沙量较多时，为避免引入底层含沙量的水，可在集水间外墙壁较高部位开设较高水位的取水口或再埋设一层自流管。

5. 水库和湖泊泵站取水建筑物

（1）水库和湖泊取水特征。水库、湖泊是天然大型沉沙池，水质浑浊度一般较小，变

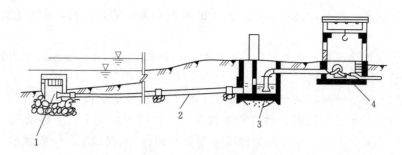

图 4.33 河床式取水建筑物（分建式）
1—取水头部；2—自流管；3—集水间；4—泵房

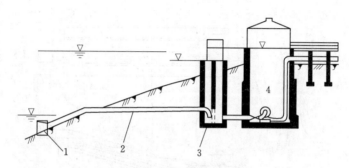

图 4.34 虹吸式取水建筑物
1—取水头部；2—自流管；3—集水间；4—泵房

化幅度较小，水质比较稳定。在湖泊及水库取水有以下特征。

1）水生物多。在阳光照射下，表层水温高，水中含有大量养分，夏季常有大量浮游生物繁殖，使水质浑浊度增高，并产生臭味。浮游生物的种类和数量，一般近岸比湖心多，浅水区比深水区多，无水草区比有水草区多。

除浮游生物外，还有漂浮生物，如漂浮在水面的小浮萍、水底生物（如芦管、蒲草、浮莲）等。因此，取水口不应设在浅水区和夏季主导风的下方，以免附近聚集浮游生物和水草，影响水质和造成堵塞。例如太湖某水厂的吸水管，运行 5 年后，管壁上附着钉螺达 100mm 厚，不得不更换吸水管。

2）水的含盐量。由于水面蒸发，水中矿物盐不断浓缩，使水的含盐量增多，通常深底层水的矿化度比上层大，故一般表层水的含盐量少，而底层含盐最多。水的含盐量太大，对用户不利。为了减少水的含盐量，应定期从底部泄水孔排放一部分含盐较高的底层水。

3）水库和湖泊的淤积。水库和湖泊的水流缓慢，河水的泥沙大量沉积，其淤积速度随着流域范围的固体径流而定。为了避免淤积，取水建筑物应选在靠近坝址处，取水口的高程应高于淤积的高度。

防淤措施主要有：①注意水土保持，防止水土流失；②在坝体中设置泄水建筑物，定期排除泥沙，或采用挖泥船。

4）风浪和塌岸。湖泊、水库水面宽广，在风力作用下，常会产生较大的风浪，易使河岸产生崩塌现象。因此，选择取水建筑物的位置和取水的高程时，应考虑必要的护岸措施。

（2）水库取水建筑物。从水库上游取水的泵站，因受水库水位变幅较大的影响，一般采取移动的缆车式或浮船取水。

缆车式取水泵站枢纽由泵车、泵车轨道、输水斜管和牵引设备组成。见图4.35。其特点是泵车随着库水位的涨落，通过牵引设备，沿岸坡上轨道上、下移动吸水，它适用于：水库水位变幅在$10\sim35m$，涨落速度小于$2.0m/s$；岸坡稳定，岸坡倾角在$10°\sim28°$之间。如果岸坡较陡，则所需牵引设备过大，移车较困难。如果坡度过缓，则吸水管太长，容易发生事故。

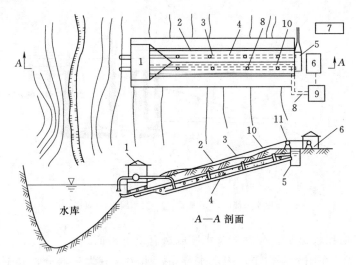

图4.35　缆车式泵站枢纽布置图

1—泵车；2—轨道；3—三通管；4—固定水管；5—出水池；6—绞车房；
7—管理间；8—电缆沟；9—变电站；10—钢丝绳；11—导向轮

浮船式取水泵站由浮船、联络管及输水管等部分组成。见图4.36，它适用于水库或江河水位变幅在$10\sim40m$或更大，水位变化速度不大于$2.0m/h$，取水地点有足够的水深，停泊条件好，岸坡倾角为$20°\sim30°$。因无水下工程，投资省、施工快，有较高的适用性，但船体受风浪影响大，管理不便，安全性差。

（3）湖泊取水建筑物。湖泊取水建筑物的形式，视湖泊大小而定。对于小型湖泊，当取水量小时，多用河床式，取水量大时，可用岸边式。由于湖水比较平静，河床式取水头部多用喇叭管或箱式。对于大而深的湖泊，其水面常受风的影响，波动较大，岸坡常受波浪冲刷，水质较浊。此外，在北方，由于冰冻情况较严重，一般采用河床式湖心取水。

4.4.2　泵站枢纽工程布置

为了将低处水提送到高处，以达到灌溉、排涝、城镇供排水、工业用水、航运、发电等目的而兴建的以泵站为主体的建筑物综合体称为泵站枢纽。组成这种枢纽的建筑物类型因枢纽任务和工作条件不同而有所差别，但多以泵站及水闸为主体。

泵站枢纽布置的任务是根据泵站枢纽所承担的任务，综合考虑地形、地质、水文、施

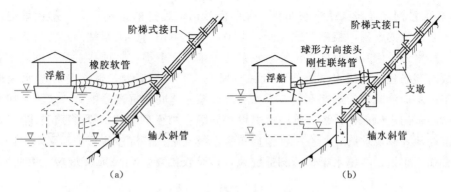

图 4.36 浮船式泵站枢纽布置示意图

(a) 柔性联络管连线；(b) 刚性联络管连接

工、运用等各种条件和要求，确定建筑物种类，合理布置其相对位置并处理好相互关系。根据泵站工程所承担的主要任务，常用的泵站枢纽有灌溉泵站、排水泵站及排灌结合泵站。下面分别介绍。

1. 灌溉泵站枢纽布置

（1）灌溉泵站站址选择。一般与灌区规划同时进行，站址选择关系到泵站枢纽布置及运行、管理的安全。选择站址时，应考虑以下因素。

1）水源。水源有江河湖泊、水库、地下水等，无论何种水源，其水量、水质、水温均应满足灌溉及其他用水部门的要求。若从天然河道取水，站址的选择与无坝取水工程位置的选择基本相同。

2）地形。为了便于控制灌溉区及其他供水区的面积，站址应选在受益区的上游河段。地形地势便于布置泵站枢纽建筑物，并能发挥已有工程的作用。

3）地质。站址应选在坚固地基上，应避开淤泥、流沙所在地段，以减少地基处理工程量和费用。

4）电源。站址应选在靠近电源的地方，以减少输电工程投资。

5）交通。站址应处于交通便利的地方，以减少材料和设备的运输费用。

（2）灌溉泵站的枢纽布置形式。灌溉泵站枢纽工程由取水、进水建筑物、泵房、出水建筑和附属设施等组成。取水建筑物包括进水闸、引水渠（或引水涵洞）。当从多泥沙河道取水时，还应在引水渠设置沉沙池及冲排沙建筑物。进水建筑物有前池、进水池和进水流道。泵房包括主泵房和辅助设备。出水建筑物包括压力水管、出水池（或压力箱、涵管）。附属建筑物视需要而定，包括变电站、管理间、仓库、修理间等。

根据水源的类别、地形及地质条件等因素，灌溉泵站枢纽有如下布置形式。

1）有引水渠的泵站枢纽布置。当河道岸坡较缓、水位变化不大，而出水池又距岸边较远时，常采用有引水渠的布置形式。根据地形条件，尽可能令泵站靠近出水池，以减少压力水管的长度，减少工程投资。这种布置的缺点是，引水渠较长，维修、清淤工程量大，而且厂房位于挖方中，不利于通风散热。

2）无引水渠的泵站枢纽布置。当河流岸坡较陡、水位变化不大时，可不建引水渠，将泵站建在进水闸后。采用这种布置时，进水闸应具有防洪要求，以保证泵房的安全。

　　3）多泥沙河流灌溉泵站枢纽布置。在多泥沙河流建造的泵站，为了避免渠道淤积和泥沙对水泵叶轮的磨损，根据实践经验，可采用一级泵站与二级泵站的布置形式。一级泵站为低扬程水泵，因其转速低，泥沙对水泵叶轮基本无磨损和气蚀。过泵泥沙沉落在输水渠道，故对高扬程的二级水泵磨损和气蚀有所改善，但仍需要清除沉落在输水渠道的泥沙。为了解决泥沙问题，最好在一级泵站与二级泵站之间设置沉沙池，一般将一级泵站设在岸边，在其出水池后建造沉沙池，处理泥沙问题。二级泵站的布置根据沉沙池后地形而定。若沉沙池为临塬坡脚，则在沉沙池后布置二级泵站；若沉沙池后地形平坦，则应在沉沙后布置输水渠道，在输水渠道所到适宜地点，设置二级泵站，沉沙池淤积的泥沙，可用水力冲洗。

　　黄河中、下游地区的一些泵站（如禹门口及邙山等泵站）均采用这类枢纽布置形式。

　　图 4.37 为邙山泵站枢纽布置图。邙山泵站的一级泵站，设在黄河滩的枯水岸边，扬程为 5.5m，提水流量 $10\text{m}^3/\text{s}$，在一级泵站的滩地上建湖泊或沉沙池，池后紧接扬程为 55mm 的二级泵站，沉沙池的泥沙用挖泥船清淤。

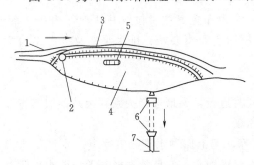

图 4.37　邙山泵站枢纽布置示意图
1—河道；2—一级泵站；3—沉沙池围堤；
4—湖泊式沉沙池；5—挖泥船；
6—二级泵站；7—输水渠道

　　2. 排水泵站枢纽布置

　　（1）排水泵站站址的选择。排水泵站站址的选择，应根据排水区划分的要求，在需要建站的地方建站，并应满足上文灌溉泵站枢纽布置选址的 3）、4）、5）项要求。此外，根据排水的特点，还应满足以下要求。

　　1）以排涝为主的泵站，站址应选在排水区域内地势较低、流程较短的排水干河出口处，利于迅速汇集涝水，及时排出，并充分结合原有排水系统，节约电能。

　　2）站址应选在外河水位较低处，以减少提水扬程，并尽可能满足正向进水、正向出水的要求。

　　3）要充分考虑能自排的地形，既能布置排水泵站，又可布置自排的泄水闸，两者尽可能靠近，以便统一管理。

　　4）对排灌相结合的泵站，站址的选择，应考虑到灌溉取水口应位于高处，同时要满足取水口建筑物布置的要求。

　　5）在选择泵站站址时，应考虑与公路、船闸结合的问题。泵站最好与公路分开，不能合建，避免因来往车辆轰鸣，尘土飞扬，污染严重，影响泵站值班人员工作。泵站与船闸结合时，也应采用分建形式，避免因泵站进出口水流流速较大，影响船只的安全。

　　（2）排水泵站枢纽布置形式。

　　1）单纯排涝的泵站枢纽布置。这类泵站的枢纽布置比较简单，一般在排水渠的末端，靠近河道，选择地形、地质条件好的地方布置泵房及其附属设备。

　　2）提排结合自排的布置形式。外河水位较低时，利用已建排水闸自排，而当汛期外河水位较高时，利用泵站提排；当已建排水闸规模偏小，或无排水闸时，则应结合泵站施工，进行扩建或增建，单纯依靠泵站提排，将增加泵站的装机。

根据排水闸与泵站相互关系位置，排水泵站可分为分建式和合建式两种。

a. 分建式。这种布置将泵房与排水闸、站分开建造，当汛期外江水位较高时，不能利用原有排水闸解决内涝问题时，要在原排水闸附近，另建泵站提排，泵站进、出水流均采用正向布置，保证水流通畅。

b. 合建式。在新建中、小型泵站中，一般将排水泵站与自排闸并列在一起，拦河建造。当内河水位高于外河时，开启闸门，自流排水；当内河水位低于外河而需要排水时，则关闭闸门，由泵站提排。这种布置比较简单，节约投资，管理也方便。

3. 排灌结合泵站枢纽布置

在平原湖区，当外江水位较高时，必须通过提排来排除排水区内的渍水，但当排水区内出现旱情时，又要引外河水自流灌溉和提内河水灌溉。泵站枢纽布置时，往往把两者结合起来，既能提排、提灌，又能自排、自灌，结合方式较多，详细内容可参阅有关论著。

第 5 章　水 电 站 建 筑 物

水电站是利用水能资源发电的场所，是水、机、电的综合体。为了实现水力发电，用来控制水流的建筑物称为水电站建筑物。本章主要讨论水力发电的基本原理、水电站的类型和水电站的主要建筑物的作用及布置。

5.1　水力发电

5.1.1　水力发电的基本原理

水能是河川径流所具有的天然资源，是能源的重要组成部分。在天然河流上，修建水工建筑物，集中水头，通过一定的流量将"载能水"输送到水轮机中，使水能转换为旋转机械能，带动发电机发电，由输电线路送往用户。这种利用水能资源发电的方式称为水力发电。

如图 5.1 所示，在水库中的水具有较大的位能，当水体通过隧洞、压力管道经过安装在水电站厂房内的水轮机时，水流带动水轮机转轮旋转，水能转变为旋转机械能；水轮机转轮带动发电机转子旋转切割磁力线，在发电机的定子绕组上产生感应电动势，发电机与电力系统接通时可供电，旋转机械能转变为电能。

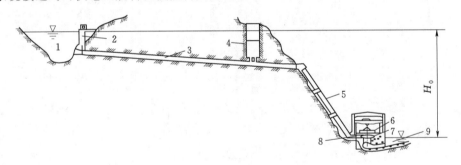

图 5.1　水电站示意图

1—水库；2—进水建筑物；3—隧洞；4—调压室；5—压力管道；
6—发电机；7—水轮机；8—蝶阀；9—泄水道

5.1.2　水电站出力及发电量计算

如图 5.1 所示，水电站上、下游水位差 H_0 称为水电站静水头。设水电站在某时刻的静水头为 H_0，在时间 t 内有体积为 V 的水体经水轮机排入下游。若不考虑进出口水流动能变化和能量损失，则体积为 V 的水体在时间 t 内向水电站供给的能量即为水体所减少的位能。单位时间内水体向水电站供给的能量称为水电站的理论出力 N_t，水电站出力的单

位用 kW 表示。则有

$$N_t = \gamma V H_0 / t = \gamma Q H_0 = 9.81 Q H_0 \tag{5.1}$$

式中　γ——水的重度，$\gamma = 9.81 \text{kN/m}^3$；

　　Q——水轮机流量，$Q = V/t$，m^3/s；

　　H_0——水电站静水头，可近似取水电站的上、下游水位差 $H_0 = Z_\text{上} - Z_\text{下}$，m。

考虑引水道的水头损失和水轮发电机组的效率后，水电站的实际出力 N 为

$$N = 9.81 Q \eta (H_0 - \Delta h) = 9.81 \eta Q H \tag{5.2}$$

式中　H——水轮机的工作水头，m；

　　η——水轮发电机组总效率。

若令 $K = 9.81 \eta$，则式（5.2）可写成：

$$N = KQH \tag{5.3}$$

式中　K——水电站的出力系数，对于大、中型水电站，K 值可取 8.0～8.5；对中小型
　　电站 K 值可取 6.5～8.0。

水电站的发电量 E 是指水电站在一定时段内发出的电能总量，单位是 kW·h。对于较短的时段，如日、月等，发电量 E 可由该时段内电站平均出力 $\overline{N}$ 和该时段的小时数 T 相乘得出，即

$$E = \overline{N} T \tag{5.4}$$

对于较长的时段，如季、年等，可由式（5.4）先计算该季或年内各日（或月）的发电量，然后再相加得出。

5.1.3　水电站的基本类型

水电站的分类方式较多。根据水库的调节能力可分为无调节（径流式）和有调节（日调节、月调节、年调节和多年调节）水电站；根据集中水头的方式可分为坝式、引水式和混合式水电站。

根据水电站的组成建筑物及特征，可将水电站分为坝式、河床式和引水式三种基本类型。

5.1.3.1　坝式水电站

在河流峡谷处拦河筑坝，坝前壅水，在坝址处形成集中落差，这种开发方式为坝式开发。在坝址处引取上游水库中水流，通过设在水电站厂房内的水轮机，发电后将尾水引至下游原河道，上、下游的水位差即是水电站获取的水头。用坝集中水头的水电站称为坝式水电站。

坝式开发适用于河道坡降较缓、流量较大、有筑坝建库条件的河段。

当水头较大时，厂房难于独立承受上游水压力，因此将厂房移到坝后，由大坝挡水，如图 5.2 所示。坝后式水电站一般修建在河流的中、上游。采用混凝土坝后式厂房时，通常将厂房和坝用永久缝分开，厂、坝分别受力。但在下游洪水位很高、厂房稳定不易保证或挡水坝需要厂房共同承受坝荷载时，厂、坝可全部或部分连接在一起。

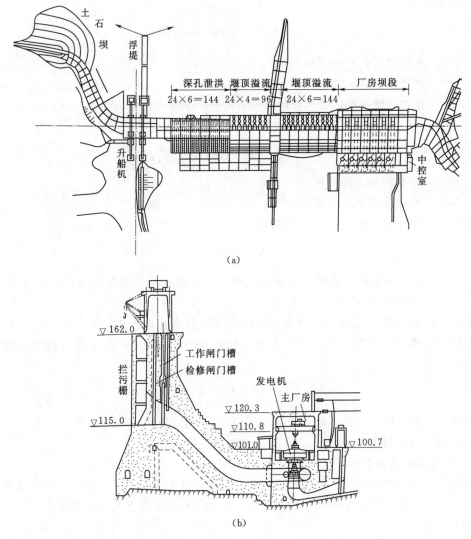

图 5.2　丹江江口（坝后式）水电站布置示意图（单位：m）

(a) 坝后厂房平面图；(b) 坝后厂房横剖面图

5.1.3.2　河床式电站

当水头不大时，水电站厂房和挡水坝并排建在河床中，厂房本身承受上游水压力，成为挡水建筑物的一部分，厂房高度取决于水头的高低。如图 5.3 所示为西津河床式水电站。

河床式水电站一般修建在河道中、下游河道，纵坡平缓的河段上，引用流量大，水头较低，一般小于 30m。我国的葛洲坝、富春江、西津等水电站均为河床式水电站。

5.1.3.3　引水式水电站

在河流坡降陡的河段上筑一低坝（或无坝）取水，通过人工修建的引水道（渠道、隧洞、管道）引水到河段下游，集中落差，再经压力管道引水到水轮机进行发电。用引水道集中水头的电站称为引水式水电站。

174

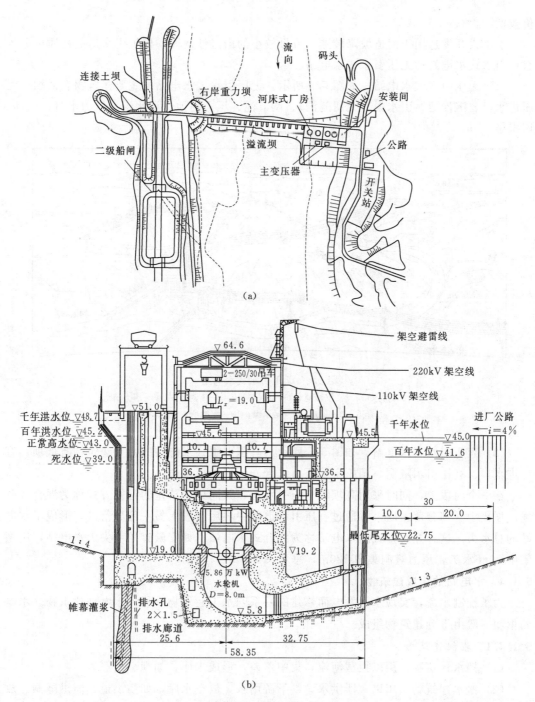

图 5.3 西津河床式水电站（单位：m）

（a）河床式水电站平面布置图；（b）河床式水电站厂房横剖面

与坝式水电站相比，引水式电站的水头相对较高，目前最大水头已达 2000m 以上。引水电站的引用流量较小，没有水库调节径流，水量利用率较低，综合利用价值较差，电站规模相对较小。因引水式水电站库容很小，基本无水库淹没损失，工程量较小，单位造价较低。

引水式开发适用于河道坡降较陡、流量较小的山区性河段。根据引水道的性质可分为有压引水式水电站和无压引水式水电站。

（1）无压引水式水电站。如图 5.4 所示。无压引水式水电站的主要建筑物有低坝、无压进水口、沉沙池、引水渠（无压隧洞）、调节池、压力前池、溢水道、压力水管、厂房、尾水渠。

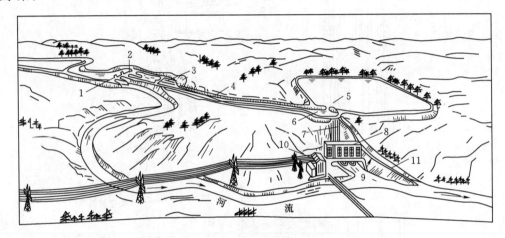

图 5.4　无压引水式水电站

1—坝；2—进水口；3—沉沙池；4—引水渠道；5—日调节池；6—压力前池；
7—压力管道；8—厂房；9—尾水渠；10—配电所；11—泄水道

（2）有压引水式水电站。如图 5.5 所示。有压引水式水电站的主要建筑物有低坝、有压进水口、有压引水隧洞、调压室、压力水管、厂房、尾水渠。

在一个河段上，同时采用高坝和有压引水道，共同集中落差的开发方式称为混合式开发。坝集中一部分落差后，再通过有压引水道集中坝后河段上另一部分落差，形成了水电站的总水头。这种开发方式的水电站称为混合式水电站。如安徽省的毛尖山水电站，用坝集中 20m 水头，压力隧洞集中 120m，总水头 138m。

5.1.4　水电站的组成建筑物

为了控制水流，实现水力发电而修建的一系列水工建筑物，称为水电站建筑物。水电站枢纽一般由下列建筑物组成。

5.1.4.1　枢纽建筑物

（1）挡水建筑物：用以拦截河流，集中落差，形成水库，如坝、闸等。

（2）泄水建筑物：用以宣泄洪水，供下游用水，放空水库，如溢洪道、泄洪隧洞、放水底孔等。

（3）过坝建筑物：过船、过木、过鱼等建筑物。

5.1.4.2　发电建筑物

（1）进水建筑物：按水电站要求将水引入引水道，如进水口、进水闸。

（2）引水建筑物：用以集中水头、输送水流到水轮发电机组或将发电后的水排往下游

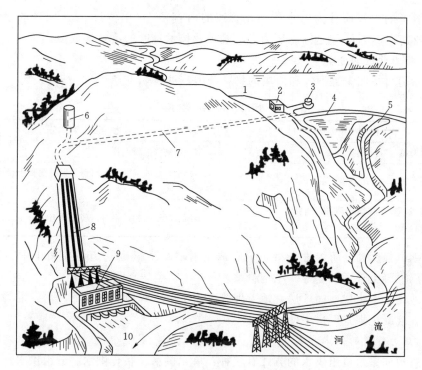

图5.5 有压引水式水电站

1—水库；2—闸门室；3—进水口；4—坝；5—泄水道；6—调压室；
7—有压隧洞；8—压力管道；9—厂房；10—尾水渠

河道。包括渠道、隧洞、压力管道、尾水渠等。

（3）平水建筑物：当水电站负荷变化时，用以平稳引水建筑物中流量及压力的变化，如无压引水电站的压力前池和有压引水电站调压室。

（4）水电站厂房枢纽：包括安装水轮发电机组及控制、辅助设备的主厂房和副厂房、安装变压器的变压器场及安装高压开关的开关站等。水电站厂房枢纽是发电、变电和配电中心，是水力发电的直接场所。

本章主要介绍水电站主要建筑物的形式、作用和布置，包括压力管道、压力前池、调压室、电站厂房等。

5.2 水电站压力管道、压力前池及调压室

5.2.1 压力管道

5.2.1.1 功用和特点

压力管道是在有压状态下从水库、压力前池或调压室向水轮机输送水量的水管。其特点是：集中了水电站大部分或全部的水头；由于坡度较陡，内水压力大，还承受动水压力的冲击（水击压力）；靠近厂房，一旦破坏会严重威胁厂房的安全。所以压力管道具有特殊性和重要性，对其材料、设计方法和工艺等都有特殊要求。

压力管道的主要荷载为内水压力，管道的内直径 D（单位：m）、承受的水头 H（单位：m）及其乘积 HD 值是标志压力管道规模及技术难度的重要参数值。

5.2.1.2 压力管道的分类

压力管道可按照布置型式和所用的材料分类，见表5.1。

表 5.1 **压 力 管 道 类 型**

按布置方式分	按 材 料 分
明管（露天式）：布置在地面上	钢管或钢筋混凝土管
地下埋管：埋入地下山岩中	不衬砌，锚喷或混凝土衬砌，钢衬混凝土衬砌，聚酯材料管
混凝土坝身埋管：依附于坝身，包括：（1）坝内埋管；（2）坝后背管	钢筋混凝土结构，钢衬钢筋混凝土结构

由于钢材强度高，防渗性能好，钢管或钢衬混凝土衬砌管道主要用于中、高水头电站；而钢筋混凝土管适用于中、小型电站。

明管适用于引水式地面厂房，地下埋管多用于引水式地面或地下厂房，混凝土坝身管道则只能在混凝土坝式厂房中使用。

5.2.1.3 压力管道的供水方式

压力管道向多台机组供水的方式有三种：单元供水、联合供水、分组供水。

（1）单元供水。即每台机组都有一条压力管道供水，见图 5.6（a），不设下阀门。其特点是：结构简单（无岔管）、工作可靠、灵活性好；当某根管道检修或发生事故时，只影响一台机组工作，其他机组照常工作。另外，单元供水的管道易于制作，无岔管，但管道在平面上所占尺寸大，造价高。适用于单机流量大或长度短的地下埋管或明管，混凝土坝身管道也常用这种供水方式。

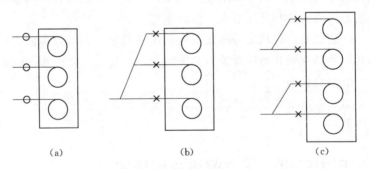

（a）　　　　　　　（b）　　　　　　　（c）

图 5.6 压力水管的供水方式

（a）单元供水；（b）联合供水；（c）分组供水

o—有时可以不设的阀门；×—必须设置的阀门或闸门

（2）联合供水。即一根主管向多台机组供水，在厂房前分岔，在进入机组前的每根支管上设快速阀门，见图 5.6（b）。其特点是单管规模大、分岔管多、容易布置，且造价较低；一旦主管道检修或发生事故，需全厂停机。适用于单机流量小、机组少、引水管道较长的引水式水电站。地下埋管开挖距离相近的几根管井有一定困难，故多采用这种方式。

（3）分组供水。即设多根主管，每根主管向数台机组供水，在进入机组前的每根支管上设快速阀门，如图 5.6（c）所示。其特点介于上面两种供水方式之间。分组供水适用于压力水管较长、机组台数多、单机流量较小的地下埋管和明管。

管道与主厂房的关系主要取决于整个厂区枢纽布置中各建筑物的布置情况，常采用的明钢管引进厂房的方式有以下三种。

（1）正向引进。如图 5.7（a）和（b）所示，管道的轴线与电站厂房的纵轴线垂直。其工作特点是水流平顺，水头损失小，开挖量小，交通方便，但钢管发生事故时直接危及厂房安全。适用于中、低水头电站。

（2）纵向引进：如图 5.7（c）和（d）所示，管道的轴线与电站厂房的纵轴线平行。其工作特点是钢管破裂时，可以避免水流直冲厂房，但水流条件不好，增加了水头损失，且开挖工程量较大。适用于高、中水头电站。

（3）斜向引进。如图 5.7（e）所示，其管道的轴线与电站厂房的纵轴线斜交。其工作特点介于上述两种布置方式之间，常用于分组供水和联合供水的水电站。

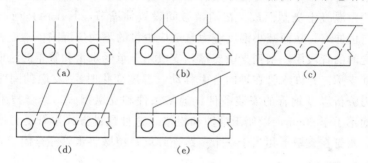

图 5.7 压力水管引进厂房的方式
(a)、(b) 正向引进；(c)、(d) 纵向引进；(e) 斜向引进

5.2.1.4 压力管道直径的选择

压力管道直径的确定是压力管道的主要设计内容之一。管道的直径越小，管道的用材和造价越低，但管道中的流速也越高，水头损失和发电量损失也越大。因此，管道直径的确定不仅是一个技术问题，还是一个经济问题，应通过技术经济比较确定。目前国内外计算压力钢管经济直径的理论公式和经验公式很多，但其基本原理和基本方法都相似。实际设计中，有些因素（如施工工艺和技术水平等）无法在计算公式中考虑，所以按照公式计算的结果一般作为参考。通常可以根据已有工程经验和计算公式确定几种直径，再分别进行造价和电量计算，在考虑技术方面的因素后，选择最优直径。

在可行性研究和初步设计阶段，也可以用下面的经验公式法或经济流速方法确定压力钢管的直径

$$D = \sqrt[7]{\frac{5.2 Q_{\max}^3}{H}} \tag{5.5}$$

式中　$Q_{\max}$——压力管道设计流量，$\mathrm{m^3/s}$；

　　　H——设计水头（包括水击压力），m。

压力管道的经济流速一般为 4～6m/s，最大不超过 7m/s。选定经济流速 V_e 后，根据

水管引用流量 Q，用下面的公式确定管道直径

$$D = 1.13 \sqrt{Q/V_e}$$ (5.6)

5.2.1.5　压力管道布置

1. 明管布置

(1) 明管线路选择一般原则：①管道路线应尽可能短而直，以降低造价，减少水头损失，降低水击压力，改善机组运行条件，因此，地面压力管道一般敷设在陡峻的山脊上；②选择良好的地质条件，通常要求山体稳定、地下水位低，避开山崩、雪崩地区和洪水集中的地区；③尽量减小管道线路的上下起伏和波折，避免出现负压，如果需要在平面上转弯时，转弯半径可采用 2～3 倍管道直径 D，尽量避免与其他管道或交通道路交叉；④水头高、线路长的管线，要满足钢管运输安装和运行管理、维修等交通要求。

(2) 明钢管的敷设方式。明钢管常分段敷设，即在钢管轴线转弯处（包括平面转弯和立面转弯）设置镇墩，直线段每隔 150～200m 也要设置镇墩。镇墩的作用是靠本身的重量固定钢管，承受因水管方向改变而产生的轴向不平衡力，水管在此处不产生任何方向的位移。镇墩一般由混凝土浇制而成。在两镇墩间设置伸缩节，其作用是当温度发生变化时，管身可以自由伸缩，从而减小温度应力且适应少量的不均匀沉陷，常设在靠近镇墩的下游侧。镇墩之间的管段用一系列支墩支撑，支墩用于承受水重和管重的法向分力，相当于连续梁的滚动支承，允许水管在轴向自由移动（温度变化时）。支墩的间距根据钢管的设置伸缩节应力分析以及钢管的安装条件、地基条件和支墩型式，结合技术经济比较确定。管身离地面不小于 60cm，以便于维护和检修。这种敷设方式水管受力明确，在自重和水重作用下，水管在支墩上相当于一个多跨连续梁；镇墩将水管完全固定，相当于梁的固定端，如图 5.8 所示。

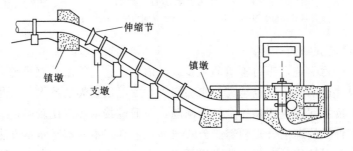

图 5.8　明钢管的敷设

2. 地下埋管布置

地下埋管是埋藏在地下岩层之中的管道，其施工过程是：首先在岩石中开挖隧洞，并清理石渣，进行支护等，然后安装钢管，再在钢管和岩石洞壁之间回填混凝土，最后进行接触灌浆。地下埋管布置在大型水电站中应用较多。

(1) 工地下埋管作特点及适用条件。地下埋管是我国大、中型水电站建设中应用最广泛的一种引水管道型式，国外装机容量在 1000MW 以上的水电站中，采用地下埋管的占 40% 左右。这是因为与明钢管相比，地下埋管有一些突出的优点。

1) 布置灵活方便。地下埋管由于在山体内部，管线位置选择较自由，与地面管线相

比，一般可以缩短长度。

2）钢管与围岩共同承担内水压力，从而可减小钢衬厚度。

3）运行安全。地下埋管的运行不受外界条件影响，维护简单，围岩的极限承载能力一般很高，钢材又有良好的塑性，因此管道的超载能力很大。

当然，地下埋管也有一些缺点，如构造比较复杂、施工安装工序多、工艺要求较高、施工条件较差、会增加造价；由于地下埋管所承受的外压力较大，外压稳定问题突出等。

（2）地下埋管布置。对于地下埋管，其线路也应选择在地质和地形条件优越的地区，岩石要尽量坚固、完整，要有足够的上覆岩石厚度，以利用围岩承担更多的内水压力。埋管轴线要尽量与岩层构造面垂直，并避开地下水丰富的地带，以避免钢衬在外水压力作用下失稳，同时应注意施工的便利。

3．坝内埋管

混凝土重力坝和坝内钢管及坝后厂房是应用非常广泛的传统型式，坝内埋管的特点是管道穿过混凝土坝体，全部埋在坝体内，如图5.9所示。

坝内埋管在坝体内的布置原则是：尽量缩短管道的长度；减少管道空腔对坝体应力的不利影响，特别要减小因管道引起的坝体内拉应力区的范围和拉应力值；还应减少管道对坝体施工的干扰以便于管道本身的安装和施工。

在平面上，坝内埋管最好布置在坝段中央，管径不宜大于坝段宽度的三分之一。这样管外两侧混凝土较厚，且受力对称。

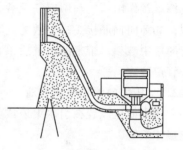

图5.9 混凝土坝内埋管

4．坝后背管

为了解决钢管安装与坝体混凝土浇筑的矛盾，一些大型坝后式水电站将钢管布置在混凝土坝的下游坝面上，称为坝后背管（表5.2）。下游面管道除进水口后一小段管道穿过坝体外，主要部分沿坝下游面铺设，如图5.10所示。

表5.2 坝后背管工程实例

工程名称	克拉斯诺亚尔斯克	契尔盖	萨扬舒申斯克	库尔普沙伊斯克	东江	紧水滩	李家峡	五强溪	三峡
坝型	重力坝	双曲拱坝	重力拱坝	重力坝	双曲拱坝	双曲拱坝	双曲拱坝	重力坝	重力坝
最大坝高/m	125	233	245	113	157	102	155	87.5	175
静水头/m	112	209	226	91.5	141	90.7	138.5	60.15	118
最大水头/m	130	229	267	101	162	105	152	80	139.5
钢管直径/m	7.5	5.5	7.5	7.0	5.2	4.5	8.0	11.2	12.4
HD/m^2	975	1260	2003	707	842	473	1216	896	1730
管壁厚度/mm	32～40	20	16～30		14～16	14～18	18～32	18～22	30～40

与坝内埋管相比，坝后背管有如下优点：便于布置；减少管道空腔对坝体的削弱，有利于坝体安全；坝体施工不受管道施工与安装的干扰，可以提高坝体施工的质量，加快进

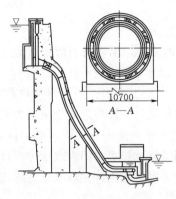

图 5.10 混凝土坝后背管

度并提前发电；管道可以随机组的投产先后分期施工，有利于合理安排施工进度，且减少投资积压，机组台数较多时，效益更为显著。

混凝土坝后背管有两种结构型式：坝下游面明钢管和坝下游面钢衬钢筋混凝土管。

（1）坝下游面明钢管。现场安装工作量小，进度快，与坝体施工干扰小。但当钢管直径和水头很大时，会造成钢管材料和工艺上的技术困难。敷设在下游坝面上的明管一旦失事，水流直冲厂房，后果严重。

（2）坝下游面钢衬钢筋混凝土管。管道是内衬钢板外包钢筋混凝土的组合结构，用坝下游面的键槽及锚筋与坝体固定。钢衬与外包混凝土之间不设垫层，紧密结合，二者共同承受内水压力等荷载。这种管道结构的优点是：①管道位于坝体外，允许管壁混凝土开裂，使钢衬和钢筋可以充分发挥承载作用；②利用钢筋承载，减少了钢板厚度，避免采用高强钢引起的技术和经济问题；③环向钢筋接头是分散的，工艺缺陷不会集中，因此可以避免钢管材质及焊缝缺陷引起的集中破裂口带来的严重后果；④减少外界因素令管道破坏的可能性，在严寒地区有利于管道防冻。

5.2.2 压力前池和日调节池

压力前池设置在引水渠道或无压隧洞的末端，是水电站无压引水建筑物与压力管道的连接建筑物。

5.2.2.1 压力前池的作用

（1）平稳水压、平衡水量。当机组负荷发生变化时，引用流量的改变使渠道中的水位产生波动，由于前池有较大的容积，可减少渠道水位波动的振幅，稳定了发电水头；另外，前池还可起到暂时补充不足水量和容纳多余水量的作用，以适应水轮机流量的改变。

（2）均匀分配流量。从渠道中引来的水经过压力前池能够均匀地分配给各压力管道，管道进口设有控制闸门。

（3）宣泄多余水量。当电站停机时，压力前池能够向下游供水。

（4）拦阻污物和泥沙。前池设有拦污栅、拦沙、排沙及防凌设施，防止渠道中漂浮物、冰凌、有害泥沙进入压力管道，保证水轮机正常运行。

5.2.2.2 压力前池的组成建筑物

（1）前室（池身及扩散段）。前室是渠末和压力管道进水室间的连接部分，由扩散段和池身组成。扩散段保证水流平顺地进入前池，减少水头损失。池身的宽度和深度受高压管道进口的数量和尺寸控制，以满足进水室的要求。

（2）进水室及其设备。指压力管道进水口部分，通常采用压力墙式进水口。进口处设闸门及控制设备、拦污栅、通气孔等设施。

（3）泄水建筑物。当水电站以较小的流量工作或停机时，多余的水量由溢水建筑物泄走，防止前池水位漫过堤顶，并保证下游供水。溢水建筑物一般包括溢流堰、陡槽和消能设施。溢流堰应紧靠前池布置，其形式主要有正堰和侧堰两种，堰顶一般不设闸门，水位超过堰顶，前池内的水就自动溢流。

（4）放水和冲沙设备。从引水渠道带来的泥沙将沉积在前室底部，因此在前室的最低处应设冲沙道，并在其末端设有控制闸门，以便定期将泥沙排至下游。冲沙道可布置在前室的一侧或在进水室底板下做成廊道。冲沙孔的尺寸一般不小于$1m^2$，廊道的高度不小于$0.6m$，冲沙流速通常为$2\sim3m/s$。冲沙孔有时兼做前池的放水孔，当前池检修时用来放空存水。

（5）拦冰和排冰设备。排冰道只有在北方严寒地区才设置，排冰道的底板应在前池正常水位以下，并用叠梁门进行控制。

前压力池的组成如图 5.11 所示。

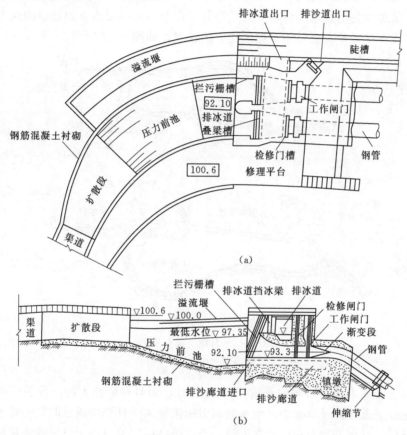

图 5.11 压力前池
(a) 平面图；(b) 纵剖面图

5.2.2.3 压力前池的布置

压力前池的布置与引水道线路、压力管道、电站厂房及本身泄水建筑物等的布置有密切联系。因此，应根据地形、地质和运行条件，结合整个引水系统及厂房布置进行综合考虑。

（1）前池整体布置时，应使水流平顺，水头损失最少，以提高水电站的出力和电能。布置时应使渠道中心线与压力前池中心线平行或接近平行。前室断面逐渐扩大，平面扩散

角 β 不宜大于 $10°$。前池底部坡降的扩散角也不大于 $10°$。

（2）压力前池应尽可能靠近厂房，以缩短压力管道的长度。压力前池中水流应均匀地向各条压力管道供水，使水流平顺，无漩涡发生。确保运行时清污、维护、管理方便，同时应使泄水与厂房尾水不发生干扰。

（3）压力前池应建在天然地基的挖方中，不应设置在填方或不稳定地基上，以防山体滑坡和不均匀沉陷导致前池及厂房建筑物破坏。

5.2.2.4 日调节池

担任峰荷的水电站一日之内的引用流量在 0 与 Q_{max} 之间变化，而渠道是按 Q_{max} 设计的，因此一天内的大部分时间中，渠道的过水能力得不到充分利用。另外，由于引用流量的变化，在渠道中易引起水位波动。为了进行日调节，可在渠道下游合适的地方修建日调节池。可以用人工开挖，也可用筑堤围建方法建成，如图 5.12 所示。

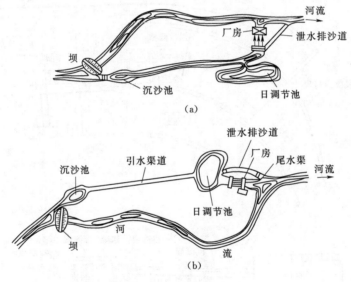

图 5.12　日调节池布置图
（a）位置一；（b）位置二

日调节池与压力前池之间的渠道按 Q_{max} 设计。而日调节池上游一段渠道按日平均流量设计，这样渠道断面可以减小。当水电站引用流量大于日平均流量时，不足水量可从日调节池中获取，日调节池中水位随之下降；当水电站引用流量小于日平均流量时，日调节池储蓄部分水量，池中水位回升，这样可减少前池水位的剧烈波动。

5.2.3　调压室

5.2.3.1　调压室的功用、要求

在较长的压力引水系统中，为了降低高压管道的水击压力，满足机组调节，保证计算的要求，常在压力引水道与压力管道衔接处建造调压室。如果尾水隧洞的长度较大，也可设置尾水调压室。

调压室利用扩大断面和自由水面反射水击波，将有压引水系统分成两段：上游段为压力引水道，下游段为压力管道，如图 5.13 所示。调压室的功用可归纳为以下几点。

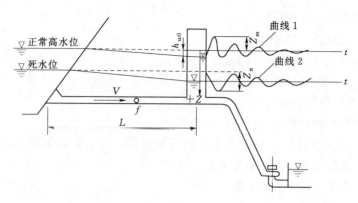

图 5.13　调压室

（1）反射水击波。基本上避免了（或减小）压力管道传来的水击波进入压力引水道。

（2）缩短了压力管道的长度，从而减小了压力管道及厂房过水部分的水击压力。

（3）改善机组在负荷变化时的运行条件。

（4）从水库到调压室的引水道的水压力较低，从而降低了其设计标准，节省了建设经费。

根据其功用，调压室应满足以下基本要求：①调压室尽量靠近厂房，以缩短压力管道的长度；②调压室应有自由水表面和足够的底面积，以保证水击波的充分反射；③调压室的工作必须是稳定的，在负荷变化时，引水道及调压室水体的波动应该迅速衰减，达到新的稳定状态；④正常运行时，水流经过调压室底部造成的水头损失要小，为此，调压室底部和压力管道连接处应具有较小的断面积；⑤结构安全可靠，施工简单方便，造价经济合理。

5.2.3.2　调压室的设置条件

（1）上游调压室的设置条件。初步分析时，可用水流加速时间（也可称为压力引水道的时间常数）T_w 来判断，设置上游调压室的条件

$$T_w = \frac{\sum L_i V_i}{g H_p} \geqslant [T_w] \tag{5.7}$$

式中　L_i——引水道（包括蜗壳和尾水管）各段长度，m；

　　　V_i——上述各段引水道的流速，m/s；

　　　H_p——水轮机设计水头，m；

　　　$[T_w]$——T_w 的允许值，一般取 2～4s。

我国的《水电站调压室设计规范》（NB/T 35021—2014）规定：①水电站单独运行或其容量在电力系统中所占的比重超过 50% 时，$[T_w]$ 取小值；②水电站单独运行或其容量在电力系统中所占比重小于 10% 时，$[T_w]$ 取大值。

（2）下游调压室的设置条件。机组下游调压室的功用是缩短尾水道的长度，减小甩负荷时尾水管中的真空度，防止水柱分离。下游调压室的设置条件是

$$L_w > \frac{5 T_s}{v_{w0}} \left(8 - \frac{\nabla}{900} - \frac{v_{wj}^2}{2g} - H_s \right) \tag{5.8}$$

式中 L_w——压力尾水道的长度，m；

T_s——水轮机导叶关闭时间，s；

V_{w0}——稳定运行时尾水管的流速，m/s；

V_{wj}——尾水管入口处的流速，m/s；

H_s——吸出高度，m；

∇——机组安装高程，m。

最终通过调节保证计算，当机组丢弃全部负荷时，尾水管内的最大真空度不宜大于 8m 水柱。但在高海拔地区应作高程修正。

5.2.3.3 调压室的布置和基本类型

1. 调压室的布置方式

根据调压室与厂房相对位置不同，调压室的布置方式有四种。

(1) 上游调压室（引水调压室）。调压室位于厂房上游的引水道上，如图 5.14（a）所示，这种布置方式适用于厂房上游有较长的有压引水道的情况，应用也最广泛。

(2) 下游调压室（尾水调压室）。当厂房下游有较长的尾水隧洞时，需设置尾水调压室以减小水击压力，特别是防止在丢弃负荷时产生过大的负水击。尾水调压室应尽可能靠近水轮机。如图 5.14（b）所示。

(3) 上、下游双调压室系统。由于布置上的原因，有些地下厂房的上、下游都有较长的压力水道，为减小水击压力，改善机组运行条件，在厂房的上、下游均设置调压室，组成双调压室系统，如图 5.14（c）所示。

(4) 上游双调压室系统。当上游引水道较长，也有设置两个调压室，如图 5.14（d）所示。靠近厂房的调压室对反射水击波起主导作用，称为主调压室；靠近上游的调压室用来帮助衰减引水系统的波动，降低主调压室的高度，称为辅助调压室。辅助调压室愈接近主调压室，所起的作用越大，越向上游其作用越小。

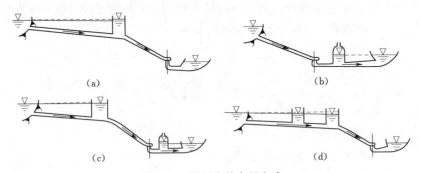

图 5.14 调压室的布置方式

(a) 上游调压室；(b) 下游调压室；(c) 上、下游双调压系统；(d) 上游双调压系统

2. 调压室的基本类型

(1) 简单圆筒式调压室。如图 5.15（a）所示。这种调压室的特点是断面尺寸形状不变，结构简单，反射水击波效果好。但水位波动振幅较大，衰减较慢，因而调压室的容积较大；在正常运行时，引水系统与调压室连接处水力损失较大。为了克服上述缺点，可采用有连接管的圆筒式调压室，如图 5.15（b）所示。这种类型一般适用于低水头、小流量

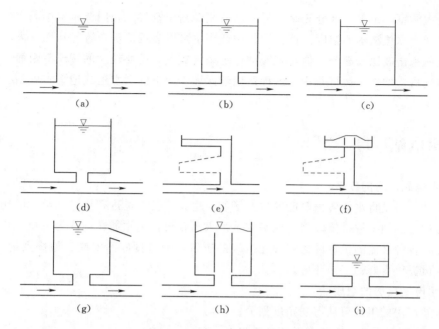

图 5.15　调压室的结构型式

（a）简单圆筒式调压室；（b）有连接管的圆筒式调压室；（c）、（d）阻抗式调压室；（e）水室式调压室；

（f）、（g）溢流式调压室；（h）差动式调压室；（i）气垫式或半气垫式调压室

的水电站。

（2）阻抗式调压室。将圆筒式调压室的底部用较小断面的短管或用较小孔口的隔板与隧洞及压力管道连接起来，这种短管或隔板相当于局部阻力，即为阻抗式调压室，如图 5.15（c）、（d）所示。进出调压室的水流在阻抗孔口处消耗了一部分能量，可以有效地减小水位波动的振幅，加快了衰减速度，因而所需调压室的体积小于圆筒式。正常运行时水头损失小。由于阻抗的存在，水击波不能完全反射，压力引水道中可能受到水击的影响。

（3）水室式调压室。水室式调压室由一个竖井和上、下两个储水室组成，如图 5.15（e）所示。上室供丢弃负荷时储水用，一般在最高净水位以上，在正常运行时是空的。这种调压室适用于水头要求较高、稳定断面较小、库水位变化比较大的水电站。

（4）溢流式调压室，顶部设有溢流堰，如图 5.15（f）、（g）所示。当丢弃负荷时，调压室的水位迅速上升，达到溢流堰顶后开始溢流，限制了水位进一步升高，有利于机组的稳定运行，溢出的水量可以设上室加以储存，也可排至下游。

（5）差动式调压室。由两个直径不同的同心圆筒组成，中间的圆筒直径较小，上有溢流口，称为升管，其底部以阻力孔口与外室相通，如图 5.15（h）所示。外室直径较大，起盛水及保证稳定的作用，其断面由波动稳定条件控制。差动式调压室所需容积较小，水位波动衰减得也较快。这种适用于地形和地质条件不允许大断面的中高水头水电站，在我国采用较多。

（6）气垫式或半气垫式调压室。如图 5.15（i）所示，在压力隧洞上靠近厂房的位置

建造一个大洞室，室中一部分充水，另一部分充满高压空气。利用调压室中的空气压缩或膨胀，来减小水位涨落的幅度。这种形式的调压室可以靠近厂房布置，从而大大减小水击压力，反射水击波比较充分，但水位波动稳定条件较差，需要较大的调压室断面，还需配置压缩空气机，增加了运行费用。这种适用于深埋于地下的引水道式地下水电站。目前我国采用较少。

5.3　水电站厂房

5.3.1　水电站厂房的任务

水电站厂房是将水能转为电能的生产场所，也是运行人员进行生产和活动的场所。其任务是通过一系列工程措施，将水流平顺地引入水轮机，使水能转换成为可供用户使用的电能，并将各种必需的机电设备安置在恰当的位置，创造良好的安装、检修及运行条件，为运行人员提供良好的工作环境。

5.3.2　水电站厂房的组成

水电站厂房的组成可从不同角度划分。

5.3.2.1　从设备布置和运行要求的空间划分

（1）主厂房。水能转化为机械能是由水轮机实现的，机械能转化为电能是由发电机来完成的，二者之间由传递功率装置连接，组成水轮发电机组。水轮发电机组和各种辅助设备安装在主厂房内，是水电站厂房的主要组成部分。

（2）副厂房。安置各种运行控制和检修管理设备的房间，也是运行管理人员工作和生活用房。

（3）主变压器场。装设主变压器的地方。水电站发出的电能经主变压器升压后，再经输电线路送给用户。

（4）高压开关站（户外配电装置）。为了按需要分配功率，保证正常工作和检修，发电机和变压器之间以及变压器与输电线路之间有不同电压的配电装置。发电机侧的配电装置，通常设在厂房内，而高压侧的配电装置一般布置在户外，称高压开关站。高压开关站装设高压开关、高压母线和保护设施，高压输电线由此将电能输送给电力用户。

5.3.2.2　从设备组成的系统划分

水电站厂房内的机械及水工建筑物共分为五大系统，如图 5.16 所示。

（1）水流系统。水轮机及其进出水设备，包括压力管道、水轮机前的进水阀、蜗壳、水轮机、尾水管及尾水闸门等。

（2）电流系统。即电气一次回路系统，包括发电机及其引出线、母线、发电机电压配电设备、主变压器和高压开关站等。

（3）电气控制设备系统。即电气二次回路系统，包括机旁盘、励磁设备系统、中央控制室、各种控制及操作设备，如各种互感器、表计、继电器、控制电缆、自动及远动装置、通信及调度设备等直流系统。

（4）机械控制设备系统。包括水轮机的调速设备（如接力器及操作柜）、事故阀门的控制设备、其他各种闸门、减压阀、拦污栅等操作控制设备。

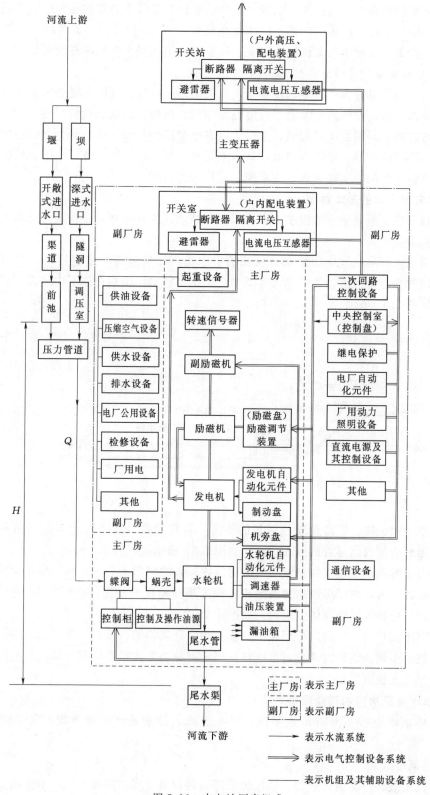

图 5.16 水电站厂房组成

（5）辅助设备系统。包括为了安装、检修、维护、运行所必需的各种电气及机械辅助设备，如厂用电系统（厂用变压器、厂用配电装置、直流电系统）、油系统、气系统、水系统、起重设备、各种电气和机械修理室、试验室、工具间、通风采暖设备等。

5.3.2.3　从水电站厂房的结构组成划分

（1）水平面上可分为主机室和安装间。主机室是运行和管理的主要场所，布置水轮发电机组及辅助设备；安装间是水电站机电设备卸货、拆箱、组装、检修时使用的场地。

（2）垂直面上，根据工程习惯，主厂房以发电机层楼板面为界，分为上部结构和下部结构：①上部结构，与工业厂房相似，基本上是板、梁、柱结构系统；②下部结构，为大体积混凝土整体结构，主要布置过流系统，是厂房的基础。

5.3.3　水电站厂房的基本类型

水电站厂房类型划分方法很多，根据厂房与挡水建筑物的相对位置及其结构特征，可分为三种基本类型。

（1）引水式厂房。发电用水来自较长的引水道，厂房远离挡水建筑物，一般位于河岸，其轴线常平行于河道，如图 5.4 和图 5.5 所示。若将厂房建在地下山体内，则称为地下厂房，如图 5.17 所示。

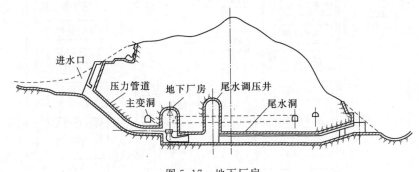

图 5.17　地下厂房

（2）坝后式厂房。厂房位于拦河坝的下游，紧接坝后，在结构上与大坝用永久缝分开，发电用水由坝内高压管道引入厂房，如图 5.18 所示。

有时为了解决泄水建筑物布置与厂房建筑物布置之间的矛盾，可将厂房布置成以下型式：①溢流式厂房，将厂房顶作为溢洪道，成为坝后溢流式厂房，如图 5.19 所示；②坝内式厂房，厂房移入溢流坝体空腹内，如图 5.20 所示。

（3）河床式厂房。厂房位于河床中，成为挡水建筑物的一部分，如图 5.21 所示。

如按机组主轴的装置方式分，水电站厂房还可分为立式机组厂房和卧式机组厂房。本章主要介绍立式机组厂房。

5.3.4　水电站厂房内的辅助设备

水电站辅助设备主要有调速系统、供水系统、排水系统、油系统、气系统和起重设备。

5.3.4.1　调速系统

每台机组装设一套由调速器、油压装置等附属设备组成的调速系统，根据电力系统要

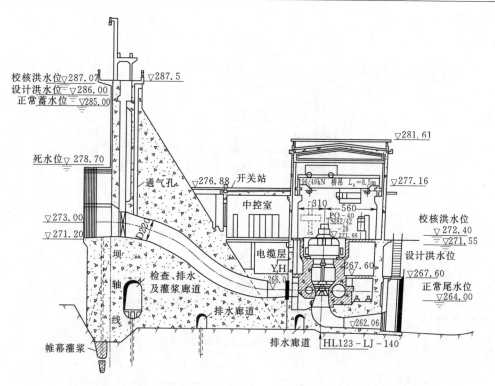

图 5.18 水电站坝后式厂房剖面图（高程单位：m，尺寸单位：cm）

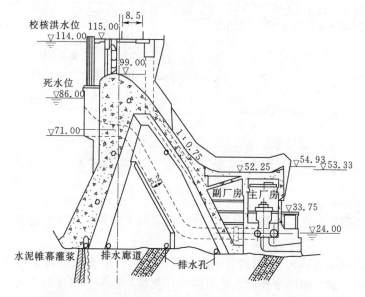

图 5.19 溢流式厂房剖面（高程单位：m，尺寸单位：cm）

求自动调整机组的出力，同时使机组保持一定的额定转速。调速设备一般由下列三部分组成：调速器柜、作用筒（接力器）、油压装置。三部分之间用管路联系。

（1）调速器柜。单机容量不同，机型不同，调速系统也不一样，调速柜的外形尺寸变化不大，一般为方形，尺寸为 800mm×800mm×1900mm，如图 5.22 所示。以机械的传

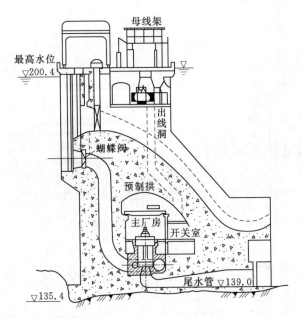

图 5.20 上尤江坝内式厂房剖面（单位：m）

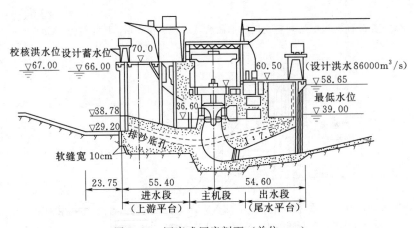

图 5.21 河床式厂房剖面（单位：m）

动杆和油管与作用筒相连。因作用筒多布置在机座的上游侧，调速柜也多布置在发电机的上游侧。

（2）作用筒（接力器）。作用筒是个油压活塞，大、中型机组都采用两个，用来推转调节环。调节环带动导水叶来控制水轮机的引用流量，以调节机组的出力。

因蜗壳上游断面尺寸较小，作用筒一般布置在上游侧机座内，如图 5.23 所示。

（3）油压装置。油压装置是由压力油罐、储油槽和油泵组成。油罐内油压为 2.5MPa，供推动活塞用，油压靠压缩空气维持，所以油桶内上部为压缩空气。工作后的油回到储油槽，罐内油量不足时，由油泵将油槽中的油打入罐内。油泵一般为两台，一台工作，一台备用。油压装置示意图如 5.24 所示。

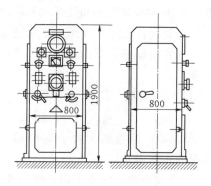

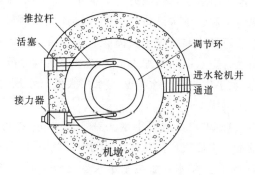

图 5.22 调速柜外形图（单位：mm）   图 5.23 接力器示意图（单位：mm）

5.3.4.2 油系统

（1）作用及分类。水电站油系统任务有两方面：一是供给机组轴承的润滑油和操作用的压力油，称为透平油，其作用是润滑、散热及传递能量；二是供给变压器、油开关等电气设备的绝缘油，其作用是绝缘、散热及灭弧。两种油的性质不同，应有两套独立的油系统。

（2）油系统的组成及布置。

1）油库。接收和储存油的地方，油库设有油罐。透平油的用油设备均在厂内，故透平油库一般布置在厂内，只有在油量很大时，才在厂外另设存贮新油的油库。绝缘油用量大的主变压器和开关站都在厂外，故绝缘油库常布置在厂外主变压器和开关站附近。油库要特别注意防火，大于100t时，油库应设在厂外。

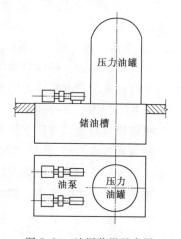

图 5.24 油压装置示意图

2）油处理室。设有油泵和滤油机，有时还有油再生装置。油处理室一般设在油库旁。透平油与绝缘油常合用油处理室。相邻水电站可合用一套油处理设备。

3）补给油箱。设在主厂房的吊车梁下。当设备中的油有消耗时，补给油罐自流补给新油。当不设补给油箱时，可利用油泵补给新油。

4）废油槽。在每台机组的最低点设废油槽，收集漏出的废油。

5）事故油槽。当变压器、油开关、油库发生燃烧事故时，迅速将油排走，以免事故扩大。油可排入事故油槽中或直接排入下游河道。事故油槽应布置在便于充油设备排油和便于灭火的位置。

6）油管。油的输送设备，一般布置在水轮机层。

5.3.4.3 供水系统和排水系统

（1）供水系统。水电站厂房内的供水系统包括技术供水设备、生活供水设备和消防供水设备。技术供水设备作用包括冷却及润滑用水，如发电机的空气冷却器、机组导轴承和推力轴承的油冷却器、水润滑导轴承、空气压缩机气缸冷却器、变压器的冷却设备等。发电机和变压器的冷却用水可达技术用水的80%左右，要求水质清洁、不含对管道和设备有害的化学成分。

一般供水系统是从压力管道取水、上游水库取水、下游水泵取水和地下水源取水。供水系统由水源、供水设备、水处理设备、管网和测量控制元件组成。管路应尽可能靠近机组，以缩短管线并减少水头损失。供水泵房应布置在水轮机层或以下的洞室内。为保证水质，用水管把水引向过滤设备，经过滤后再分配用水。

1）水泵供水：当水电站的水头太低（水压力不够）或太高（需要减压设备）时，采用此方式供水。

2）自流供水：适用于水头在 12～60m 之间的水电站，但当水头大于 40m 时，需要减压设备。坝后式厂房从水库引水，引水式厂房从压力水管引水。

3）混合式供水：水电站水头变化较大时，采用混合式供水，高水头时，用自流方式，低水头时，用水泵。

4）消防用水：要求水流能喷射到建筑物的最高部位，水量一般为 15L/s。消防供水可从上游压力管道、下游尾水渠或生活用水的水塔取水，并且应设置两个水源。

5）生活用水：根据工作人员的多少决定。

（2）排水系统。厂房内的生活用水、技术用水、阀门或建筑物及其他设备的渗漏水，均需及时排走。发电机冷却用水等均自流排往下游。不能自流排出的用水和渗水，则集中到集水井，再用水泵排到下游，这个系统称为渗漏排水系统。

机组检修时常需要排空蜗壳和尾水管，为此需设检修排水系统。检修时，将检修机组前蝴蝶阀或进水闸门关闭，蜗壳及尾水管中的水自流经尾水管排往下游。当蜗壳和尾水管中的水位等于下游尾水时，关闭尾水闸门，利用检修排水泵将余水排走。

水泵集中在水泵房内，集水井设在水泵房的下层。集水井通常布置在安装间下层、厂房一端、尾水管之间或厂房上游侧。集水井的底部高程要足够低，以便自流集水。每个集水井至少设两台水泵，一台工作，一台备用。

5.3.4.4　气系统

压缩空气分为低压压缩空气和高压压缩空气。压缩空气系统简称压气系统。

（1）低压压缩空气系统。低压压缩空气系统的功能包括：机组制动；调相运行压水；蝶阀关闭时，将压缩空气通入阀上的空气围带，使其膨胀而减少漏水；检修时清扫设备，供风动工具使用；通向拦污栅，防冻清污。低压压缩空气系统的额定气压为 0.5～0.8MPa。

（2）高压压缩空气系统。主要用于：厂房中所有调速器油压装置的压力油箱充气，调速器压力油箱中约有 2/3 的体积为压缩空气，以保证调速器用油时无过大的压力波动，额定气压为 2.5MPa 及 4MPa，配电装置（如空气断路器）的灭弧和操作的用气，以及开关和少油断路器的操作用气，额定气压为 2～5MPa。

压气系统的组成有空压机、储气罐、输气管、测量控制元件。

用气设备如远离厂房（如高压开关站及进水口），则在该处另设有压气系统，厂房内高、低压系统均要设置。空气压缩机室一般布置在水轮机层，并位于安装间的下面，其噪声很大，要远离中央控制室，并满足防火防爆要求。

5.3.4.5　水电站厂房的起重设备

为了安装和检修机组及其辅助设备，厂房内要装设专门的起重设备。最常见的起重设备是桥式起重机（桥吊）。桥吊由横跨厂房的桥吊大梁及其上部的小车组成，桥吊大梁可在吊车梁顶上沿主厂房纵向行驶，桥吊大梁上的小车可沿该大梁在厂房横向移动，如图5.25所示。

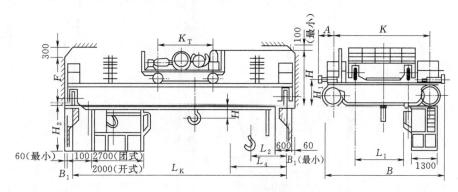

图5.25 吊车构造图

5.3.5 主厂房的布置

水电站主厂房是安装水轮发电机组及其辅助设备的场所，根据设备布置的需要，通常在高度方向上分为数层，如图5.26所示。厂房内部布置应根据机电布置、设备安装、检修及运行要求，结合水工结构布置统一考虑。

5.3.5.1 发电机层设备布置

发电机层为安放水轮发电机组、辅助设备和仪表表盘的场地，也是运行人员巡回检查机组、监视仪表的场所。其主要设备有发电机、调速柜、油压装置、机旁盘、励磁盘、蝶阀孔、楼梯、吊物孔等，如图5.27所示。

（1）发电机。根据发电机与发电机层楼板的相对位置关系分类，常见的发电机的布置形式有敞开式、埋入式和半岛式。

（2）机旁盘（自动、保护、量测、动力盘）。与调速器布置在同一侧，靠近厂房的上游或下游墙。

（3）调速柜。应与下层的接力器相协调，尽可能靠近机组，并在吊车的工作范围之内。

（4）励磁盘。为控制励磁机运行而设置，常布置在发电机近旁。

（5）蝶阀孔。若在水轮机前装设蝶阀，其检修需要在发电机层的安装间内进行，这就需要在发电机层与其相应的部位预留吊孔，以方便检修和安装。

（6）楼梯。每隔一段距离需要设置一个楼梯，一般两台机组设置一个。由发电机层到水轮机层至少设两个楼梯，分设在主厂房的两端，便于运行人员到水轮机层巡视和操作、及时处理事故。楼梯不应破坏发电机层楼板的梁格系统。

（7）吊物孔。在吊车起吊范围内应设供安装检修的吊物孔，以沟通上、下层之间的运输，一般布置在既不影响交通、又不影响设备布置的地方，其大小与吊运设备的大小相适应，平时用铁盖板盖住。

5.3.5.2 水轮机层设备布置

水轮机层是指发电机层以下，蜗壳大块混凝土以上的空间。在水轮机层一般布置调速器的接力器、水力机械辅助设备（如油、气、水管路）、电气设备（如发电机引出线、中性点引出线、接地、灭磁装置等）、厂用电的配电设备，如图5.28所示。

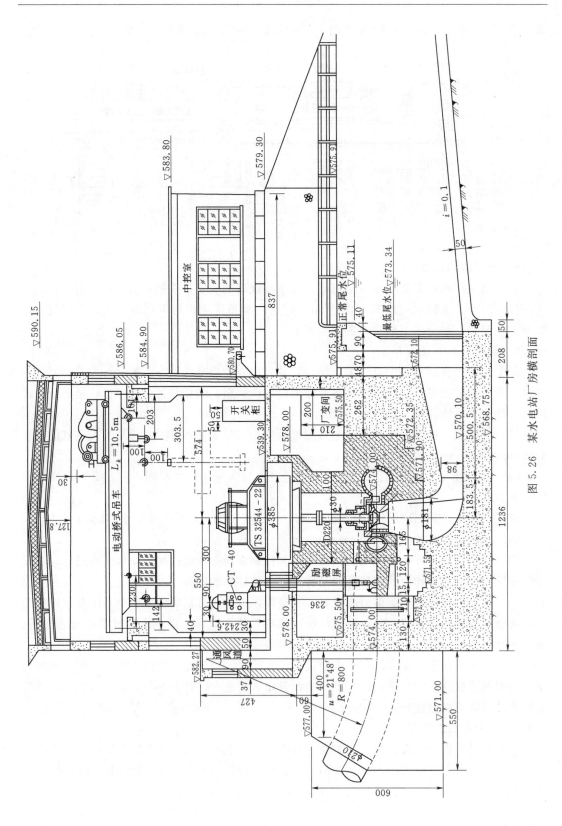

图 5.26 某水电站厂房横剖面

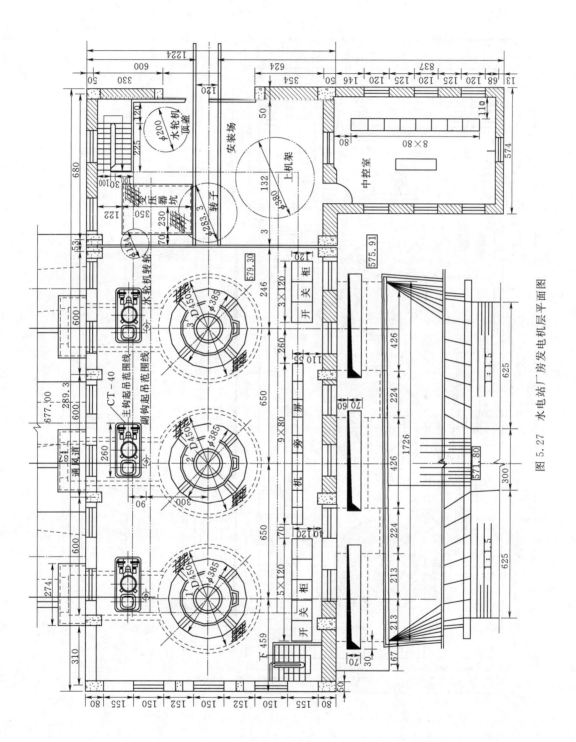

图 5.27 水电站厂房发电机层平面图

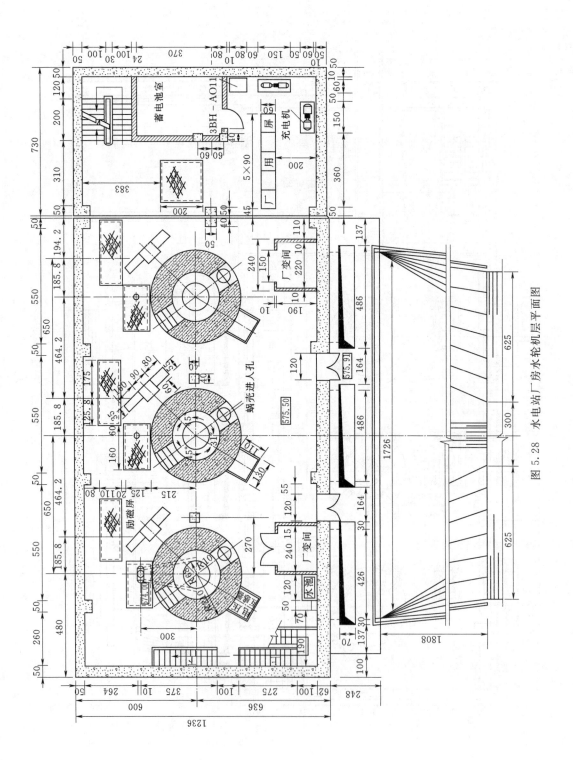

图 5.28　水电站厂房水轮机层平面图

（1）调速器的接力器。位于调速器柜的下方，与水轮机顶盖连在一起，并布置在蜗壳最小断面处，因为该处的混凝土厚度最大。

（2）电气设备。发电机引出线和中性点侧都装有电流互感器，一般安装在风罩外壁或机座外壁上。小型水电站一般不设专门的出线层，引出母线敷设在水轮机层上方，而各种电缆架设在其下方。水轮机层比较潮湿，对电缆不利。对发电机引出母线要加装保护网。

（3）油、气、水管道。一般沿墙敷设或布置在沟内。管道的布置应与使用和供应地点相协调，同时避免与其他设备相互干扰。管道与电缆分别布置在上、下游侧，防止油气水渗漏对电缆造成影响。

（4）水轮机层上、下游侧宜设有贯穿全厂的直线水平通道。主要过道宽度不宜小于1.2m。水轮机机座壁上要设进人孔，进人孔宽度一般为 1.2～1.8m，高度不小于 1.8m，且坡度不能太陡。

5.3.5.3 蜗壳层的布置

如图 5.29 所示为某水电站厂房蜗壳层平面布置，蜗壳层除过水部分外，均为大体积混凝土，布置较为简单。

（1）主阀。当引水式电站采用联合供水或分组供水时，在蜗壳进口前设置一道快速闸门或蝴蝶阀，一般称为主阀。

主阀可以装设在厂内，也可以装设在厂外，设在厂内时，运行管理、安装等都比较方便，但增加了厂房宽度。主阀的上游侧要安装伸缩节，以方便拆装。主阀布置在主阀层内，控制设备就近布置。

（2）进人孔。在下部块体结构中要设有通向蜗壳和尾水管的进人孔，并设置通道。一般进人孔的直径为 60cm，进人孔通道尺寸不小于 1m×1m。

（3）一般电站在蜗壳层以下的上游侧或下游侧均设有检查、排水廊道，作为运行人员进入蜗壳、尾水管检查的通道，有时还兼作到水泵室集水井的过道。

排水泵室一般布置在集水井的上层，由楼梯、吊物孔与水轮机层连接。水电站排水都通向下游尾水渠。

5.3.5.4 安装间的布置

（1）安装间的位置与高程。水电站对外交通运输道路可以是铁路、公路或水路。对于大、中型水电站，由于部件大而重，运输量又大，常建设专用的铁路线，中、小型水电站多采用公路。对外交通通道必须直达安装间，车辆直接开入安装间，以便利用主厂房内桥吊卸货，因而安装间均布置在主厂房有对外道路的一端。如图 5.30 所示。

安装间的高程主要取决于对外道路的高程及发电机层楼板的高程。安装间地面高程宜与发电机层地面高程同高，以充分利用场地，安装检修工作方便；如下游洪水尾水高于发电机层地面高程，可抬高安装间的高程。安装间最好也与对外道路同高，且高于下游最高水位，以确保持洪水期对外交通畅通无阻。

（2）安装间的面积。安装间的面积可按一台机组扩大性检修的需要确定，一般考虑放置四大部件，即发电机转子、发电机上机架、水轮机转轮、水轮机顶盖。四大部件要布置在主钩的工作范围内，其中发电机转子应全部置于主钩起吊范围内。

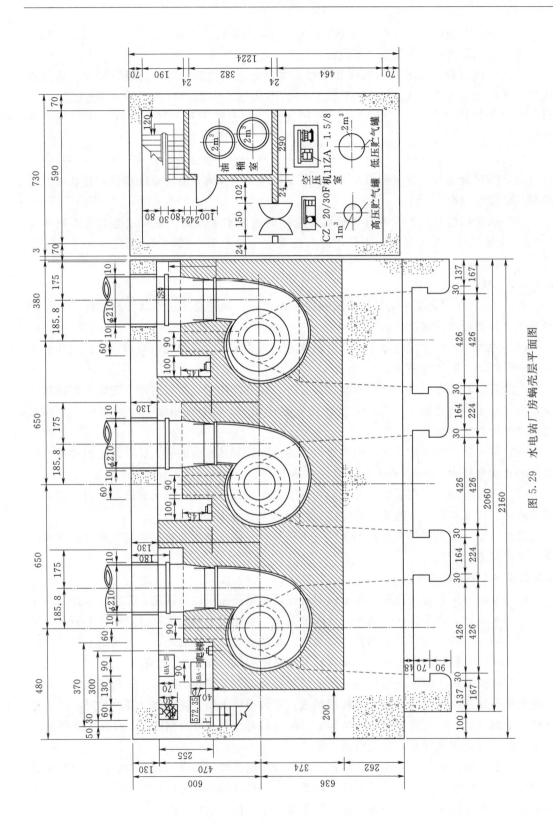

图 5. 29　水电站厂房蜗壳层平面图

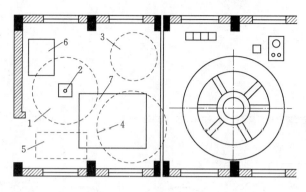

图 5.30 安装间平面布置

1—发电机转子；2—发电机主轴孔；3—水轮机转轮；
4—上机架；5—卡车；6—吊物孔；7—主变器坑

发电机转子和水轮机转轮周围要留有 1~2m 的工作场地。在缺乏资料时，安装间的长度可取 1.25~1.5 倍机组段长；对于多机组电站，安装间面积可根据需要增大或加设副安装间。

（3）安装间的布置。安装间平面布置应考虑到装机台数，并满足设备运输、安装检修及车辆进厂装卸的需要。安装间的大门尺寸要满足运输车辆进厂要求，如通行标准轨距的火车的大门宽度不小于 4.2m，高度不小于 5.4m；通行载重汽车的大门宽度不小于 3.3m，高度不小于 4.5m。

安装发电机转子时，轴要穿过地板，并在相应位置设大轴孔，面积要大于大轴法兰盘。为了组装转子时使轴直立，在轴下要设大轴承台，并预埋底脚螺栓。主变压器有时也要推入安装间进行大修，这时要考虑主变压器运入的方式及停放的地点。主变压器重量很大，尺寸也很大，故安装间的楼板常常要专门加固，地板应设专门轨道，大门也可能要放大。

主变压器大修时，常需检修吊芯，在安装间上设尺寸相当的变压器坑，先将整个变压器吊入坑内，再吊铁芯，以免增加厂房高度。目前大型变压器常做成钟罩式，检修时吊芯改为吊罩，起重量和起吊高度大为减小，安装间不再设变压器坑。主变吊装如图 5.31 所示。

5.3.6 主厂房的轮廓尺寸

主厂房的尺寸设计应根据水电站规模、厂房形式、机电设备、环境特点、土建设计等情况合理确定和分配各部分的尺寸及空间。

5.3.6.1 主厂房平面尺寸的确定

确定主厂房的长度和宽度时应综合考虑机组台数、水轮机过流部件、发电机及风道尺寸、起重机吊运方式、进水阀及调速器位置、厂房结构要求、运行维护和厂内交通等因素。

（1）主厂房的长度。主厂房的长度包括机组段长度、安装间长度以及边机组段加长。即

$$L = nL_0 + L_{安} + \Delta L \tag{5.9}$$

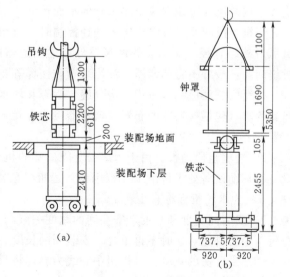

图 5.31 主变吊装图

（a）检修变压器吊出铁芯；（b）检修钟罩式变压器吊起钟罩

201

式中　L——主厂房的总长度，m；

　　　n——机组台数；

　　　L_0——机组段长度，m；

　　　$L_安$——安装间长度，m；

　　　ΔL——边机组段加长，m。

1）机组段长度 L_0。机组段长度是指相邻两台机组中心线间的距离，也称为机组间距，如图 5.32 所示。

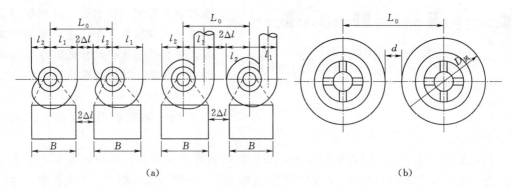

图 5.32　机组间距

(a) 蜗壳与机组间距的关系；(b) 发电机及其通风设备与机组间距的关系

机组段间距一般由下部块体结构中水轮机蜗壳的尺寸控制，在高水头水电站中也可能由发电机定子外径控制。

当机组段间距由水轮机蜗壳尺寸控制时，蜗壳平面尺寸确定后，机组段长度 L_0＝蜗壳平面尺寸＋2h。h 为蜗壳外的混凝土结构厚度，混凝土蜗壳一般取 0.8～1.0m，金属蜗壳一般可取 1～2m，边机组段一般取 1～3m。某些情况下（尤其是低水头电站），下部块体结构的尺寸可能取决于尾水管的平面尺寸。

当机组段间距由发电机定子外径控制时，机组段长度 $L_0 = D_风 + B$。式中 $D_风$ 为发电机风罩外缘直径，B 为相邻两风罩外缘之间通道的宽度，一般取 1.5～2.0m。为了减小机组间距，最好不将调速器、油压装置和楼梯等布置在两台机组中间。

机组段长度应综合考虑厂房分缝、蜗壳和尾水管厚度的影响，水轮机层和发电机层的布置要求（包括排架柱的布置、调速器接力器坑布置），以及楼梯、楼板孔洞和梁格系统布置的要求。

2）边机组段加长。由于远离安装间一端的机组段外侧有主厂房的端墙，为了使机组设备和辅助设备处于桥吊工作范围内，边机组段需要加长 ΔL，一般取 $\Delta L = (0.1\sim1.0)D_1$，$D_1$ 为水轮机标称直径。

3）安装间宽度和长度。安装间的宽度一般与主厂房相同，其面积在"第四节安装间布置"中已讲述，这时不再重复。安装间的长度一般取 $L_安 = (1.0\sim1.5)L_0$。

（2）主厂房的宽度。以机组中心线为界，将厂房宽度分为上游侧宽度 B_s 和下游侧宽度 B_x，如图 5.33 所示。则厂房总宽度为

$$B = B_x + B_s \tag{5.10}$$

确定 B_s 和 B_x 时，应分别考虑发电机层、水轮机层和蜗壳层三层的布置要求。

1）发电机层中，首先决定吊运转子（带轴）的方式，是由上游侧还是下游侧吊运。若由下游侧吊运，则主厂房下游侧宽度主要由吊运转子宽度决定。若从上游侧吊运，则上游侧较宽。此外，发电机层交通应畅通无阻。一般主要通道宽 2~3m，次要通道宽 1~2m。在机旁盘前还应留有 1m 宽的工作场地，盘后应有 0.8~1m 宽的检修场地，以便于运行人员操作。

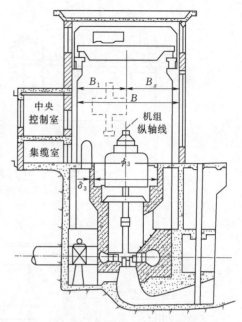

图 5.33 主厂房宽度示意图

2）水轮机层中，一般上、下游侧分别布置水轮机辅助设备（油水气管路等）和发电机辅助设备（电流电压互感器、电缆等）。根据设备布置后不影响水轮机层交通来确定水轮机层的宽度。

3）蜗壳层一般由设置的检查廊道、进人孔等确定宽度。蜗壳和尾水管进人孔的交通要通畅，集水井水泵房应设置足够的位置，以此确定蜗壳层平面宽度。

4）一般以厂房机组中心线为基准，分别确定各层上游侧和下游侧所需宽度，再分别找出各层上、下游侧的最大值 B_u 和 B_d，则主厂房宽度为 $B_u + B_d$。

当宽度基本确定后，根据尺寸相近的吊车标准宽度 L_k 验证，厂房宽度必须满足吊车安装的要求。

5.3.6.2 主厂房的高度及各层高程的确定

水电站厂房的各层高程中，起基准作用的高程是水轮机安装高程。水轮机的安装高程确定以后，其他高程可逐个确定。

（1）水轮机的安装高程。水轮机的安装高程应根据制造厂提供的机组特性、水轮机吸出高度、水电站运行期下游最低尾水位，结合厂址的地形、地质条件，经技术经济论证确定

$$\nabla_T = \nabla_w + H_s + X \tag{5.11}$$

式中　∇_T——水轮机安装高程，m；

∇_w——水电站正常运行时可能出现的最低下游水位，一般可取一台机组的过流量相应的尾水位，m；

H_s——水轮机允许吸出高度，m，如图 5.34 所示；

X——水轮机压力最低点与安装高程之间的高差，与水轮机的型式有关，混流式水轮机 $X = b_0/2$，轴流式水轮机 $X = 0.41D_1$。

水轮机的安装高程确定以后，即可依据结构和设备的布置要求确定各层高程。主厂房的各层高程见图 5.35。

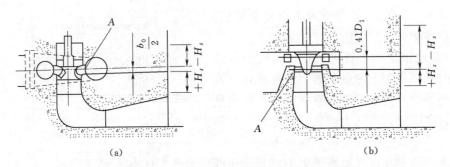

图 5.34　不同类型的水轮机吸出高度

(a) 竖轴混流式水轮机；(b) 竖轴轴流式水轮机

A—压力最低点

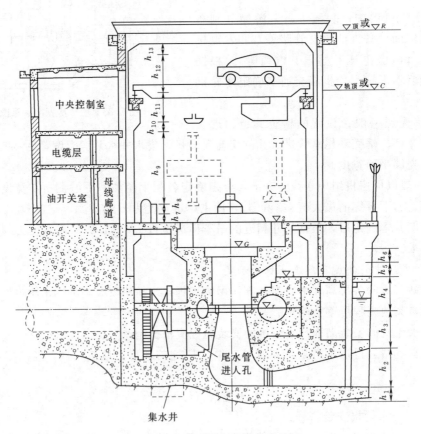

图 5.35　主厂房的各层高程示意图

（2）主厂房基础开挖高程 ∇_F。水轮机安装高程 ∇_T 向下减去尾水管的尺寸 (h_2+h_3)，再减去尾水管底板混凝土厚度 h_1（根据地基性质和尾水管结构形式而定），即可得厂房基础开挖高程 ∇_F。可用下式表示

$$\nabla_F = \nabla_T - (h_3+h_2+h_1) \tag{5.12}$$

（3）水轮机层地面高程 ∇_1。水轮机层设计的原则是要保证蜗壳顶部混凝土的强度，

因此要求蜗壳顶部混凝土要有足够的厚度，一般不低于1.0m。水轮机安装高程∇_T向上加上蜗壳进口半径和蜗壳顶部混凝土层厚度h_4，可得水轮机层地面高程。金属蜗壳的保护层一般不少于1.0m。混凝土蜗壳顶板厚根据结构计算确定，或根据国内外已建电站的经验采用，然后在结构设计时进行复核。

水轮机层地面高程一般取100mm的整倍数。可用下式表示

$$\nabla_1 = \nabla_T + h_4 \tag{5.13}$$

（4）发电机装置高程∇_G。水轮机层地面高程加上发电机机墩进人孔高度h_5（一般取1.8~2.0m）和进人孔顶部厚度h_6（混凝土强度要求，一般为1.0m左右），即可得发电机定子装置高程。可用下式表示

$$\nabla_G = \nabla_1 + h_5 + h_6 \tag{5.14}$$

式中h_5还须满足水轮机层附属设备油、气、水管道和发电机出线布置要求。

（5）发电机层楼板高程∇_2。发电机层地面高程除应满足发电机层布置要求外，还应考虑水轮机层设备布置、母线电缆的敷设和下游尾水位影响。一般情况下，发电机层楼板高程∇_2应满足下列条件。

1）保证水轮机层的净高不少于3.5m，否则发电机出线和油、气、水管道布置困难。如果发电机层楼板面与水轮机层地面之间加设出线层，则出线层底面到水轮机层地面的净高不宜少于3.5m。

2）保证下游设计洪水不淹厂房。一般情况下，发电机层楼板面和装配场楼板面高程齐平。大、中型水电站厂房通常将发电机层楼板面设在下游设计洪水位以上0.5~1.0m（由厂房等级而定）。

（6）起重机（吊车）的安装高程∇_C。起重机的安装高程是指吊车轨顶高程，是确定主厂房上部结构高度的重要因素。取决于下列要求：①机组拆卸、检修、起吊最大和最长部件（往往是发电机转子带轮或水轮机转轮带轴）时，与固定的机组、设备、墙、柱、地面之间保持水平净距0.3m，垂直净距0.6~1.0m（如采用刚性夹具，垂直净距可减小为0.25~0.5m），以免由于挂索松弛或吊件摆动而碰坏设备或墙柱；②在装配场检修变压器时，还需满足吊起变压器铁芯所需要的高度。起重机的安装高程可用下式表示（见图5.36）

$$\nabla_C = \nabla_2 + h_7 + h_9 + h_{10} + h_{11} \tag{5.15}$$

式中　h_7——发电机定子高度和上机架高度之和（如果发电机定子为埋入式布置，h_7仅为上机架的高度），m；

$\quad\quad h_8$——吊运部件与固定的机组或设备间的垂直净距，m；

$\quad\quad h_9$——最大吊运部件的高度，m；

$\quad\quad h_{10}$——吊运部件与吊钩间的距离（一般在1.0~1.5m左右），取决于发电机起吊方式和挂索、卡具，m，如图5.36；

$\quad\quad h_{11}$——主钩最高位置（上极限位置）至轨顶面距离，m，可由起重机主要参数表查出。

图5.35中的h_{12}为起重机轨顶至小车顶面的净空尺寸，可以由起重机主要参数表查得。h_{13}为小车顶与屋面大梁或屋架下弦底面的净距，当采用肋形结构或屋架时，$h_{13}=0.2~0.3m$（指屋架下弦底或屋面大梁底），小车可在两根屋架间或两极大梁间进行检修；当采用整片屋面厚板时，可在装配场上方留出小车检修用的空间或在厂顶预留吊孔，不必

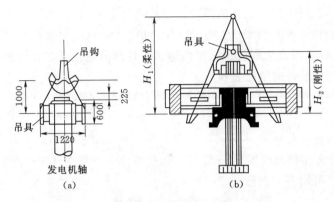

图 5.36　发电机起吊方式和挂索、卡具（单位：m）

(a) 悬挂式发电机带轴转子的起吊方式；(b) 伞式发电机带轴转子的起吊方式

过多地抬高厂房的高度。

（7）屋顶高程∇_R。屋顶高程应根据屋顶结构尺寸和形式确定，并应满足起重机部件安装与检修、厂房吊顶和照明设施布置等要求。

吊车轨顶高程确定以后，根据已知轨顶到吊车上小车高度h_{12}，为检修吊车需要而在小车上方留有h_{12}（一般取0.5m），再结合屋面大梁的高度、屋面板厚度、屋面保温防水层的厚度等，确定屋顶高程∇_R。

5.3.7　副厂房的布置

为了保证机组正常运行，在主厂房近旁布置的各种辅助机电设备、控制、试验、管理和运行人员工作和生活的房间，称为副厂房。

5.3.7.1　副厂房的组成

副厂房的组成、面积和内部布置取决于电站装机容量、机组台数、电站在电力系统中的作用等因素。大型水电站的副厂房，按性质可分为三类：直接生产副厂房、检修试验副厂房、工作生活副厂房，见表5.3。

表 5.3　　　　　　　　　　　　　　　副厂房房间及参考面积　　　　　　　　　　　　　单位：m^2

类别	装机容量 副厂房名称	20万～130万 kW	10万～20万 kW	2.5万～10万 kW
直接生产 副厂房	中央控制室	90～130	65～90	35～65
	继电保护盘室	80～120	50～80	30～60
	电缆室	90～130	65～90	35～65
	蓄电池室	2×55	45	45
	酸室和套间	1×55	15	12
		2×15		
		1×20		
	蓄电池的通风机室	20～25	15～20	10～15
	充电机室	30～35	30～35	15～20
	计算机室	20～25	15～20	10～15
	巡回检测装置室	25～30	25～30	25～30

续表

类别	装机容量 副厂房名称	20万～130万 kW	10万～20万 kW	2.5万～10万 kW
检修试验 副厂房	继电保护试验室	40～45	40～45	40～45
	精密仪器试验室	30～35	30～35	25～30
	测量表计试验室	35～40	30～35	25～30
	高压试验室	40～45	35～40	25～35
	电工修理间	25～35	25～35	25～35
	机械修理间	60～100	40～60	40～60
	电气工具间	20	15	15
	油化验室	10～20	10～20	10～20
间接生产 副厂房	交接班室	20～25	20～25	15～20
	运行分场	30～40	20～30	20～30
	检修分场	30～40	20～30	20～30
	水工分场	25～35	25～35	25～35
	总工程师室	20～25	20～25	20～25
	厂长室	25	20	15
	生产技术科	25～30	25～30	20～25
	会议室	35～50	35～50	20～25
	资料室	25～35	25～35	25～35
	厕所、盥洗室	10～15	10～15	10～15

5.3.7.2 副厂房位置

副厂房的位置应紧靠主厂房,基本布置在主厂房的上游侧、下游侧和端部,可集中一处,也可分两处布置。

(1)副厂房设在主厂房的上游侧。这种布置方式的优点是布置紧凑,电缆短,监视机组方便,主厂房下游侧采光通风条件良好。但电气设备线路与进水系统设备互相交叉干扰,引水道可能要增长。适用于引水式、坝后式水电站,坝后式厂房主要利用厂、坝之间的空间。

(2)副厂房设在主厂房的下游侧。其优点是电气设备的线路集中在下游侧,与水轮机进水系统设备互不交叉干扰,监视机组方便;缺点是主厂房的通风和采光受到影响,由于发电机引出母线和变压器布置在主厂房的下游侧,尾水管的振动影响较严重,容易引起电气设备的误操作,运行人员的工作环境不好。另外,副厂房布置在下游侧,需延长尾水管的长度,相应增加厂房下部结构尺寸和工程量,电气出线也较复杂。这种布置适用于河床式水电站,如葛洲坝、富春江水电站。

(3)副厂房设在主厂房靠对外交通的一端。其优点是主、副厂房的总宽度较小,采光通风良好,给运行人员创造了良好的工作条件,能适应电站分期建设、初期发电的特点,运行与机电设备安装干扰小,可以减轻机组噪声对中央控制室的影响。其缺点是母线与电缆线路较长，投资较大，当机组台数较多时，监视、维护距离较长。适用于引水式电站。

5.3.8 水电站厂区布置

厂区布置是指水电站的主厂房、副厂房、主变压器场、高压开关站、引水道、尾水道及厂区交通的相互位置的安排。进行厂区布置时，要综合考虑水电站枢纽总体布置、地形地质条件、运行管理、环境设计等各方面的因素，根据具体情况，拟定出合理布置方案。图 5.37 为厂区布置方案实例。

5.3.8.1 主厂房

主厂房是厂区的核心，对厂区布置起决定性作用，其位置的选择在水利工程枢纽总体布置中进行，除了注意厂区各组成部分的协调配合外，还应考虑下列因素。

（1）尽量减小压力水管的长度。因此，对于坝后式水电站，主厂房应尽量靠近拦河坝；对于引水式水电站，主厂房应尽量靠近前池和调压室。

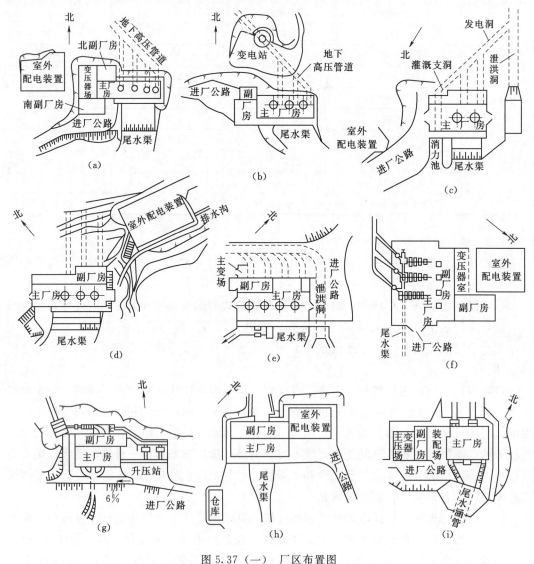

图 5.37 （一） 厂区布置图

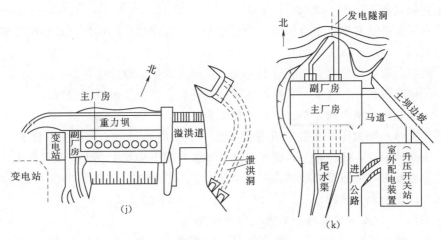

图 5.37（二） 厂区布置图

（2）尾水渠尽量远离溢洪道或泄洪洞出口，防止水位波动对机组运行不利。尾水渠与下游河道衔接要平顺。

（3）主厂房的地基条件要好，对外交通和出线方便，并不受施工导流干扰。

5.3.8.2 副厂房

副厂房的位置应注意与主变压器场地、主厂房的位置及环境要求相协调，经综合比较确定。同时应满足运行、管理方便的要求，合理利用有效空间，对外交通方便，通风、采光良好。

5.3.8.3 主变压器

主变压器场按下列原则确定。

（1）尽量靠近厂房，以缩短昂贵的发电机电压母线长度，减小电能损失和故障机会，并满足防火、防爆、防雷、防水雾和通风冷却的要求，安全可靠。

（2）尽量与安装间在同一高程上，便于主变压器的运输、安装，检修时方便利用轨道推进厂房的安装间。

（3）变压器的运输和高压侧出线要方便，且变压器间要留有必要空间。高程应高于下游最高洪水位，且四周设置排水沟。

（4）引水式地面厂房，变压器场可能的位置是厂房的一端进厂公路旁、尾水渠旁、厂房上游侧或尾水平台上。引水式地面厂房一般靠山布置，厂房上游侧场地狭窄，若布置变压器场需增加土石开挖，且通风散热条件差；主变压器布置在尾水平台上，需增加长尾水管长度，这两种布置较少采用。

（5）由于地形和场地的限制，个别水电站将主变压器布置在厂房顶上。地下厂房的主变压器可布置在地下洞室内。

5.3.8.4 高压开关站

高压开关站布置各种高压配电装置和保护设备，如电缆、母线、各种互感器、各种开关继电保护装置、防雷保护装置、输电线路以及杆塔构架。这些设备型式、数量、布置方式和需要的场地面积，根据电气主接线图、主变的位置、地质地形条件及运行要求加以确定。其布置原则如下。

（1）高压开关站宜靠近主变压器和中央控制室。要求高压进出线及低压控制电缆安排方便而且短。

（2）地基及边坡要稳定，出线要避免交叉跨越水跃区、挑流区等。

（3）场地布置整齐、清晰、紧凑，便于设备运输、维护、巡视和检修。

（4）土建结构经济合理，符合防火、保安等要求。

高压开关站一般为露天布置。应尽量靠近主变压器场和中央控制室，并在同一高程上。但由于地形限制，往往有一高程差，通常布置在附近山坡上，也有布置在主厂房顶上的。当地形较陡时，可布置成阶梯式和高架式，以减少挖方。当高压出线不止一个等级，可分设两个或多个开关站。

5.3.8.5　引水道、尾水道及对外交通线路的布置

引水道一般为正向引水，尽可能保证进、出水水流平顺。当水管直径很小且根数较少时，也可侧向引水。

水电站的尾水渠一般为明渠，正向将尾水导入下游河道，少数情况也可侧向导入下游河道。水轮机的安装高程较低，为与天然河道相接，尾水渠常为倒坡。尾水管出口水流紊乱，流速分布不均匀，需设衬砌加以保护。布置尾水渠时，要考虑泄洪的影响，避免泄洪时在尾水渠中形成较大的壅高和漩涡，避免出现淤积。必要时要加设导墙，将电站尾水与泄洪分开，以避免电站尾水波动影响水电站的出力。

对外交通一般为公路，也有的采用铁路或水路。引水式厂房一般沿河岸布置，进厂公路可沿等高线从厂房一端进入厂房。坝式电站进厂公路一般从下游侧进入。

公路、铁路要直接通入主厂房的安装间，临近厂房一段应是水平，长度不小于 20m，并有回车场地。公路的最大纵坡不宜小于 8%，转弯半径大于 20m。

对于高尾水的水电站厂房，布置高线进厂交通有困难，或尾水位陡涨陡落、洪峰历时较短的厂房，经论证，其进厂交通线也可低于非常运用洪水位，此时厂房应满足防洪要求，同时另设非常运用洪水位时不受阻断的人行通道。

5.4　水电站主要动力设备

水电站中承担电能生产任务的设备称为水电站动力设备。水电站的动力设备主要由水轮发电机组、调速系统及辅助设备系统组成。

5.4.1　水轮机

水轮机是将水能转变为旋转机械能，从而带动发电机发出电能的一种机械，是水电站动力设备之一。水电站的水头有高有低，流量也有大有小。适用于不同水头与流量的水轮机有不同的型式和种类。现代水轮机按水能利用的特征分为反击式水轮机和冲击式水轮机。

5.4.1.1　反击式水轮机

利用水流的势能和动能做功的水轮机称为反击式水轮机。反击式水轮机的转轮由若干个具有空间曲面的叶片组成，各曲面之间形成弯曲的过流通道。

在反击式水轮机流道中，水流是有压的，水流充满水轮机的整个流道。从转轮进口到转轮出口，水流压力逐渐降低。当压力水流通过转轮时，弯曲流道迫使水流改变其流动的方向和流速的大小，使水流的动量发生了变化，因而水流便以其势能和动能给转轮以反作用力，并形成旋转力矩推动转轮转动。

反击式水轮机按水流流过转轮的方向不同，又分为混流式、轴流式、斜流式与贯流式四种型式。

（1）混流式水轮机。如图 5.38 所示。水流自径向流入转轮，在转轮区转弯后基本上沿轴向流出转轮，故称为混流式水轮机。

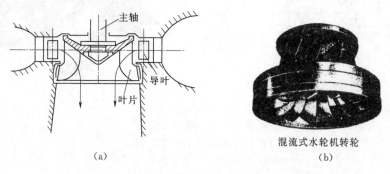

图 5.38 混流式水轮机

（a）混流式水轮机剖面图；（b）混流式水轮机外观图

混流式水轮机运行可靠，效率高，适用水头范围广，一般适用于中、高水头水电站，大、中型混流式水轮机的应用水头范围为 20～450m。可逆式的混流式水轮机应用水头高达 700m。中、小型混流式水轮机的适用水头范围为 25～300m。

（2）轴流式水轮机。如图 5.39 所示。轴流式水轮机的转轮形似螺旋桨。水流在导叶与转轮之间由径向转为轴向，在转轮区域水流沿轴向流动，水流方向始终平行于主轴。根据叶片在运行中能否自动转动角度，又可分为定桨式和转桨式两种。

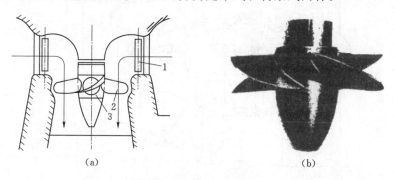

图 5.39 轴流式水轮机

（a）轴流式水轮机转轮剖面图；（b）轴流式水轮机转轮

1—导叶；2—叶片；3—轮毂

轴流定桨式水轮机的叶片是固定的，结构简单。一般适用于功率、水头变幅较小的水电站，应用水头通常为 3～50m；轴流转桨式水轮机叶片可随工况变化调整角度，高效率区的范围广，运行稳定，但结构复杂，水头适用范围为 2～70m。

（3）斜流式水轮机。如图 5.40 所示。斜流式水轮机的结构与性能介于轴流式和混流式之间。水流经过转轮区域时与转轮主轴呈一定的倾斜，故称为斜流式。斜流式水轮机有较宽的高效率区，常用于抽水蓄能式水电站中，作为水泵水轮机使用。这种水轮机的应用水头范围为 40～200m。

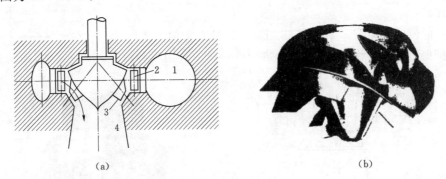

(a)   (b)

图 5.40 斜流式水轮机

(a) 转轮剖面图；(b) 转轮外部图

1—蜗壳；2—导叶；3—转轮叶片；4—尾水管

（4）贯流式水轮机。如图 5.41 所示。贯流式水轮机是一种流道呈直线状的卧轴水轮机，进水管、转轮室与尾水管为同一中心线，且不设蜗壳，水流在整个水轮机流道"直贯"而过。这种水轮机水力损失小，过流能力大，适用于水头小于 20m 的低水头电站。

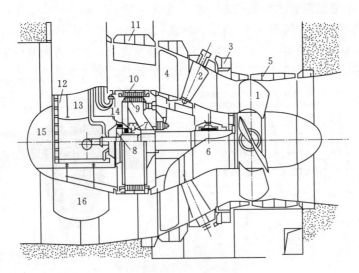

图 5.41 贯流式水轮机

1—水轮机转轮；2—导叶；3—控制环；4—固定导叶；5—检修盖板；6、7—径向轴承；8—推力轴承；

9—发电机转子；10—定子；11—盖板；12—管路通道；13—检修

人孔；14—电缆通道；15—灯泡壳体；16—前支柱

5.4.1.2　冲击式水轮机

利用水流的动能来做功的水轮机称为冲击式水轮机。冲击式水轮机主要由喷嘴和转轮组成。冲击式水轮机的特征是：水流在进入转轮区域之前，先通过喷嘴形成自由射流，将压能转变为动能，自由射流冲击轮叶时，从转轮进口到出口，水流速度的方向和大小都在发生着变化，从而将其动能传给转轮，形成旋转力矩，使转轮转动。在冲击水轮机流道中，水流沿流道流动过程中保持大气压力，水流有与空气接触的自由表面，转轮只是部分进水，水流不是充满整个流道的。

水斗式水轮机是冲击式水轮机中目前应用最广泛的一种机型，如图 5.42 所示。从喷嘴中射出的水流沿转轮切线方向冲击转轮上的水斗而做功。这种水轮机叶片如勺状水斗，均匀排列在转轮的轮盘外周，故称其为水斗式水轮机。水斗式水轮机适用于高水头、小流量的水电站，大型水斗式水轮机的水头适用范围为 400～1000m，目前最高应用水头已达 1772m。

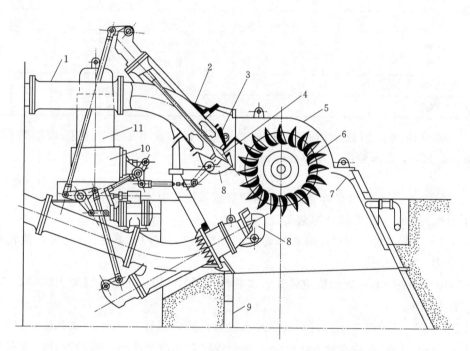

图 5.42　水斗式水轮机结构图

1—压力钢管；2—喷嘴管；3—喷嘴；4—喷针；5—机壳；6—转轮；
7—导流板；8—折流板；9—尾水槽；10—接力器；11—调速器

5.4.1.3　水轮机的牌号

水轮机的牌号由三部分组成。

第一部分由汉语拼音字母和阿拉伯数字共同组成。汉语拼音字母代表水轮机的型式（表5.4），阿拉伯数字代表水轮机的型号（该水轮机的比转速）。如果是可逆式机组，则要在水轮机型式和型号之间加字母"N"。

表 5.4　　　　　　　　　　　　水轮机型式的代表符号

水轮机型式	代表符号	水轮机型式	代表符号
混流式	HL	贯流式定桨式	GD
轴流转桨式	ZZ	冲击式（水斗式）	CJ
轴流定桨式	ZD	双击式	SJ
斜流式	XL	斜击式	XJ
贯流式转桨式	GZ		

第二部分由汉语拼音字母组成，表示水轮机主轴的布置型式和进水设备的特征，见表 5.5。

表 5.5　　　　　　　　水轮机布置型式与进水设备特征的代表符号

名　　称	代表符号	名　　称	代表符号
立轴	L	明槽	M
卧轴	W	罐式	G
金属蜗壳	J	竖井式	S
混凝土蜗壳	H	虹吸式	X
灯泡式	P	轴伸式	Z

第三部分由阿拉伯数字组成，对反击式水轮机，表示的是水轮机转轮的标称直径（cm）；对冲击式水轮机，具体表示如下：

水斗式水轮机：$\dfrac{\text{转轮标称直径 } D_1}{\text{作用在每个转轮上的喷嘴数} \times \text{设计射流直径 } d_0}$

下面举例说明水轮机牌号的意义。

HL240—LJ—410：表示混流式水轮机，转轮型号 240（比转速），立轴，金属蜗壳，转轮直径 D_1 为 410cm。

ZZ440—LH—430：表示轴流转桨式水轮机，型号 440，立轴，混凝土蜗壳，转轮直径 D_1 为 430cm。

2CJ30—W—120/2×10：表示水斗式水轮机，转轮型号为 22，卧轴布置，同一根轴上有两个转轮，转轮标称直径为 120cm，每个转轮上有两个喷嘴，喷嘴设计射流直径 D_1 为 10cm。

5.4.1.4　水轮机选择

水轮机的选择也叫水轮机选型设计。水轮机是水电站中最主要动力设备之一，关系到水电站的工程投资、安全运行和经济效益等重大问题，因此，根据水电站的水头和负荷范围、水电站的运行方式正确进行水轮机选择是水电站中主要设计任务之一。

1. 水轮机选型设计的内容

（1）根据水能规划推荐的电站总容量确定机组台数及单机容量；

（2）选择水轮机型号及装置方式；

（3）确定水轮机转轮直径、额定出力、同步转速、安装高程等基本参数；

（4）绘制水轮机运转特性曲线；

（5）估算水轮机的外形尺寸、重量及价格，确定蜗壳、尾水管的形式及主要尺寸；

（6）选择调速设备；

（7）结合水电站运行方式和水轮机的技术标准，拟定设备订购技术条件。

2. 水轮机选型设计需要收集和整理的基本资料

（1）水电站技术资料。包括河流水能总体规划、河流梯级开发方案、水库的调节性能、水文、地质、水电站布置方案、厂房型式、工程施工组织、工期安排等资料。其中水电站的总装机容量、保证出力、径流数据、水质泥沙状况、水电站的特征流量及特征水头、下游水位流量关系曲线等是选型设计直接使用的主要资料。

（2）电力系统资料。包括水电站所在系统负荷构成、负荷规划、水电站在系统中担当的角色、系统对水电站的特殊要求及其他电站并列调配运行方式等。

（3）水轮机产品技术资料。包括国内外水轮机的型谱、产品目录及相关技术特性资料，水轮机生产厂商的技术水平、执行标准、经营状况与信誉等级、机电设备价格、工程单价、年运行费、国内外正在设计、施工和已经运行的同类水电站的水轮机选项型设计及运行效果等方面的有关资料。

（4）运输安装条件及其他。了解设备供应地和水电站之间的交通条件、设备的现场装配条件、现场使用专用加工设备的可行性，工程投资意向及一些其他特殊要求。

3. 水轮机选型设计的基本要求

水轮机选型设计在充分考虑上述因素（基本资料）基础上，与水工、电气相协调，列出水轮机可能的待选方案，并进行动能经济比较和综合分析，力求选出技术先进可靠、经济合理的水轮机。所选水轮机应有利于降低电站投资和运行费，缩短工期，提前发电，提高水电站总体平均效率，便于管理、检修、维护，运行安全可靠。

4. 水轮机选型设计

（1）机组台数及单机容量的选择。在水电站的装机容量基本已定的情况下，确定水电站机组台数和单机容量时，应考虑机组台数与工程建设费用、机电设备制造、运输安装、水电站的运行效率、水电站运行维护工作等因素的关系。应对具体电站具体分析，经过充分的技术、经济分析论证，综合平衡，确定出合适的机组台数。

应尽量采用较少的机组台数，以降低电站投资。但至少应选 2 台，少数情况下可选 1 台，大、中型水电站一般选 4～6 台。

（2）确定水轮机型号及主要参数的基本方法。确定水轮机的型号和参数的方法有：①根据水轮机系列型谱（标准系列）结合主要综合特性曲线选择；②专题研究法；③查系列范围图法；④套用法；⑤直接查产品样本法；⑥统计分析法。实际应用时，往往将不同的方法相结合，取长补短，从而提高水轮机的选型设计水平。

5.4.2 水轮发电机

发电机是实现机械能向电能转化的主要电气设备，其型式和布置对主厂房的布置和尺寸影响很大。竖轴水轮发电机就其传力方式可分为两大类。

5.4.2.1 悬挂式发电机

如图 5.43 所示，推力轴承位于转子上方，支承在上机架上。悬挂式发电机转动部

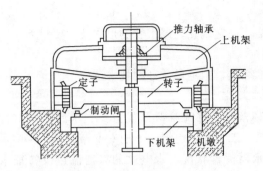

图 5.43　悬挂式发电机示意图

分（发电机转子、水轮机转轮、大轴和作用于转轮上的水压力）的重量，通过推力头和推力轴承传给上机架，上机架传给定子外壳，定子外壳再把力传给机座，整个机组好像在上机架上挂着一样，因此称为悬挂式。

下机架的作用是支撑下导轴承和制动闸，下导轴承是防止摆动的。当机组停机时，需用制动闸将转子顶起，以防烧毁推力头和推力轴承。

制动闸反推力、下导轴承自重等通过下机架传给机座。发电机楼板自重和楼板上设备重量通过通风道外壳传到机座上。

5.4.2.2　伞式发电机

如图 5.44 所示，伞式发电机推力轴承位于转子下方，设在下机架上。整个发电机像把伞，推力头像伞柄，转子像伞布，故称伞式发电机。

（1）普通伞式发电机。普通伞式发电机有上、下导轴承，见图 5.44（a）。

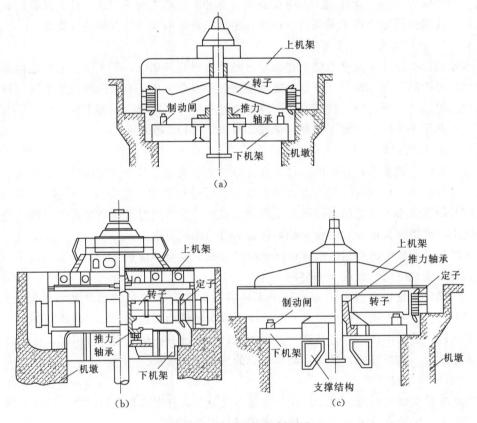

图 5.44　伞式发电机剖面图

（a）普通伞式发电机；（b）半伞式发电机；（c）全伞式发电机

216

机组转动部分的重量通过推力头和推力轴承传给下机架,下机架再把力传给机座。上机架只支撑上导轴承和励磁机定子。利用水轮机和发电机之间的轴安放推力头,上机架的高度可减小,轴长可缩短,因而降低了厂房高度。普通伞式发电机的重量比悬挂式要小,发电机转子可单独吊出,不需卸掉推力头,安装检修都比较方便。普通伞式发电机转子重心在推力轴承之上,重心较高,运转时容易发生摆动,应用受到限制。对于大容量、低转速的发电机,由于转子直径大、高度小、重心低,多做成伞式。

(2)半伞式发电机。半伞式发电机有上导轴承,无下导轴承,见图 5.44(b)。此种形式的发电机通常将上机架埋入发电机层底板以下。

(3)全伞式发电机。全伞式发电机无上导轴承,有下导轴承。见图 5.44(c)。机组转动部分的重量通过推力轴承的支撑结构传到水轮机顶盖上,通过顶盖传给水轮机座环。这种发电机的上机架仅仅支撑励磁机定子的重量,结构简单,尺寸小。下机架只支撑下导轴承和制动闸的反作用力,结构尺寸也较小。这种传力方式进一步缩短了发电机的轴长,减小了转子的重量,同时也降低了厂房的高度。

5.4.3 水轮机的调速设备

水电站在向电力系统供电过程中,除了保证供电可靠性外,还应保证电流和电压的频率的稳定。由于用户负荷变化,系统供电的电压和频率也随之发生变化,此时发电机的励磁装置自动调节,使发电机的端电压恢复并保持在规定的许可范围内,而电流频率的调节则由水轮机调速器完成。

随着负荷的变化,水轮机相应地改变导叶开度(或针阀行程),使机组转速恢复并保持额定转速的过程,称为水轮机调节。进行此调节的装置称为水轮机调速器,其作用是以转速偏差为依据,迅速自动地调节导叶开度,达到改变出力、恢复转速的目的,以保证机组的转速(即供电频率)恢复或保持在允许范围内,并在机组之间进行负荷分配,达到经济合理的运行。

5.4.3.1 水轮机的调速器类型

水轮机调速器大致可分为机械液压调速器、电气液压调速器和微机调速器三种类型。

(1)机械液压调速器。信号测量、信号综合、信号反馈等均由机械环节来完成。目前我国一些没完成改造的老电站,特别是中、小型水电站,还使用着这种调速器。

(2)电气液压调速器。主要用电气环节代替了信号采集、综合及反馈等机械环节,用电液转换器将电气部分传来的直流电流按比例转化为机械位移,驱动液压机构动作,并且提高了调速器的灵敏度,调节规律也更趋合理。目前我国仍有相当一部分水电站正在使用这种调速器。

(3)微机调速器。和电气液压调速器的主要区别在于微机调速器用工业控制计算机取代了电液调速器所用的电子调节器,赋予了调速器更多的控制功能,更方便地实现更高的控制策略。

微机调速器主要优点是:①便于采用先进的调节控制技术;②软件灵活性大,提高性能和增加功能主要通过软件来实现;③硬件集成度高、体积小、可靠性高、操作简单、便于维护;④便于与厂级或系统级上位计算机连接,实现全厂或电站群的综合控制,从而提高电站自动化水平。

5.4.3.2 调速器的主要设备

调速器的主要设备包括调速柜、油压装置和接力器三部分。中、小型水轮机调速器的这三部分常组成一个整体，也称为组合式。大型水轮机调速器的油压设备和接力器尺寸均较大，采用分体式。

（1）调速柜，也称为调速器的控制柜，它通常将测量元件、放大元件、反馈元件集成在一起，具有数据采集和数据处理功能。如果是微机调速器，还装有微型计算机。调速柜的面板上设置有按钮和键盘，在水轮机安装和检修期间，用于调整相关参数。

（2）油压装置，是供给调速器压力油能源的设备，由压力油罐（储存压力油）、回油箱（收集调速器回油和漏油）、油泵（向压力油罐送油）、输油管等附件组成。

（3）接力器，是调速器的执行元件。

5.4.3.3 调速器的系列

在微机调速器出现以前，我国制定了反击式水轮机调速器的系列型谱，见表 5.6。表中的型号由三部分组成。

表 5.6　　　　　　　　　　　　　　反击式水轮机调速器系列型谱

类　　型		型　　式			
		压力油箱式			通流式
		大型	中型	小型	特小型
单调节调速器	机械液压式	T—100	YT—1800 YT—300	YT—300 YT—600 YT—1000	TT—35 TT—75 TT—150 TT—300
	电气液压式	DT—80 DT—100 DT—150	YDT—1800 YDT—3000	—	—
双调节调速器	机械液压式	ST—100 ST—150	—	—	—
	电气液压式	DST—80 DST—100 DST—150 DST—200			

第一部分用来表明调速器的基本特性和类型，采用汉语拼音的第一个字母：大型（无代号），中型带油压装置（Y）；机械液压型（无代号），电气液压型（D）；单调（无代号），双调（S）；调速器（T），通流式调速器（TT）。

第二部分的阿拉伯数字，对于中、小型调速器是指最高工作油压下的主接力器工作容量×9.81N·m；对于大型调速器是指主配阀直径（单位：mm）；字母 A、B、C、D…表示改型标记。

第三部分表示调速柜的额定油压，对额定油压为 2.5MPa 及以下者不加注，对额定油压较高者用油压数值表示。

例：YT—300 表示中型、带油压装置、机调、额定油压 2.5MPa，工作容量 3000×

9.81N·m；

DST—100—40表示大型、电气液压、双调节调速器；主配阀直径100mm，额定油压40×105MPa。

5.5 抽水蓄能电站及潮汐电站

5.5.1 抽水蓄能电站

抽水蓄能电站不是为了开发水能资源向系统提供电能，而是以水体为储能介质，起调节作用。抽水蓄能电站包括抽水蓄能和放水发电两个过程，其建筑物组成包括上、下两个水库，用引水建筑物相连，蓄能电站厂房建在下水库处，如图5.45所示，厂房内装有水泵水轮机。在系统负荷低谷时，利用系统多余的电能带动泵站机组（电动机＋水泵）将下库的水抽到上库，以水的势能形式储存起来；当系统负荷高峰时，将上库的水放下来推动水轮发电机组（水轮机＋发电机）发电，以补充系统中电能的不足。

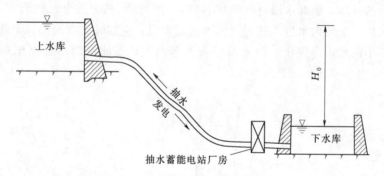

图5.45 抽水蓄能电站示意图

在电力系统中，核电站和火电站受到技术最小出力的限制，调峰能力有限，且火电机组调峰煤耗多，运行维护费用高。而水电站启动与停机迅速、运行灵活，适宜用于调峰、调频及作为事故备用。

抽水蓄能电站根据利用水能的情况可分为两类：一类是纯抽水蓄能电站，它是利用一定的水量在上、下库之间循环进行抽水发电；另一类是混合抽水蓄能电站，它修建在河道上，上游水库有天然来水，电站内装有可逆式机组（水泵水轮机）和常规的水轮发电机组，既可进行水流的能量转换，又能进行径流发电，可以调节发电和抽水的比例，以增加发电量。

抽水蓄能电站宜建在离负荷中心较近的地方，以减少输电线路的投资及能量的损失。抽水蓄能电站的水头宜高些，地质条件要好。这样机组尺寸较小，土建投资少。

随着经济的发展以及人民生活水平的提高，电力负荷和电网日益扩大，系统负荷的峰谷差越来越大，因此解决调峰填谷的任务愈来愈迫切。

我国已建抽水蓄能电站有：①广东抽水蓄能电站，其装机容量为2400MW（8×300MW）；②天荒坪抽水蓄能电站，其装机容量为1800MW（6×300MW）；③十三陵抽水蓄能电站，其装机容量为800MW（4×200MW）；④潘家口抽水蓄能电站，其装机容量为 420MW（3×90MW＋150MW），联合型；⑤西藏羊卓雍湖抽水蓄能电站，其装机容量为 90MW（4×22.5MW）。

随着电力行业的改革，实行负荷高峰高电价、负荷低峰低电价后，抽水蓄能电站的经济效益将是显著的。抽水蓄能电站除了产生调峰填谷的静态效益外，由于其特有的灵活性还能产生动态效益，包括同步备用、调频、负荷调整、满足系统负荷急剧爬坡的需要、同步调相运行等。

5.5.2　潮汐水电站

潮汐现象是海水因受日月引力而产生的周期性升降运动，即海水的潮涨潮落。月球的引潮力可使海面升高 0.246m，一般潮汐的最大潮差为 8.9m，北美芬迪湾蒙克顿港最大潮差竟达 19m。据计算，世界海洋潮汐能蕴藏量约为 $2.7×10^7$ MW，若全部转换成电能，每年发电量大约为 1.2 万亿 kW·h。

利用海洋涨、落所形成的水位差引海水发电，称为潮汐发电。潮汐水电站是在沿海的港湾或河口建造围堤，将海湾与海洋隔开，形成水库，并设泄水闸和电站厂房，然后利用潮汐时海水位的升降，使海水通过水轮机转动，带动发电机组发电，如图 5.46 所示。涨潮时，海面水位高于湾内水位，这时引海水入湾发电；退潮时，海面潮位下降，低于湾内水位，可放湾中的水入海发电。海潮每昼夜涨落两次，因此海湾每昼夜充水和放水也是两次。

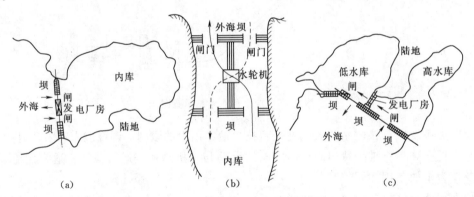

图 5.46　潮汐电站布置示意图

(a) 单向水库单向发电；(b) 单向水库双向发电；(c) 双向水库潮汐发电站

单向潮汐电站仅在退潮时利用池中高水位与退潮时低水位的落差发电；双向潮汐水电站不仅在退潮时发电，也在涨潮时利用涨潮高水位与池中低水位差发电。

潮汐能与一般水能资源不同，是取之不尽，用之不竭的。潮差较稳定，且无枯水年与丰水年的差别，因此潮汐能的年发电量稳定。但由于发电的开发成本较高和技术上的原因，发展较慢。

第6章 河道整治与防洪工程

6.1 河道整治规划

6.1.1 河道整治的必要性和整治规划的基本原则

1. 河道整治的必要性

河道对人类的生产、生活有着巨大的影响，人类对河道的要求随着社会的发展而日益提高。因此，必须对河道进行整治，河道整治与社会主义建设事业息息相关，与国民经济各部门的要求紧密相连。

（1）防洪需要河道整治。河道整治工程是防洪工程措施之一，整治河道、控导主流是保证防洪安全的首要工作。不仅要防御大洪水的泛滥漫溢，还得解决中小洪水时，因河势改变而造成的岸线崩退及顶冲溃决的问题。在河道整治中，修建河势控导工程或险工段的坝、垛和护岸，也可以巩固堤防，增加防洪安全。其具体要求是：①每一河段必须有足够的泄洪断面，能安全通过该河段的设计洪水流量，即承受相应的洪水位；②河线比较平顺，河岸及河势比较稳定，以保证堤防的安全，河道应比较通畅，无过分弯曲或过分束窄的河段，以免汛期泄洪不畅，致使洪水位抬高，或者在凌汛中，冰凌阻塞，形成冰坝，造成漫溢决口；③为增加泄洪断面而修建筑的堤防工程，应具有足够的强度和稳定性，能抵御洪水，河工建筑物本身也必须具备足够的强度和柔韧性能，以适应河床变化；④在河道中一些地段，因水流顶冲，发生河岸崩塌，危及堤防、农田、村镇、城镇、厂矿及交通道路安全时，应积极采取适当措施，控制河势，稳定岸线。

（2）航运需要河道整治。航道、港口、码头要求河道水流平顺、无过度弯曲、无过难卡口、深槽稳定并要求有一定的航深、航宽及流速，且流速不能过大，跨河建筑物应满足船舶的水上净孔要求，这些只能通过河道整治来实现。

（3）引水工程及滩区农业生产需要河道整治。涵闸等引水工程要求有稳定的取水口，滩区群众要求有稳定的河势。其具体要求是：①取水口所在河段的河势必须稳定，既不能脱溜淤积无法取水，也不能大溜顶冲危及取水建筑物的安全；②河道必须有足够的水位，以保证按设计要求取水；③取水口附近的河道水流泥沙运动，应以保证进入取水口的水含沙量最低为原则，满足水质要求，避免渠道淤积，减少泵站机械的磨蚀。

（4）桥渡工程需要河道整治。桥渡处要求上、下游水流能平顺衔接，防止因河道摆动冲毁桥头引堤，造成运输中断。其次，桥渡附近必须平缓过渡，以免形成严重的折冲水流，加剧河床冲刷，危及桥墩安全。

河道整治规划是流域规划的一个组成部分，应在分析研究本河段河床演变规律及水沙运动基本特性的基础上，综合考虑国民经济各部门的不同要求，因势利导，制定出比较合理的基本流路。

2. 河道整治规划的基本原则

(1) 全面规划,综合治理。河道的整治与建设,应当服从流域综合规划,符合国家规定的防洪标准、通航标准和其他有关技术要求,维护堤防安全,保持河势稳定和行洪、航运通畅。

全面规划要有全局观点,充分考虑河道的上下游、左右岸、干支流盘,兼顾各部门的利益,在使整体获得最大效益的前提下,合理安排整治措施。综合治理要结合具体情况,采取各种整治措施进行治理,加强修建控导工程、裁弯、塞支强干、疏浚等。

(2) 因势利导,重点整治。因势利导就是要充分研究河道的演变规律,掌握河道特性,稳定有利河势,改善不利河势,不失时机修建工程。开展河道整治规划必须顺应河势,因势利导,不可违背河床的自然规律,强堵硬挑。因势利导可事半功倍,否则事倍功半,甚至引起河势进一步恶化。

重点治理是由河道整治的战线长、工程量大、投资大、工程防守对象重要等条件决定的。规划时必须分清主次,按照轻重缓急,有重点地进行,在规划中选择较好的重点控导工程,优先安排关键性的工程。

(3) 因地制宜,就地取材。因地制宜是指按照水沙及边界条件、建筑材料等条件确定整治措施,选用工程的布局及结构型式。就地取材是由河道整治工程的规模大、用料多、交通不便等因素决定的。为了减轻运输负担,争取时间,节约投资,在工程材料及结构型式上,应尽量就地取材,降低造价,保证工程需要。我国传统的河工材料为土、石、梢料、草袋等,曾得到广泛使用,取得了很好的效果。随着化学工业的蓬勃发展,高分子聚合材料(如土工织物等)在治河工程中也得到了迅速应用。规划时应根据工程的重要性和材料来源,通过比较,恰当选用。

6.1.2　编制河道整治规划的方法、步骤和内容

1. 编制方法

编制河道整治规划,就要根据整治的目的和规划内容进行河势查勘、资料的收集和整理工作,在此基础上,分析河段的演变规律。在充分了解河道特性后,提出不同的整治方案,做技术经济分析,通过比较选出合理的方案。

2. 编制河道整治规划的步骤

(1) 根据国民经济各部门的要求,确定河道整治的目的。

(2) 收集资料,如社会经济资料、水文泥沙资料(水位、流量、比降、流速、糙率、悬移质含沙量及粒配、床沙组成等)、地形地质资料(河道地形图、河势图、河道固定断面图、河床和河岸沿线地质勘探资料)、已建河道整治工程的情况及河道整治的经验教训等。

(3) 对河势进行现场查勘和调查访问。

(4) 分析整理已有资料,按照整治目的,编制若干规划方案。

(5) 必要时进行模型试验。

(6) 进行方案比较,并论证各个方案的经济效益,选取最优方案。

3. 河道整治规划报告的内容

河道整治规划报告主要包括以下基本内容。

(1) 河道特性分析。包括河流地貌特征及地质构成、水文泥沙、河床演变规律等,重点找出影响本河段河势变化的关键因素。

(2) 河道整治任务和要求。包括论证对本河道进行整治规划的必要性、可行性以及各部门的基本要求,如设计防洪水位和流量、最小航深、灌溉引水位及流量。

(3) 河道整治规划原则。按照整治河段的国民经济状况及整治目的和要求,制定远期和近期的治理目标,提出本河段河势规划的基本原则、整治总体措施和开发程序。

(4) 设计参数。设计参数是实施河道整治的技术依据,主要包括设计流量、设计河宽、治导线等。

(5) 河道整治工程措施和预算编制。根据已确定的治导线,提出整治工程的布局,具体工程的位置、尺寸,结构设计,施工顺序及工程概算。

(6) 方案比较及效益论证。要对不同的方案进行分析比较,论证每一个方案与国民经济的关系、工程效益和经济效益,经过经济、技术比较,选择一个最优整治方案。

6.1.3　河道整治规划主要参数

河道整治规划的主要参数包括设计流量、河宽和治导线。

1. 设计流量

设计流量是针对洪水、中水、枯水河槽的治理,在河道整治规划中其各自相应的特征流量。

(1) 洪水河槽的设计流量:洪水河槽的整治主要为了防洪,要保证河槽能宣泄特大洪水,重点河段的堤岸不坍塌,中水河势稳定,确保防洪安全。确定洪水流量是根据工程的重要性选择某一频率的洪峰流量,特别重要的地区可取 $0.33\%\sim1\%$;重要地区取 2%;一般地区取 $5\%\sim10\%$。

(2) 枯水河槽的设计流量:枯水河槽的整治目的是保证航运和无坝引水具有一定水位及稳定引水口,一般针对过渡段(浅滩段)。确定枯水设计流量一般有两种方法。一是根据长系列日平均水位的某保证率来确定,由水位示出流量,保证率的大小视航道的等级而定,一般取 $90\%\sim95\%$。二是采用多年平均枯水位时的流量作为枯水设计流量。

(3) 中水河槽的设计流量(造床流量):洪水的宣泄主要靠中水河槽。中水河槽是在造床流量作用下形成的,水流造床作用最强烈。中水河槽的治理是针对造床流量的河槽治理,所以造床流量即为设计流量。

造床流量的确定,一般采用计算法、平滩流量法、输沙率法等,具体介绍请参考有关专著,这里只简单介绍计算法。

某个流量造床作用的大小与水流输沙能力和该流量所经历的时间长短有关。水流输沙能力可认为与流量 Q 的某次方及比降 J 的乘积成正比,所经历的时间可以用其出现的频率 P 来表示。即当 $Q^m JP$ 值为最大时,其造床作用也最大,对应的流量就是所求的造床流量,其计算步骤如下。

1) 将河段某断面历年(或选典型年)所观测的流量,分成若干相等的流量等级。

2) 确定各级流量出现的频率 P。

3）绘制该河段的流量—比降关系曲线，以确定各级流量相应的比降。

4）计算相应每一流量级的 $Q^m JP$ 值，其中 Q 为该流量级的平均值，m 为指数，平原河道一般取 $m=2$。

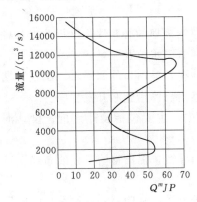

图 6.1　Q-$Q^m JP$ 关系曲线

5）绘制 Q-$Q^m JP$ 关系曲线，如图 6.1 所示。从图中查出 $Q^m JP$ 最大值对应的流量，即为所求造床流量。

2. 整治河宽的确定

整治河宽是指造床流量下相应河槽直河段的水面宽度。目前整治河宽有两种方法：一是计算法，即用水流连续公式、河相关系公式及流速公式等求解整治河宽；另一种是统计分析法，即选择有代表性的河段，统计造床流量下的河宽作为设计河宽。

计算法是由曼宁公式 $V=\dfrac{1}{n}h^{\frac{2}{3}}J^{\frac{1}{2}}$、水流连续方程 $Q=BhV$ 和河相系数 $\sqrt{B}/h=\xi$ 联立得出

$$B=\xi^{\frac{10}{11}}\left(\frac{\overline{Q}}{\sqrt{J}}n\right)^{\frac{6}{11}} \tag{6.1}$$

式中　B——设计河宽，m；

　　　$\overline{Q}$——设计流量，m^3/s；

　　　ξ——河相系数；

　　　J——设计流量下水面比降；

　　　V——流速，m/s；

　　　h——水深，m；

　　　n——河道糙率。

计算法的公式由推导得出，但公式中的糙率、河相关系系数只是凭经验确定的，且变化范围很大，计算出的河宽有很大变幅，所以计算的结果多作为确定河宽的参考，实际工作中常常采用统计分析法。例如，黄河下游主要是通过统计花园口等水文站断面多年主槽河宽及相应的过流能力，确定不同河段的整治河宽值为：高村以上的游荡型河段为 $B=1000m$，高村至孙口的过渡型河段为 800m，孙口至陶城铺的过渡型河段为 600m，陶城铺以下的弯曲型河段为 500m。

3. 治导线的确定

治导线也叫整治线，治导线是河道经过整治后，在设计流量下的平面轮廓，治导线通常用两条平行线表示。

（1）治导线的描述形式。治导线描述的是一种流路，由于影响流路的因素很多，流路及相应的河宽均处在变化过程中，治导线给出了流路的大体平面位置，而不是某河段的固定不变的水面线。目前河道整治还是以经验为主的学科，近阶段的实践表明，用两条平行线组成的治导线表示控导的中水流路，既可满足河道整治的实际需要，又便于确定整治工程的位置，在河道整治中已广为采用。

治导线在河弯段采用的曲线形式主要有两种：①复合圆弧曲线，如在黄河下游，根据经验采用复合圆弧曲线，工程中部采用弯曲半径较小，下部的弯曲半径较大，上部弯曲半径最大，甚至采用直线；②余弦曲线，如长江下游荆江河段某裁弯工程就是采用余弦曲线布置引河轴线的。

（2）治导线的设计参数。治导线的设计参数有设计水位、排洪河槽宽度及河弯要素。

1）设计水位。采用与设计流量相应的当年当地水位，设计水位可作为控导工程顶部高程设计依据。

2）排洪河槽宽度。以防洪为主要目的进行河道整治时，左、右岸整治工程之间的最小垂直距离必须满足排洪的要求，即两岸工程之间必须预留足够的宽度，出现大洪水时，河槽能宣泄大部分洪水。现阶段黄河下游游荡型河道整治时，排洪河宽取为 $2.5 \sim 3.0 \mathrm{km}$。

3）河弯要素，包括河弯半径 R、河弯中心角 ϕ、相邻的两弯河段之间直河段长度 d、河弯间距 L、弯曲幅度 P 及河弯跨度 T 等，如图 6.2 所示。根据黄河下游河道整治的经验，通过典型河弯观测和已有河道整治工程分析，河弯要素与整治河宽 B 存在以下关系：

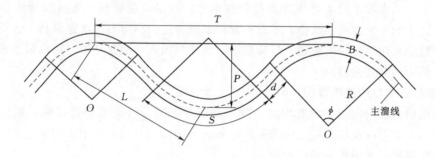

图 6.2　河弯要素示意图

河弯半径 $R=(3 \sim 6) B$；相邻的弯曲河段之间的直河段长度 $d=(1 \sim 3) B$；河弯间距 $L=(5 \sim 8) B$；河弯跨度 $T=(9 \sim 15) B$；弯曲幅度 $P=(1 \sim 5) B$。

河弯中心角 ϕ 应根据河弯地形地物情况、控导河势的要求和便于上下弯道连接等因素确定，一般取值范围为 $30 \sim 90°$。

（3）治导线的确定方法。在规划治导线时，首先要充分进行调查研究，了解历史河势的变化规律，在河势图上画出 $2 \sim 3$ 条基本流路。根据整治目的、河道两岸国民经济各部门的要求，结合洪水、中水、枯水的流路情况及河势演变特点，优选出一种流路，作为整治流路。

拟定河段治导线是一项相当复杂的工作，要根据设计河宽、河弯要素之间的关系，结合丰富的治河经验，才能绘出符合实际的治导线。拟定时，由上而下进行到最后一个河弯，并要进行检查修改，分析弯道形态、上下弯关系、控导流势的能力、弯道位置以及对当地利益兼顾程度等，发现问题，及时进行调整。拟定后还要对比分析天然河弯的个数、弯曲系数、河弯形态、导流能力、已有工程利用程度等，论证治导线的合理性。一个切实可行的治导线需要经过若干次调整后才能确定下来。

6.2　河道整治建筑物

治理河道的目标需要通过工程措施和工程建筑物来实现,以河道整治为目的修筑的建筑物,称为河道整治建筑物。

6.2.1　河道整治建筑物的分类

按照建筑材料和使用年限,可将整治建筑物分为轻型(或临时性)和重型(或永久性)整治建筑物。前者是用竹、木、梢、柳等轻型材料修建,抗冲及防腐性能较弱,寿命也较短。后者是用土、石、金属、混凝土等材料筑成,抗冲和防腐朽能力强,寿命长。

按照建筑物与水位的关系,可将整治建筑物分为非淹没整治建筑物和淹没整治建筑物。在各种水位下均不淹没的称为非淹没整治建筑物;在洪水时淹没,而在中水、枯水时不淹没,或在各种水位均被淹没的称淹没整治建筑物。

按照建筑物的作用及其与水流的关系,可将河床整治建筑物分为不透水、透水、环流整治建筑物。透水和不透水建筑物都是修在水中,对水流起挑流、导流和缓流落淤等作用,本身透水的称为透水建筑物,本身不允许水流通过的称为不透水建筑物,选用时主要考虑整治目的和建筑材料的来源;环流整治建筑物是用人工激起环流,用以调整水、沙运动方向,从而达到整治目的。

6.2.2　整治建筑物的结构型式

河道整治工程的形式主要有堤防、险工和控导工程。河道整治建筑物一般以丁坝为主,垛为辅,必要时在坝、垛之间修平行于水流的护岸。对一处整治工程来说,上段宜修垛,下段宜修坝,个别地方辅以护岸。

1. 丁坝

一端与河岸相连,另一端伸向河槽的坝型建筑物,在平面上与河岸连接如丁字形。

(1)丁坝的类型。丁坝坝身长度较长,不仅能护岸、护坡,还能将主流挑向对岸。但产生的回流较强,局部冲刷较大,因此较适用于来流方向与坝的迎水面的夹角较小的情况,如图6.3(a)所示。垛即短丁坝,如图6.3(b)所示,坝身长度较短,仅起到护坡作用,只能局部地将水流挑离岸边,垛前水流沟刷较浅,产生的回流也弱,对来流的适应

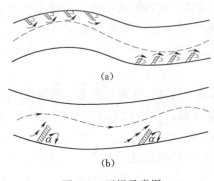

图 6.3　丁坝示意图
(a)长丁坝;(b)短丁坝

性较好,来流方向与坝(垛)的迎水面的夹角较大时,修垛比较合适。

用透水材料修筑的丁坝称为透水丁坝,其主要作用是缓流落淤,如编篱坝、透水柳坝等。凡用不透水材料修建的称为不透水丁坝,主要起挑流和导流作用。

(2)丁坝的结构型式。丁坝的平面形式如图6.4所示。坝与堤或滩岸相连的部位称为坝根,伸入河中的前头部分为坝头,坝头与坝根之间称为坝身。在不直接遭受水流淘刷的坝根及坝身的后

部，只修土坝即可，在可能被水流淘刷的坝头及坝身的上游面需要围护，以保证坝的安全。坝头的上游拐角部分称为上跨角，从上跨角向坝根进行围护的迎水部分称为迎水面，坝头的前端称前头，坝头向下游拐角的部分称为下跨角。

坝头的平面形状对水流和坝身的安全都有一定的影响。目前采用的坝头形状有圆头形坝、拐头形坝和斜线形坝三种，如图 6.5 所示。圆头形坝能适应各种来流方向，施工简单，但控制流势差，坝下同流大。拐头形坝的送流条件好，坝下回流小，但对来流方向有严格的要求，其主要缺点是坝上游回流大。斜线形坝的优缺点介于以上两者之间。通常圆头形坝修筑在工程的首部，以发挥其适应各种来流的方向的优点；拐头形坝布置在工程的下部，用作关门坝；斜线形坝多用在工程的中部以调整水流。

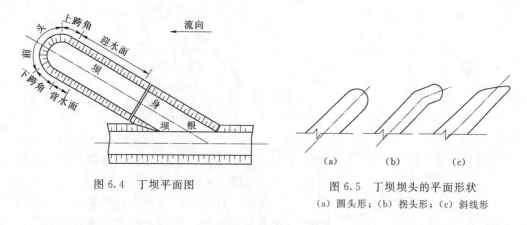

图 6.4　丁坝平面图

图 6.5　丁坝坝头的平面形状
(a) 圆头形；(b) 拐头形；(c) 斜线形

（3）丁坝的剖面结构组成。丁坝由土坝体、护坡和护根组成。

1）土坝体是坝的主体，一般由壤土筑成。当不得已用砂性土料填筑时，一定要用黏性大的土包边盖顶，厚度一般 0.5～1.0m，在不进行裹护的地方，边坡采用 1:2，在进行裹护的地方，其边坡采用护坡断面的内坡值。土坝体顶宽一般 10～14m，坝高由设计水位及超高决定。

2）护坡是为了保护土坝体，用抗冲材料将可能被水流淘刷的坝坡裹护起来。

3）护根是为了防止河床冲刷，维持护坡的稳定而在护坡以下修建的基础工程，由于护根的主要材料是石料，习惯上称为根石。

护坡的形式大体可归纳为三种类型。

a. 乱石护坡：如图 6.6 所示。这是采用最多的形式，它是在已修好的土坝体外，按设计断面抛堆块石而成。这种形式护坡缓，坝坡稳定性好，能适应基础变形，险情易于暴露，便于抢护，施工简单。但坝面粗糙，需经常维修加固。

b. 扣石护坡：如图 6.7 所示。是用石料在坡面随坡砌筑或扣筑而成。这种型式护坡坡度较缓，坝体稳定性好，抗冲能力强，用料较省，水流阻力小，但对基础要求高，一

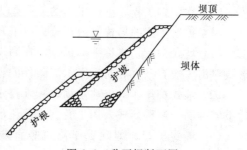

图 6.6　乱石坝断面图

且出险抢护困难，施工技术要求高。

　　c. 重力式砌石坝：如图 6.8 所示。是用石料砌垒而成的实体挡土墙，凭借本身的重量承受坝体的土压力和抵抗水流的冲刷。其主要优点是坡度陡，易于抛石护根，坝面平整，抗冲能力强，砌筑严密整齐美观。但对基础的承载能力要求高，坝体大，用料多，施工技术复杂。

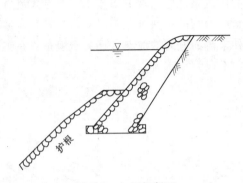
图 6.7　扣石坝断面

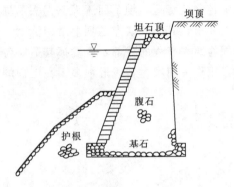
图 6.8　重力式砌石坝

　　2. 顺坝

　　顺坝是坝身顺着水流方向，坝根与河岸相连，坝头与河岸相连或有缺口的整治建筑物，如图 6.9 所示。顺坝的作用主要是导流和束窄河床，有时也作控导工程的联坝。坝顶高程视其作用而异，若整治枯水河床，则坝顶略高于枯水位；若整治中水河床，则坝顶与河漫滩平；若整治洪水河床，则坝顶略高于洪水位。

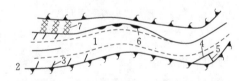
图 6.9　多种坝型联合布置图
1—整治线；2—大堤；3—丁坝；4—顺坝；
5—格坝；6—柳石坝；7—活柳坝

　　3. 护岸

　　护岸的外形平顺，是沿着堤防或滩岸的坡面修建的防护性工程。江河湖海岸坡和堤防岸坡的防护主要是防止水流和波浪对岸坡基土的冲蚀和淘刷造成的侵蚀、塌岸等现象。堤岸防护应根据防洪规划和河流治导线的要求，遵循因势利导的原则，根据具体条件确定工程布局、形式和适宜的材料。

　　护岸工程一般布设在受水流冲刷严重的险工险段，一般应从开始塌岸处至塌岸终止点，并加一定的安全长度。坡式护岸工程以枯水位为界分为两部分，枯水位以上称护坡工程，以下称护脚工程。护岸工程的原则是先护脚、后护坡。

　　堤岸护坡工程的形式一般可分为以下几种。

　　(1) 坡式护岸，或称平顺护岸，在顺岸坡及坡脚一定范围内覆盖抗冲材料，这种护岸形式对河床边界条件和对近岸水流条件的影响均较小，是一种较常采用的形式。

　　(2) 坝式护岸，即修建丁坝，顺坝将水流挑离堤岸，以防止水流、波浪或潮汐对堤岸边坡的冲刷，这种形式多用于游荡性河流的护岸。

　　(3) 墙式护岸，即顺堤岸修筑竖直陡坡式挡墙，这种形式多用于城区河流或海岸防护。

（4）复合形式护岸，如护岸与丁坝、墙式与坡式、打桩等相结合的形式。

6.2.3 整治建筑物的平面布置和设计高程

1. 弯道环流原理

弯曲型河道是冲积平原中最常见的一种河型，在我国分布甚广，如长江下游荆江河段和汉江下游、渭河下游等，均为典型的弯曲型河道。

在弯曲河段上，由于受弯道环流的影响，河流的水深、流速及含沙量的分布是不均匀的。在凹岸，水流由上而下，流速增大，冲刷能力强，常常引起凹岸及河床的冲刷，形成水深流急的急流深槽。在凸岸，水流自下而上，流速较小，加之受重力的影响，底流中的泥沙淤积，使凸岸成为水浅流缓的浅滩。若凹岸不够坚固，则会使弯道向下移动，如图6.10（a）所示。

在弯道处，水流受离心力的作用，表层水流流向凸岸，使凹岸水面壅高，凸岸水面降低，形成横向比降。如图6.10（b）所示，取宽度为 dB 的微小水柱，其两侧所受的水压力大小是不等的，存在一个侧压力，方向是由凹岸指向凸岸。弯道处水流所受离心力的大小与水流流速的二次方成正比，而河道水流流速的分布表层大、底层小，故离水面越深处离心力越小，离心力沿水深呈曲线分布。如图6.10（c）所示，离心力的方向与横向水位差引起的测压力方向恰好相反，而这两种力的合力方向就是弯道水流运动的方向。所以弯道处表层的

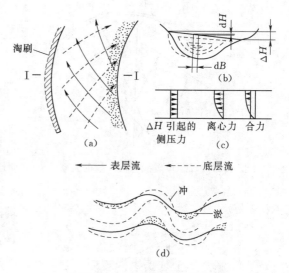

图6.10 弯道环流示意图
(a) 平面图；(b) Ⅰ—Ⅰ剖面图；
(c) dB 水柱上的作用力；(d) 冲淤变化

水流向凹岸，底层的水流向凸岸，从而形成横向环流。这种横向环流与河流的纵向水流结合在一起，便形成了弯道处的螺旋水流。

弯道河段泥沙运动与螺旋水流关系密切。在横向环流的作用下，表层水流含沙量小不断流向凹岸，冲刷凹岸，并折向河底，挟带大量泥沙流向凸岸发生淤积，形成横向输沙不平衡。加上纵向水流对凹岸的冲顶作用，使凹岸刷坍，坍塌下的泥沙被底流带向凸岸淤积，导致凹岸刷坍后退，凸岸边滩不断淤积延伸。如图6.10（d）所示。

弯曲型河道，坍塌强度大，危及堤防、农田、村镇的安全；弯道泄流不畅，加重洪灾；弯道发展曲率过大，有碍航运发展。因此对弯曲河段要进行合理的整治，整治建筑物的布置要符合弯曲河道的水流、泥沙运动规律。

2. 平面布置

整治建筑物的平面布置是根据工程位置线确定的。工程位置线是指整治建筑物头部的连线，这是根据治导线确定的一条复合圆弧线，如图6.11所示。在设计工程位置线时，首先要研究河势变化，分析过流部位和可能上提下挫的范围，结合治导线确定工程布设的

范围，然后分段确定工程位置线。在工程位置线上布设的整治建筑物主要有坝、垛和护岸，如图 6.12 所示。

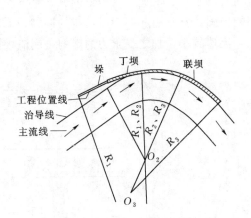

图 6.11　工程位置线与治导线的关系

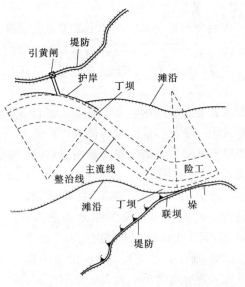

图 6.12　河道整治建筑物的平面布置示意图

坝、垛的间距和护岸长度是建筑物布设中的一个重要问题。合理的坝间距应满足：①绕过上一丁坝的水流扩散后，其边界大致达到下一个丁坝的有效长度末端，以保证充分发挥坝的作用；②下一个丁坝的壅水刚好达到上一个丁坝，保证坝间不发生冲刷。

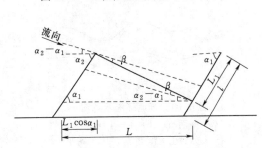

图 6.13　坝间距与坝长几何关系图

根据以上条件，由图 6.13 可得出坝间距 L 为

$$L = L_1 \cos\alpha_1 + L_1 \sin\alpha_1 \cot(\beta + \alpha_2 - \alpha_1)\tag{6.2}$$

式中　L——坝的间距，m；

　　　L_1——坝的有效长度，一般取 $L_1 = \dfrac{2}{3} l$，l 为丁坝坝长度，m；

　　　α_1——坝的方位角，(°)；

　　　α_2——水流方向与坝轴线的夹角，(°)；

　　　β——水流扩散角，并取 $\beta = 9.5°$。

3. 整治建筑物的设计高程

(1) 以防洪整治为目的整治建筑物的高程。

$$Z = H_洪 + a + C\tag{6.3}$$

其中

$$a = 3.2 K h_b \tan\alpha$$

$$h_b = 0.0208 v^{\frac{5}{4}} L^{\frac{1}{3}}$$

式中 Z——整治建筑物的设计高程，m；

$H_洪$——设计防洪水位，m；

C——安全超高，一般取 0.5～1.0m；

a——波浪壅高，m；

K——坡面糙率系数，光滑土壤 $K=1$，干砌块石 $K=0.8$，抛石 $K=0.75$；

α——边坡与水平面的夹角，(°)；

h_b——浪高，m；

v——最大风速，m/s；

L——吹程，km。

（2）以控制中水河槽为整治目的整治建筑物的高程略高于滩坎或滩地，则

$$Z = H_中 + \Delta h + a + C \qquad (6.4)$$

其中

$$\Delta h = \frac{BU^2}{gR}$$

式中 $H_中$——设计中水量时相应的水位，m；

Δh——弯道壅水高，m；

B——弯道宽度，m；

U——设计流量时的流速，m/s；

R——河弯的曲率半径，m。

6.3　防洪工程

6.3.1　洪水和洪水灾害

洪水是暴雨、急骤融冰化雪、风暴潮等自然因素引起的江河湖海水量迅速增加或水位迅猛上涨的自然现象。我国幅员辽阔，各地气象和地形条件差异很大，全国大约 2/3 的国土面积存在着不同类型和不同危害程度的洪水灾害。由于我国的地形和气候特点，中东部地区一般为河流的中下游，洪水频繁，易产生洪水灾害。这部分地区的洪水灾害主要由暴雨和沿海风暴潮形成，加之这部分地区经济发达，洪水造成的损失严重，是江河治理和防洪的主要地区；西部地区主要由融冰融雪和局部地区暴雨形成混合型洪水，洪水灾害较少，由于该地区人口少、经济欠发达，洪灾所造成的灾害较小，频次也较少，但对局部地区可能造成严重损失；此外，在北方某些地区，冬季可能出现冰凌洪水，对局部河段造成灾害。

在我国历史上，水旱灾害频繁发生，给国家的经济、农业生产以及人民生活带来了严重的影响。中华人民共和国成立以来，虽然在全国兴建了大量的水利工程，取得了非常显著的防洪效益，但江河洪水威胁仍是社会经济发展的重大隐患。随着社会和经济的发展，社会财富的积累，洪涝灾害造成的损失也越来越大。1991 年的特大洪水造成的经济损失为 800 亿元，1992 年的洪灾损失为 413 亿元，1993 年为 642 亿元，1994 年达到 796 亿元，1996 年达 2200 亿元，1998 年的大面积的洪涝灾害损失高达 2551 亿元，2003 年淮河流域的洪涝灾害造成的直接经济损失达 1300.5 亿元。

洪涝灾害是我国大部分地区经常遭受的主要灾害之一，所造成的损失是第一位的。防洪就是根据洪水规律与洪灾特点，研究并采取各种措施与对策，以防止或减轻洪水灾害的水利工作。

6.3.2　防洪建设

防洪建设首先要进行防洪规划，根据当地河流域的地理和社会情况，考虑洪水规律、洪灾特点、工程现状、地区内经济发展情况及重要性、河流下游情况等问题，按照国家的方针政策和对防洪工作的要求，制定出合理的防洪标准和防洪方案，以指导以后的防洪工程建设。

防洪方案包括工程措施与非工程措施。工程措施是防洪减灾的基础，通过工程建筑来改变不利于防洪的自然条件。工程措施包括防洪堤坝、分洪工程、河道整治、蓄洪和水土保持等，通过这些工程措施可以拦蓄洪水、扩大河道泄量、疏浚洪水，从而达到减轻洪水灾害的目的；非工程措施主要指洪水预报与警报、洪水风险分析、防洪区管理、洪水区保险、防汛抗洪等，通过这些措施可以预报或避开洪水的侵袭，更好地发挥工程措施的作用，减轻人民群众生命财产的损失。根据国家批准的防洪规划，进行防洪工程建设和非工程措施建设。

6.3.2.1　防洪工程措施

1. 筑堤防洪

筑堤防洪是平原地区历史最悠久的防洪措施，堤防又是现代江河防洪工程体系的重要组成部分，是防止洪水泛滥、增加河道泄量的基本措施。由于一些大江大河至今还没有建成对下游防洪起决定性作用的控制性水库，在这些河道上，堤防在防洪工程体系中仍起着主要作用，也是汛期主要的防守对象。堤防的作用是保护河流两岸平原洼地的农村和城市，使它们不受洪水淹没，修建堤防一方面扩大了河道的过水断面，增加了泄水能力，另一方面也增加了河道本身的蓄水容积，此外还有约束水流、稳定河床的作用。

（1）堤防工程的分类。按其作用或功能不同可分江河堤防、湖泊围堤、圩垸围堤、城市防洪堤。

按堤身材料不同可分土堤、石堤、混凝土堤、钢筋混凝土防洪墙。

土堤造价低、便于就地取材，应用最广。土堤按其填筑方法又分为在陆地上用人工或机械填筑和压实的土堤和用挖泥船筑填的土堤。石堤大多用于堤防的面墙，如洪泽湖大堤的石工面墙就是用条石浆砌的，四川三江堤防大部分面板是卵石浆砌的。混凝土堤在我国用得较少，混凝土也往往只用于表层，北京郊区永定河左堤就是混凝土面板护堤。钢筋混凝土防洪墙多用于城市防洪墙，以减小堤身断面和减少占地。

堤防工程型式的选取应按照因地制宜、就地取材的原则，根据堤段所在的地理位置、重要程度、堤址地质、筑堤材料、水流风浪特性、施工条件、运用和管理要求、环境景观、工程造价等因素，经过技术经济比较，综合确定。

（2）堤防工程的防洪标准及级别。堤防工程防护对象的防洪标准应按照现行国家标准《防洪标准》（GB 50201—2014）确定。堤防工程的防洪标准应参照防洪区内防洪标准较高防护对象确定。堤防工程的级别应符合表 6.1 的规定。

表 6.1   堤 防 工 程 的 级 别

防洪标准（重现期）/年	≥100	<100，且≥50	<50，且≥30	<30，且≥20	<20，且≥10
堤防工程的级别	1	2	3	4	5

（3）堤防设计。堤防的设计可归纳为布置堤线、拟定堤顶高程和选择断面型式。

1）堤线布置。堤线布置原则：①河堤堤线应与河势流向相适应，并与大洪水的主流线大致平行，一个河段两岸堤防的间距或一岸高地、一岸堤防之间的距离应大致相等，不宜突然放大或缩小；②堤线应力求平顺，各堤段平缓连接，不得采用折线或急弯；③堤防工程应尽可能利用现有堤防和有利地形，修筑在土质较好、比较稳定的滩岸上，留有适当宽度的滩地，尽可能避开软弱地基、深水地带、古河道、强透水地基；④堤线应布置在占压耕地、拆迁房屋等建筑物少的地带，避开文物遗址，利于防汛抢险及工程管理；⑤湖堤、海堤应尽可能避开强风或暴潮正面袭击。

2）拟定堤顶高程。堤顶高程应按设计洪水位或设计高潮位加堤顶超高确定。设计洪水位按国家现行有关标准的规定计算；设计高潮位按《堤防工程设计规范》（GB 50286—2013）附录 B 计算。堤顶超高应按下式计算确定，1、2 级堤防的堤顶超高值不应小于 2.0m

$$Y = R + e + A \tag{6.5}$$

式中 Y——堤顶超高，m；

   R——设计波浪爬高，m；

   e——设计风壅高度，m，按《堤防工程设计规范》（GB 50286—2013）附录 C
       计算；

   A——安全加高，m，按表 6.2 确定。

表 6.2   堤防工程安全加高值

堤 防 工 程 级 别		1	2	3	4	5
安全加高值 /m	不允许越浪的堤防工程	1.0	0.8	0.7	0.6	0.5
	允许越浪的堤防工程	0.5	0.4	0.4	0.3	0.3

堤防高度应根据安全、经济及防汛抢险可能等因素确定，堤防过高，风险也相应增加。因此，平原地区只靠加高堤防来提高河道防洪标准是有限的。针对较高标准洪水，还要靠整治河道、修建控制性水库或分蓄洪工程解决。

3）选择断面形式。防洪堤的断面型式与土坝相似，由于堤线较长，一般采用均质断面。

堤顶宽度应根据防汛、交通、管理、施工、构造等确定。1 级堤防堤顶宽度不宜小于 8m；2 级堤防不宜小于 6m；3 级及以下堤防不宜小于 3m。

堤坡应根据堤防等级、堤身结构、堤基、筑堤土质、风浪情况、护坡型式、堤高、施工条件及运用条件，经稳定计算确定。1、2 级土堤的堤坡不宜陡于 1∶3.0。防洪堤的断面型式如图 6.14 所示。

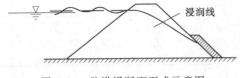

图 6.14　防洪堤断面型式示意图

修建堤防应尽可能与河道整治相结合。为了防止水流冲刷堤脚或堤身，要修建控制河势的控导工程、防护险工段的坝、垛和护岸工程，如黄河下游控导工程、长江下游护岸工程。为了扩大河道泄量，除加高堤防外，还可疏浚河道、裁弯取直，开挖分洪道和退建堤防等。

2. 河道整治

为扩大河道的过水能力，使洪水能畅通下泄，应进行河道整治工作。

（1）疏浚拓宽河道：将过于窄浅的阻水河段疏通、浚深、拓宽以增加泄洪能力。如因河道两岸的防洪堤间距狭窄而壅阻水流，需退建堤防展宽河道，以增加泄洪能力，降低上游壅高的水位，减轻洪水威胁和防洪负担，如图 6.15 所示。

（2）裁弯取直：由于河弯过多和曲率过大，往往泄洪不畅，需要进行人工裁弯取直，使洪水下泄畅通，如图 6.16 所示。对于大型河流的裁弯取直，由于影响较大，必须谨慎行事。

（3）护岸工程：为了防止洪水冲刷河道凹岸而引起河岸坍塌及堤防崩溃，需做护岸工程。特别是在重要城镇附近，对工厂企业、桥梁、码头等建筑物，更应加以保护，如图 6.17 所示。护岸工程还有防止河弯发展、稳定河床的作用，对泄洪有利。

（4）清除障碍：在河床范围内的滩地上种植的芦苇、树木和大大小小建筑物，都会给泄洪造成障碍，需要清除。如桥梁、码头

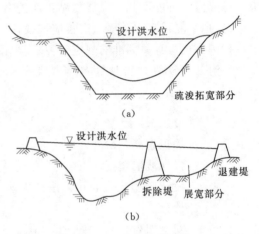

图 6.15　疏浚拓宽河道
（a）疏浚拓宽河道横断面；（b）展宽河道横断面

等建筑物阻碍泄洪，则需要改建。有些河流为了宣泄特大洪水，除对中、下游阻水河段采取整治措施外，还采取行洪区的临时措施。当遇到特大洪水时，在事先预定的河段将干堤间阻水的圩堤临时拆除，利用圩内的耕地通过洪水，以扩大过水断面，降低行洪区上游的水位，从而减轻洪水的威胁，行洪区在一般年份可照常耕种，行洪年份亦保冬麦。

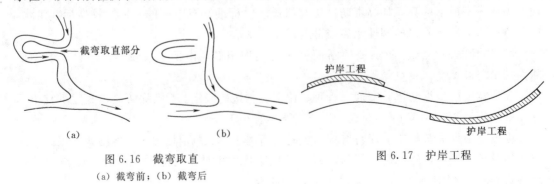

图 6.16　裁弯取直
（a）裁弯前；（b）裁弯后

图 6.17　护岸工程

3. 分洪工程

分洪工程是通过工程建筑物，用调节径流的方法，把超过河道安全泄量的洪峰，分流到其他河流、湖泊或海洋，称为减洪；也可把超过河道安全泄量的洪峰暂时分泄在河道两岸的适当地区，待洪峰过后，再流入原河道，称为滞洪。分洪建筑物有分洪闸、分洪道、泄洪闸、分洪区围堤和整治建筑物。

（1）减洪工程。减洪的形式有减流及改流。

1）减流：是在平原河道的适当位置建分洪闸，开发新河，使原河道无法安全宣泄的洪水直接入海、入湖，如图6.18所示。这种形式多用于处于河道下游入海口处的地区，特别是当河道上游流域面积大，而入海河道又比较小，洪水溢流出槽，严重威胁下游地区安全时，采用这种形式更为适宜。

2）改流：是把原河道无法安全宣泄的洪水，经由引河引入邻近其他河流，而这部分水流不再流入原河道，以减轻原河道下游的负担，如图6.19所示。这种形式多用于在平原河道附近有泄洪能力较大河道的情况。

（2）滞洪工程。在河流上端建闸，由分洪闸或分流渠将洪水引入湖泊、洼地，待洪峰过后，再汇入原河道，如图6.20所示。这种形式应用广泛。

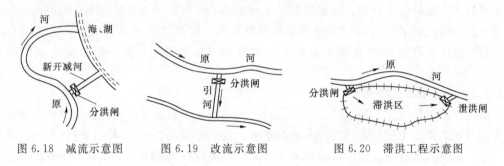

图6.18 减流示意图　　图6.19 改流示意图　　图6.20 滞洪工程示意图

我国黄河长江中下游都设有分洪区，工程效果十分显著，如图6.21所示。

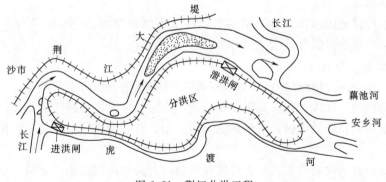

图6.21 荆江分洪工程

4. 蓄洪

利用水库或湖泊洼地来调蓄洪水，防止洪水灾害的措施称为蓄洪。

水库是一种重要的防洪工程。水库一般还具有发电、供水、旅游、养殖等综合效益，但防洪往往是水库的首要任务。根据事先制定的调度办法，水库可以调蓄入库洪水，降低出库洪峰流量，或错开下游洪水高峰，使下游被保护区的河道流量保持在一定的安全限度之内。

山丘区往往是暴雨洪水的主要发源地，水库也大都修建在河道的上中游山丘区，水库库容一般受淹没损失和移民安置的限制。在平原地区也有修建水库的，平原水库大都是在湖泊洼地周围加筑堤防而成。

许多江河的洪水威胁，必须通过修建水库才能缓解和消除。尤其是能在河道上找到优越的地理位置，修建控制性水库，可对流域防洪起到关键性作用，大大提高下游的防洪标准。

5. 水土保持

防治江河洪水，应当保护、扩大流域林草植被，涵养水源，加强流域水土保持综合治理。搞好水土保持，把工程措施与生物措施紧密结合起来，不仅可以保护和合理利用当地水土资源，改变水土流失地区的自然和经济面貌，建立良好的生态环境，而且对下游江河防洪和减少泥沙淤积有积极作用。

江河防洪工程是一个巨大的系统工程。防治江河洪水，应当蓄泄兼施，充分发挥河道行洪能力和水库、洼淀、湖泊调蓄洪水的功能，加强河道防护，因地制宜地采取定期清淤疏浚等措施，保持行洪畅通。河道堤防是江河防洪工程系统中的基础措施；水库可以拦蓄洪水削减洪峰，对下游防洪有不同程度的控制作用，可提高下游防洪能力，除害结合兴利；蓄滞洪区在江河防洪系统中是对付较大洪水的应急措施，在一般常见洪水时并不使用。

6.3.2.2　防洪非工程措施

防洪非工程措施，是通过法令、政策、经济手段和工程以外的其他技术手段减少洪灾损失的措施。防洪工程措施是按照人们的要求，以工程手段去改变洪水的特征、洪水的时空分布，以防治和减少洪水所造成的灾害，又称为改造自然的措施。防洪非工程措施并不去改变洪水的天然特性，而是力求改变洪水灾害的影响，以达到减少损失的目的，又可称为适应自然的措施。

防洪非工程措施的基本内容可概括为：洪水预报和警报、洪水风险分析、防洪区管理、洪水保险、防汛抗洪等。

1. 洪水预报和警报

防洪与打仗一样，"知己知彼，百战不殆"，洪水预报是防洪斗争的耳目，防洪警报的通信系统是防洪的生命线。在洪水来到以前能不失时机地收集各种防洪信息，准确地进行洪水预报，及时发布防洪警报，可使防洪工作主动、有序地进行，这是一项很重要的防洪非工程措施。

（1）防洪信息的收集和监视：将分散在各地的有关防洪的信息，正确、及时地收集到各级防汛指挥部门并随时进行监视。防洪信息包括天气、水文（雨情、水情）、工情信息、防洪现场信息、洪水泛滥区及其受灾信息等。防洪信息收集后，必须进行翻译、整理、加工，制成各种图表，以便能比较直观地监视各类防洪信息的变化和发展的趋势。

（2）洪水预报：洪水预报是防洪决策的科学依据之一。洪水预报必须做到正确、及时（即要有有效的预见期）。正确的调度都要依赖正确、及时的水情预报和反馈的信息。

（3）防洪警报：防洪警报主要是对可能受淹地区的居民发出警报并进行有计划、有组织的迁安。

预报的关键问题是预报的精度和准确性。预报的目的是及早做好各种准备工作，如提前疏散群众、转移物资、加固必需的工程等。随着科学技术水平的提高，洪水预测的方法、手段都有了很大进步，如我国在某些水库和江河流域已经建立的洪水监测预报系统，利用遥测、通信、计算机等技术可以成功地进行高精度的预报，尤其是现在计算机网络和企业内部网络技术的迅速发展，将在洪水预报、防汛调度等许多方面得到应用。目前我国在防汛计算机网络系统已经开始实施，它作为防汛指挥骨干网络，能够充分利用现有设备和技术，安全、灵活地对各种子网信息进行综合、分发、反馈，可大大提高防洪、抗洪工作的效率。

2. 洪水风险分析

洪水风险分析是指在防洪措施中引进概率的概念，定量地估计某地出现某种类型洪水的可能性，也可作超长期洪水预报（概率预报）。这是防洪问题的一种战略评价，又是一项防洪非工程措施。

洪水风险分析可使洪泛区居民了解自己所处位置的洪灾风险概率和受灾的严重程度，增强防洪意识；可提高洪泛区管理水平，是洪泛区策划方案及项目设计的重要基础；是洪泛区内进行建设开发可行性的依据，也是防汛调度运用和防洪决策的科学依据之一。任何防洪设施在获得防洪效益的同时都存在一定的失败风险，效益与风险是并存的。为取得防洪减灾的最好效益，必须要进行洪水的风险分析。

3. 防洪区管理

加强对防洪区特别是对洪泛区和蓄滞洪区的管理，对减少该区域内的洪灾损失作用很大，这也是一项很重要的防洪非工程措施。加强管理主要是完善政策法规、技术指导和防洪保险系统建设。

1997 年通过的《中华人民共和国防洪法》是一个完整、全面的防洪法规，对防洪区的管理提出了明确的要求，是防洪区管理的基本法律依据；1998 年，国务院批转水利部的《关于蓄滞洪区安全与建设指导纲要》是一部对蓄滞洪区及洪泛区参照的具体管理法规。各地都应按各自管辖的蓄滞洪区和洪泛区制定出地方性法规或一些补充规定或实施细则。

对洪泛区和蓄滞区，都应进行洪水风险分析，绘制出洪水风险图。使该区居民了解自己所处位置的风险概率和可能受灾的程度；在洪泛区、蓄滞洪区内建设非防洪建设项目，应当就防洪建设项目和非防洪建设项目对防洪可能产生的影响作出评价，编制洪水影响评价报告，提出防御措施。对避洪措施、自适应防洪措施、避水楼房等结构形式、建筑标准和避水、防水要进行技术指导；要逐步建立起各蓄滞洪区和较大的洪泛区的管理委员会，负责规划实施和管理区内安全建设设施。

4. 洪水保险

洪水保险是按契约方式集合相同风险的多数单位，用合理的计算方式聚资，建立保险基金，对可能发生的事故损失实行互助的一种经济补偿制度。实行洪水保险可以减缓受洪灾居民和企业的损失，使其损失不需一次承受，而是分期偿付。洪水保险可以改变损失承担的方式,是一项主要的防洪非工程措施。实行洪水保险是我国救灾体制和社会防洪保障的重大改革,这对安定广大人民生活、稳定社会生产秩序、减轻国家负担起到很好的作用。

洪水保险是供泛区洪水风险管理的重要手段,投资省,效益也明显,风险小。保险的功能是把不确定的、不稳定的和巨额的灾害损失风险转化为确定性的、稳定的和小量的开支。

(1) 洪水保险基金。洪水保险基金是洪水保险履行补偿的基础,是洪水保险的核心问题。洪水保险基金的性质是一种特殊形式的防洪后备基金,是由缴纳的洪水保险费聚集起来的,要保持其独立性,严格按专项控制,保证补偿的可靠性,要长期积用,保持适度平衡。

根据我国的实际情况,洪水保险基金的筹措要坚持"谁受益、谁出资;多受益、多出资"的原则,在防洪受益地区的工矿企业、农村乡镇企业和农民个体户应缴纳洪水保险费或责任保险费,行、蓄洪区在非行、蓄洪年份也要按照规定缴纳保险费。在由国家集中承担洪灾救济体制转变为洪水保险机制过程中,在一定时期内,国家要给予扶持,为洪水保险基金的筹措给予一定补助。

(2) 洪水保险的方式。洪水保险可分两种方式:一是法定保险,又称强制保险,国家以法律、法令的行政手段来实施;二是自愿保险,保险双方当事人在自愿的基础上协商、订立保险合同。

根据我国的实际情况,现阶段宜采用法定和自愿保险相结合的方式。

5. 防汛抗洪

防汛抗洪是依据洪水的实际情况,按照防御洪水方案的各项要求和规定,运用防洪工程,调度洪水,以及防洪抢险、转移和疏散受灾居民和财产等,以防止和减轻洪水灾害,并使灾后生活、生产秩序尽快恢复正常。这也是一项防洪非工程措施。

(1) 防洪调度:防洪调度是运用防洪工程或防洪系统的各项工程及非工程措施,有计划地控制调节洪水的工作。防洪调度的基本任务是力争最有效地发挥防洪工程或防洪系统的作用,尽可能减免洪水灾害。

(2) 防御洪水方案的编制:为了防止和减轻洪水灾害,做到有计划、有准备地抗御洪水、调度洪水,根据流域综合规划、防洪工程实际状况和国家规定的防洪标准,有防汛任务的有关人民政府应按规定制定防御洪水方案。

防御洪水方案应该是根据实际情况,针对可能发生的各类洪水灾害,并在现有防洪工程措施和防洪非工程措施的条件下,为防止和减少洪水灾害而预先制定的防洪方案、对策和措施,是各级防汛指挥部门实施指挥决策、防洪调度、抢险救灾的依据。

防御洪水方案编制的主要内容是:确定重点防护对象,要根据其重要程度,划定不同等级,并要求重点防护对象除总体防洪安排外,还要有自保措施;根据不同类型、不同典型年的暴雨、洪水特性,结合现有防洪工程标准、防洪能力及调度原则,确定河道、堤防、水库、蓄滞洪区的运用方式和程度;按照"蓄泄兼施"的原则,合理安排洪水的调蓄、宣泄和分滞。

(3) 救灾:一旦洪水造成了灾害,要做好善后救济工作,主要包括受灾群众的生活安排和救济、灾后重建和恢复生产、水毁工程的修复、灾后防疫等。

（4）防洪意识教育：加强对全民的防洪意识教育是搞好防洪斗争的重要保证。要采取多种形式，因地制宜，针对不同对象，经常性地开展教育活动。

6.3.3 防洪工程展望

1949 年以来，经过 70 多年的治理，我国主要江河流域的防洪工程体系已经基本形成，可以防御普通洪水灾害，但还不能防御特大洪水灾害。但是，我国人口和耕地集中的大江大河的中下游平原地区，大多只能防御 10～20 年一遇的洪水，防洪标准不高。遇到超过上述标准的洪水，就要采取分、蓄洪措施，牺牲小局，保全大局；牺牲次要地区，保全主要地区和大城市。使用行、蓄洪区后，受灾的范围和人口仍可以达到几十万米和几十万人的量级。即使如此，所能防御的标准大多也只有 40～50 年一遇。因此，主要江河的洪水威胁仍然存在。

随着人口的增长和经济的发展，个人和国家财富的增加和积累，一次大洪水所造成的经济损失，往往还会增加。许多新兴工业区和中、小城镇的出现和发展，要求提供新的防洪工程设施。

以上情况要求我们不但要完善和加强原有的防洪工程设施，提高防洪标准，还要在更大范围内建设新的防洪工程设施。

1. 修建防洪控制水库

抓紧修建控制性水库。控制性水库往往能使所在江河的防洪面貌大为改观，成为完善和加强原有防洪工程体系的有力措施。对已建和在建的水库，还要研究扩大防洪库容，提高防洪能力，尽可能减轻下游河道的防洪负担。

2. 大力加强堤防建设和维修

我国江河湖泊的堤防虽经多次加高加固，但遇大流量和高水位长期冲刷和浸泡，险工和隐患仍大量存在，局部地区堤防高度也未达标，防汛尚不能摆脱被动局面。除强调加强堤防工程基建和质量管理外，还需结合发展经济，拉动内需，把加强堤防建设作为加强水利基础设施建设的重点，加大投资，加强堤防的建设和维修。

3. 拓浚河道

我国一些河道泄量偏小，要继续拓浚河道，扩大泄量。有些河道长期运用后产生严重淤积，还有一些河道缺乏有效的治理。因此，河道拓浚的任务还很重。

应该重视土方机械化施工队伍的建设，引进包括挖泥船和陆上施工设备在内的先进设备，增加土方机械化施工的力量，使一些工程量庞大、用人工难以完成的挖河工程，能够尽早实施。

4. 平垸行洪，退田还湖还河

过去为了发展经济，扩大耕地，盲目修筑圩垸地，使河湖的行洪通道缩窄，调蓄库容减少。同时围湖造田，防洪标准降低。因此，必须平垸行洪，退田还湖还河。要继续抓紧对盲目围湖的管理，保护生态环境，使人口、经济和环境相协调，为可持续发展创造条件。

5. 适当提高一些行、蓄洪区标准

随着人口增长和经济发展，行、蓄洪区使用条件越来越复杂。行洪与安全、行洪与生产、生活的矛盾越来越大，一些大的行、蓄洪区，如荆江分洪区，分洪时需要转移、安置近 50 万人，无论是快速转移的措施，或转移出去后的安置任务，都是很困难和繁重的。一些行洪区行洪频繁，如淮河的一些行洪区只有 3～5 年一遇，当地群众生产、生活水平难以提高。因此，要适当提高一些矛盾突出的行、蓄洪区的行蓄洪标准，要改善行、蓄洪区的进洪和退水设施，加快安全庄台、安全房、撤退道路和警报系统建设。同时，行洪、蓄洪区还要迁出部分人口，结合当地条件，改变生产结构，发展生产。

6. 采用新技术

堤防工程的新技术将被加快采用，堤基劈裂灌浆、高压喷射灌浆、射水造墙法和组合潜水钻机法建造混凝土防渗墙等技术，将被用于处理存在渗漏的堤基和堤身，为加固、加高堤防提供有力的措施；土工合成材料将会逐步运用到反滤、排水、隔离、加筋、防渗、防护各方面，部分取代传统材料和传统施工方法，并显示其优越性。

在水库工程方面，采用新的筑坝技术和新坝型，如碾压混凝土坝、面板堆石坝等，将进一步降低造价，缩短工期。

在河道整治方面，采用先进的大型挖泥船，将大大提高河道疏浚的效率。新技术的采用将推动防洪工程的进一步发展。

7. 加强防御风暴潮措施和提高海塘工程技术水平

我国沿海地区处于改革开放的前沿，发展经济条件优越，但沿海常受风暴潮袭击，因此将继续重视海塘建设，进一步提高海塘工程标准。沿海地区地少人多，为了提供新的建设用地，一些大规模的围海造地工程已在酝酿和实施，海塘工程又是围海造地的主要技术手段。因此，海塘工程将会有新的发展，海塘技术将会有新的提高。

8. 城市防洪将和城市建设、环境保护密切结合

城市是政治、经济和文化的中心，人口密集，工商业发达，财富集中，一旦遭受洪灾，将造成巨大的政治影响和经济损失。城市防洪不但可以防汛减灾、保障安全，还可以和城市建设、环境优化结合起来，许多城市在建设江河防洪墙和堤防时，都建设了沿江、沿河的公园或风景区，改善了生态环境。城市防洪工程将和桥梁、道路、码头、环境等工程紧密结合。

9. 控制地面沉降

在我国沿海地区，因过量抽取地下水而引起的地面沉降，是造成城市防潮标准降低的重要原因。理论海平面上升，人们无能为力，而地面沉降是可以控制的。为了保持和巩固防洪工程建设的成果，应进一步控制地面沉降。

10. 工程措施进一步与非工程措施相结合

工程措施必须与非工程措施相结合，才能取得更好的防洪减灾效果，尤其在发生超过工程防御标准的大洪水时，非工程措施将显得更为重要。同时，对于防洪工程本身也必须改善运行管理，才能充分发挥预期的作用。

参 考 文 献

［1］ 张光斗，王光纶. 水工建筑物 ［M］. 北京：中国水利水电出版社，1994.

［2］ 林继镛. 水工建筑物 ［M］. 6版. 北京：中国水利水电出版社，2019.

［3］ 祁庆和. 水工建筑物 ［M］. 3版. 北京：中国水利水电出版社，1994.

［4］ 左东启，王世夏，林益才. 水工建筑物 ［M］. 南京：河海大学出版社，1996.

［5］ 武汉水利电力学院. 水工建筑物（供农田水利水电专业用）：下册 ［M］. 北京：水利电力出版社，1991.

［6］ 孙明权. 水工建筑物 ［M］. 北京：中央广播电视大学出版社，2001.

［7］ 孙明权. 水利水电工程建筑物 ［M］. 北京：中央广播电视大学出版社，2004.

［8］ 中国水利百科全书编辑委员会. 中国水利百科全书 ［M］. 北京：水利电力出版社，1991.

［9］ 朱经祥，石瑞芳. 中国水力发电工程·水工卷 ［M］. 北京：中国电力出版社，2000.

［10］ 潘家铮. 水工建筑物设计丛书·重力坝 ［M］. 北京：水利电力出版社，1983.

［11］ 陈祖煜. 土质边坡稳定分析——原理·方法·程序 ［M］. 北京：中国水利水电出版社，2003.

［12］ 倪汉根. 高效效能工 ［M］. 大连：大连理工大学出版社，2000.

［13］ 华东水利学院. 弹性力学问题的有限元法 ［M］. 北京：水利电力出版社，1978.

［14］ 袁银忠. 水工建筑物专题（泄水建筑物的水力学问题）［M］. 北京：中国水利水电出版社，1997.

［15］ 潘家铮. 水工建筑物设计丛书·水工建筑物的温度控制 ［M］. 北京：水利电力出版社，1990.

［16］ 陆述远. 水工建筑物专题（复杂坝基和地下结构）［M］. 北京：中国水利水电出版社，1995.

［17］ 李瓒，陈兴华，郑建波，等. 混凝土拱坝设计 ［M］. 北京：中国电力出版社，2000.

［18］ 陈椿庭. 高坝大流量泄洪建筑物 ［M］. 北京：水利电力出版社，1988.

［19］ 黄继汤. 空化与空蚀的原理及应用 ［M］. 北京：清华大学出版社，1991.

［20］ 华东水利学院土石坝工程翻译组. 土石坝工程 ［M］. 北京：水利电力出版社，1978.

［21］ 傅志安，凤家骥. 混凝土面板堆石坝 ［M］. 武汉：华中理工大学出版社，1993.

［22］ Sherad J L. Woodward R J，Gizienski S F，et al. Earth - Rock Dams ［M］. New York：John Wiley and Sons，1963.

［23］ 谈松曦. 水闸设计 ［M］. 北京：水利电力出版社，1986.

［24］ 水工隧洞设计经验选编写组. 水工隧洞设计经验选编 ［M］. 北京：水利出版社，1981.

［25］ 王世夏. 水工设计的理论和方法 ［M］. 北京：中国水利水电出版社，2000.

［26］ 朱诗鳌. 坝工技术史 ［M］. 北京：水利电力出版社，1995.

［27］ 张敬楼，吴良政. 水力电力工程概论 ［M］. 南京：河海大学出版社，1997.

［28］ 陈宝华，张世儒. 水闸 ［M］. 北京：中国水利水电出版社，2003.

［29］ 宋祖治，张思俊，詹美礼. 取水工程 ［M］. 北京：中国水利水电出版社，2002.

［30］ 董哲仁. 堤防除险加固实用技术 ［M］. 北京：中国水利水电出版社，1998.

［31］ 马善定，汪如泽. 水电站建筑物 ［M］. 北京：中国水利水电出版社，1996.

［32］ 史海珊. 水电站 ［M］. 北京：水利电力出版社，1993.

［33］ 张治滨. 水电站建筑物设计参考资料 ［M］. 北京：中国水利水电出版社，1997.

［34］ 刘启钊. 水电站 ［M］. 3版. 北京：中国水利水电出版社，1998.

［35］ 张洪楚. 水电站 ［M］. 3版. 北京：中国水利水电出版社，1994.

［36］ 王树人，董毓新. 水电站建筑物 ［M］. 2版，北京：清华大学出版社，1992.

[37] 顾鹏飞，喻远光. 水电站厂房设计 [M]. 北京：水利电力出版社，1987.

[38] 刘启钊，彭守拙. 水电站调压室 [M]. 北京：水利电力出版社，1995.

[39] 金钟元. 水力机械 [M]. 北京：水利电力出版社，1986.

[40] 陈德新，杨建设. 水轮机、水泵及辅助设备 [M]. 北京：中央广播电视大学出版社，2000.

[41] 张俊华，许雨新，张红武，等. 河道整治及堤防管理 [M]. 郑州：黄河水利出版社，1998.

[42] 柳学振，佟名辉. 治河与防洪 [M]. 北京：中国水利水电出版社，1997.

[43] 陈效国，李丕武，谢向文，等. 堤防工程新技术 [M]. 郑州：黄河水利出版社，1998.

[44] 中华人民共和国水利部. 水利水电工程等级划分及洪水标准：SL 252—2017 [S]. 北京：中国水利水电出版社，2017.

[45] 中华人民共和国水利部. 混凝土重力坝设计规范：SL 319—2018 [S]. 北京：中国水利水电出版社，2018.

[46] 中华人民共和国水利部. 混凝土拱坝设计规范：SL 282—2018 [S]. 北京：中国水利水电出版社，2018.

[47] 中华人民共和国水利部. 碾压式土石坝设计规范：SL 274—2020 [S]. 北京：中国水利水电出版社，2020.

[48] 中华人民共和国水利部. 混凝土面板堆石坝设计规范：SL 228—2013 [S]. 北京：中国水利水电出版社，2013.

[49] 中华人民共和国水利部. 水闸设计规范：SL 265—2016 [S]. 北京：中国水利水电出版社，2016.

[50] 中华人民共和国水利部. 溢洪道设计规范：SL 253—2018 [S]. 北京：中国水利水电出版社，2018.

[51] 中华人民共和国水利部. 水工隧洞设计规范：SL 279—2016 [S]. 北京：中国水利水电出版社，2016.

[52] 水利部建设与管理司. 水利建设与管理法规汇编：上册 [M]. 北京：中国水利水电出版社，1998.

[53] 水利部建设与管理司. 水利建设与管理法规汇编：下册 [M]. 北京：中国水利水电出版社，1998.

[54] 国家能源局. 水电站调压室设计规范：NB/T 35021—2014 [S]. 北京：中国电力出版社，2014.

[55] 中华人民共和国国家发展和改革委员会. 水电站引水渠道及前池设计规范：DL/T 5079—2007 [S]. 北京：中国电力出版社，2008.

[56] 中华人民共和国水利部. 水电站厂房设计规范：SL 266—2014 [S]. 北京：中国水利水电出版社，2014.

[57] 中华人民共和国电力部. 水电站压力钢管设计规范：NB/T 35056—2015 [S]. 北京：中国电力出版社，2015.

[58] 国家质量技术监督局，中华人民共和国建设部. 土工合成材料应用技术规范：GB/T 50290—2014 [S]. 北京：中国计划出版社，2014.

[59] 《土工合成材料工程应用手册》编写委员会. 土工合成材料工程应用手册 [M]. 2 版. 北京：中国建筑工业出版社，2000.

[60] 中华人民共和国住房和城乡建设部. 堤防工程设计规范：GB 50286—2013 [S]. 北京：中国计划出版社，2013.